北大社·“十四五”普通高等教育本科规划教材
高等院校材料专业“互联网+”创新规划教材

智能材料基础实验教程

主　编　张小丽　陈炜晔
副主编　吴宜珊　冯　丽　杨彦红　刘贵群

内容简介

本书介绍了与智能材料相关的多个实验，侧重理论知识的实际应用。本书主要内容如下：第一章为智能基础实验，介绍了与智能相关的8个实验，适用于本科课程实验及课程设计；第二章为材料基础实验，介绍了与材料相关的7个实验，适用于本科课程实验及课程设计；第三章为成分分析检测实验，介绍了与成分检测相关的6个实验，既适用于本科课程实验及课程设计，又适用于研究生实验操作和分析；第四章为计算机在智能材料中的应用，介绍了与软件使用相关的4个实验，既适用于本科课程实验及课程设计，又适用于研究生实验操作和分析。

本书可作为高等院校智能材料与结构专业的课程实验及课程设计教材，也可作为研究生的实验操作和分析参考书，还可作为从事智能材料加工或生产工作的工程技术人员的参考书。

图书在版编目(CIP)数据

智能材料基础实验教程 / 张小丽，陈炜晔主编.
北京：北京大学出版社，2024. 12. -- (高等院校材料专业“互联网+”创新规划教材). --ISBN 978-7-301-35874-0

Ⅰ. TB381

中国国家版本馆 CIP 数据核字第 2025N5N949 号

书　　名　智能材料基础实验教程
ZHINENG CAILIAO JICHU SHIYAN JIAOCHENG
著作责任者　张小丽　陈炜晔　主编
策划编辑　童君鑫
责任编辑　孙　丹
数字编辑　蒙俞材
标准书号　ISBN 978-7-301-35874-0
出版发行　北京大学出版社
地　　址　北京市海淀区成府路205号　100871
网　　址　http://www.pup.cn　新浪微博：@北京大学出版社
电子邮箱　编辑部 pup6@pup.cn　总编室 zpup@pup.cn
电　　话　邮购部 010-62752015　发行部 010-62750672　编辑部 010-62750667
印 刷 者　三河市北燕印装有限公司
发 行 者　北京大学出版社
经 销 者　新华书店
787毫米×1092毫米　16开本　12.25印张　306千字
2024年12月第1版　2024年12月第1次印刷
定　　价　39.80元

前　言

智能材料与结构是一个充满科技魅力和创新可能性的领域，也是未来科技的基石。智能材料与结构作为现代科技的尖端领域，具有巨大的发展潜力和广泛的应用前景。随着科技的不断发展，智能材料与结构将会发挥更加重要的作用，为人类创造更加美好的生活。“智能材料基础实验教程”是智能材料与结构专业的拓展课，可以从智能材料的实践角度为培养适应新质生产力发展的人才助力。

“智能材料与结构”是我国普通高等学校本科专业，已经有10余所高校具有该专业的招生资格。虽然市面上有多本与该专业相关的图书，但是都不适合作为高校教材。在这样的背景下，编者编写了本书。

发展新质生产力，教育具有基础性作用。编者在编写过程中坚持守正创新，本书具有以下特点。

(1) 以学生为中心的教育理念。新质生产力背景下的教育应以“学生第一”为原则，坚持以学生为中心。设立二维码集成平台，展示微课、短视频、动画，激发学生的创新潜能，促进学生个性化发展。

(2) 培养创新型人才。随着新质生产力的发展，对创新型人才的需求增加。教育不仅以考试成绩为导向，还注重学生的综合素质和创新精神的培养，包括批判性思维、问题解决能力、团队协作能力及创新创造能力等。

(3) 学习方式的转变。教育应实现学习方式的彻底转变，从统一批发转向个人定制，从固定空间转向多元开放，从传统学习转向泛在学习。

(4) 拥抱人工智能趋势。本书在附录部分提供AI伴学内容及提示词，引导学生利用生成式人工智能工具（如DeepSeek、Kimi、豆包、通义千问、文心一言、ChatGPT等）拓展学习。

智能的发展将极大地提升人们的生产能力，从根本上改变产业形态和竞争格局，也将深刻改变知识生产和传播方式，对教育领域产生深远影响。

本书由北方民族大学张小丽、陈炜晔任主编，国家能源集团宁夏煤业有限责任公司吴宜珊、沈阳职业技术学院冯丽、中国科学院金属研究所杨彦红、北方民族大学刘贵群任副主编，具体编写分工如下：第一章由张小丽编写，第二章由陈炜晔编写，第三章由吴宜珊编写，第四章由冯丽编写；全书图片、表格等材料由杨彦红和刘贵群整理；全书由张小丽负责统稿。

由于编者水平有限，书中难免存在疏漏之处，恳请广大读者批评指正。

编　者

2024年9月

〔资源索引〕

目　录

第一章

智能基础实验

实验一　形状记忆聚合物的形状记忆实验

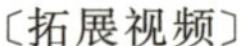
〔拓展视频〕

〔拓展视频〕

〔拓展视频〕

〔拓展视频〕

【实验目的】

1. 理解形状记忆聚合物。
2. 理解形状记忆聚合物的发展历程、分类和特性。
3. 掌握形状记忆机理。
4. 理解形状记忆衰退机理。

【实验原理】

1. 形状记忆聚合物（形状记忆高分子材料）

形状记忆聚合物（shape memory polymers，SMP）是在一定条件下被赋予一定的形状（初始态），当外部条件变化（如施加一定热、光照、通电、化学处理等）时可相应地改变形状并固定（变形态）的高分子材料。如果外部环境以特定的方式和规律再次变化，就可逆地恢复至起始态。至此，完成“初始态—固定变形态—恢复起始态”的循环。

与形状记忆合金或陶瓷相比，形状记忆聚合物具有如下优点。

（1）可以响应不同的外界刺激（如热、光、磁等），也可以同时响应多个刺激。

（2）具有更灵活的可赋型性能，可以赋予材料一个或多个暂时的形状。

（3）结构设计灵活多样。

（4）性能可调控，可以通过共混、聚合等方法实现。

（5）具有良好的生物相容性及生物降解性。

（6）具有较大的体积质量比。未来，形状记忆聚合物在柔性电子、生物医药、航空航天等领域有广泛的应用前景。

2. 形状记忆聚合物的发展历程

形状记忆聚合物最初在20世纪50年代被发现，美国科学家查尔斯比（Charlesby）在一次实验中偶然对拉伸变形的化学交联聚乙烯加热，发现了形状记忆现象。查尔斯比和杜勒（Dule）发现，聚乙烯在高能射线的作用下发生辐射交联反应。其后，查尔斯比进一步研究发现，当辐射交联聚乙烯的温度超过熔点而达到高弹性态区域时，施加外力可随意改变其形状，降温冷却固定形状后，一旦将其加热至熔点以上就恢复原来的形状，这就是形状记忆聚合物。形状记忆聚合物因优良的综合性能、较低的成本、易加工性、潜在的实用价值而得到迅速发展。

20世纪70年代，美国国家航空航天局意识到形状记忆效应在航天航空领域的巨大应用前景，于是重启形状记忆聚合物的相关研究计划。

1984年，法国CDF - CHIMIE公司开发出一种新型材料——聚降冰片烯（polynor - bornene），其相对分子质量很高，是一种典型的热致型形状记忆聚合物。

1988年，日本可乐丽公司合成出形状记忆聚合物——聚异戊二烯。同年，日本三菱重工业股份有限公司开发出由异氰酸酯、多元醇和扩链剂三元共聚而成的形状记忆聚合物——PUR 热熔胶。

1989 年，日本杰昂公司开发出聚酯-合金类形状记忆聚合物。

21 世纪，以热缩材料为代表的形状记忆聚合物迅猛发展。迄今为止，法国、日本、美国等国家相继开发出聚降冰片烯、苯乙烯-丁二烯共聚物、聚酰胺等形状记忆聚合物。

近年来，我国的一些科研单位及生产单位相继开展相关研究工作。

3. 形状记忆机理

高聚物的性能是内部结构的本质反映，而高聚物的形状记忆性是通过多重结构的相态变化实现的，如结晶的形成与熔化、玻璃态与橡胶态的转化等。一般形状记忆聚合物由保持固定形状的固定相和在某种温度下能可逆发生软化—硬化的可逆相组成。固定相的作用是记忆和恢复初始形状，第二次变形和固定是由可逆相完成的。固定相可以是聚合物的交联结构、部分结晶结构、聚合物的玻璃态或分子链的缠绕处等。可逆相是产生结晶与结晶熔融可逆变化的部分结晶相或发生玻璃态与橡胶态可逆转变的相结构。这两相结构可以将对应形状记忆聚合物内部多重结构的节点（如大分子键间的缠绕处、聚合物中的晶区、多相体系中的微区、多嵌段聚合物中的硬段、分子键间的交联键等）及其柔性链段简化成具有节点和开关的结构。形状记忆结构模型如图 1.1.1 所示。节点决定了材料的永久形状，可以是化学交联或物理交联，也可以是大分子互穿网络或超分子互锁结构。聚合物形状恢复力来源于大分子网络的熵弹力，开关负责固定和恢复形状。无定形结构、结晶、液晶、超分子互锁结构、光恢复耦合基团和纤维素晶须网络等都可以作为形状记忆聚合物的开关。

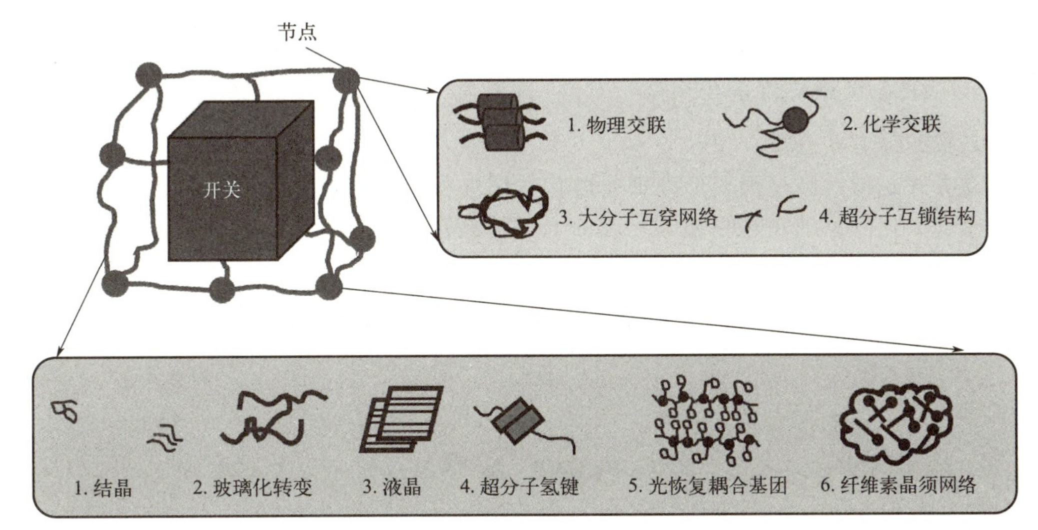

图 1.1.1　形状记忆结构模型

高聚物通常借助热刺激进行形状记忆。下面以聚降冰片烯为例说明高聚物的热刺激机理，如图 1.1.2 所示。

聚降冰片烯的平均相对分子质量超过 300 万，玻璃化转变温度 T_g 为 35℃，其固定相为高分子链的缠绕交联，由玻璃态转变为可逆相，在黏流态的高温下一次加工成型，分子

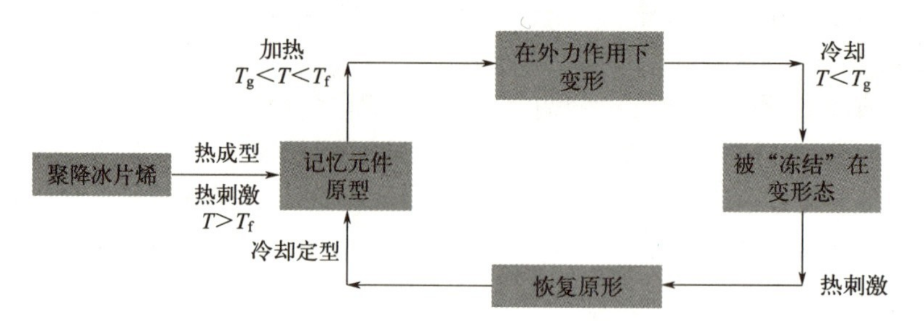

T_g—玻璃化转变温度；T_f—黏流温度。

图 1.1.2　高聚物的热刺激机理

链间的缠绕使一次成型形状固定。在低于黏流温度 T_f、高于 T_g 的温度条件下施加外力，分子链沿外力方向变形，并冷却至 T_g 以下使可逆相硬化，强迫取向的分子链"冻结"，使二次成型形状固定。若将二次成型的制品加热到 T_g 以上进行热刺激，则可逆相熔融软化，分子链解除取向，并在固定相的恢复应力作用下逐渐达到热力学稳定状态，材料在宏观上恢复到一次成型形状。

由于形状记忆聚合物的固定相和可逆相各不相同，因而热刺激的温度不相同。除热刺激方法可使物质具有形状记忆功能外，光照、通电或用化学物质处理等也可以使物质具有形状记忆功能。例如，偶氮苯在紫外线照射下由反式结构转变为顺式结构，4,4′位上碳原子之间的距离从 0.9nm 减小至 0.55nm，分子偶极矩由 0.5D（$1D=3.335\times10^{-30}C\cdot m$）增大至 3.1D。停止光照后发生逆向反应，偶氮苯又转变为反式结构，可见光的照射可加速其恢复过程。又如，将交联聚丙烯酸纤维浸入水中，交替加酸和加碱会分别出现收缩和伸长现象，说明 pH 变化使得聚丙烯酸反复离解、中和，从而使分子形态变化。

4. 形状记忆聚合物的分类

（1）按驱动方式分类。

驱动方式是指对经过预变形处理的形状记忆聚合物施加刺激的方式，如电驱动、光驱动、磁驱动、化学驱动和热驱动等。表 1.1.1 所示为基于结构和刺激方式的形状记忆聚合物分类。

表 1.1.1　基于结构和刺激方式的形状记忆聚合物分类

聚合物	结构	刺激方式
嵌段聚合物		温度
超分子聚合物		电
聚合物复合材料		磁热敏

续表

聚合物	结构	刺激方式
互穿网络聚合物		水敏 光照 氧化还原（Cl + H → HCl）
交联均聚物		

形状记忆聚合物根据驱动方式分为电致感应形状记忆聚合物、光致感应形状记忆聚合物、磁感应形状记忆聚合物、化学感应形状记忆聚合物和热致感应形状记忆聚合物等。采用外部加热方法易实施、可控性好，扩大了热致感应材料的应用范围，是形状记忆高分子材料研究和开发较活跃的目标。下面详细介绍热致感应形状记忆聚合物。

热驱动是常用驱动方式，通常外部环境直接向形状记忆聚合物传递（如对流、辐射等）热量来激发其产生形状记忆效应。

热致感应形状记忆聚合物一般由防止树脂流动并记忆起始态的固定相与随温度的变化能可逆地固化和软化的可逆相组成。固定相是指聚合物交联结构或部分结晶结构，在工作温度范围内保持稳定，用于保持成型制品形状，即记忆起始态。可逆相能够随温度变化在结晶与结晶熔融态（T_m）或玻璃态与橡胶态（T_g）间可逆转变，使结构发生软化、硬化可逆变化，保证成型制品改变形状。

伦德林（Lendlein）从化学结构方面对形状记忆聚合物的机理进行了更为深入的探索，结合聚合物的结构，对热致感应形状记忆聚合物进行了分析。图 1.1.3 所示为热致感应形状记忆聚合物的形状记忆原理。转变温度（T_g）是决定形状记忆聚合物基本性能的重要参数。T_g 可以是玻璃化转变温度，也可以是熔融转变温度。T_g 相当于形状记忆效应的控制

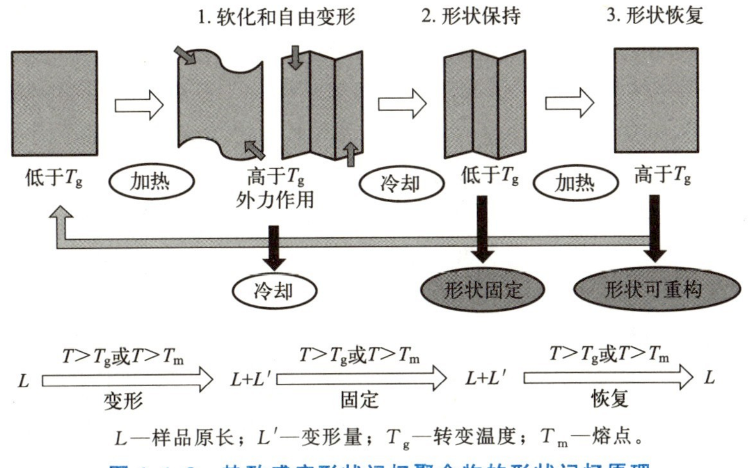

$$L \xrightarrow[\text{变形}]{T>T_g\text{或}T>T_m} L+L' \xrightarrow[\text{固定}]{T>T_g\text{或}T>T_m} L+L' \xrightarrow[\text{恢复}]{T>T_g\text{或}T>T_m} L$$

L—样品原长；L'—变形量；T_g—转变温度；T_m—熔点。

图 1.1.3 热致感应形状记忆聚合物的形状记忆原理

开关，当温度低于 T_g 时，分子链段处于冻结状态，材料形状固定（shape F）。当温度超过 T_g 时，分子链段处于高弹状态，可在外力的作用下伸展（shape R），使材料在宏观上产生形变；或者在固定相的作用下恢复至卷曲状态（shape F），材料在宏观上产生形状恢复。在此过程中，分子内能不变，熵变是形状记忆效应的本质驱动。

热致感应形状记忆聚合物的形状记忆过程如图 1.1.4 所示。图中的点相当于固定相，通常由聚合物中的交联结构、部分结晶结构或分子链的缠绕处等组成；图中的线为分子链段，可认为是可逆相。

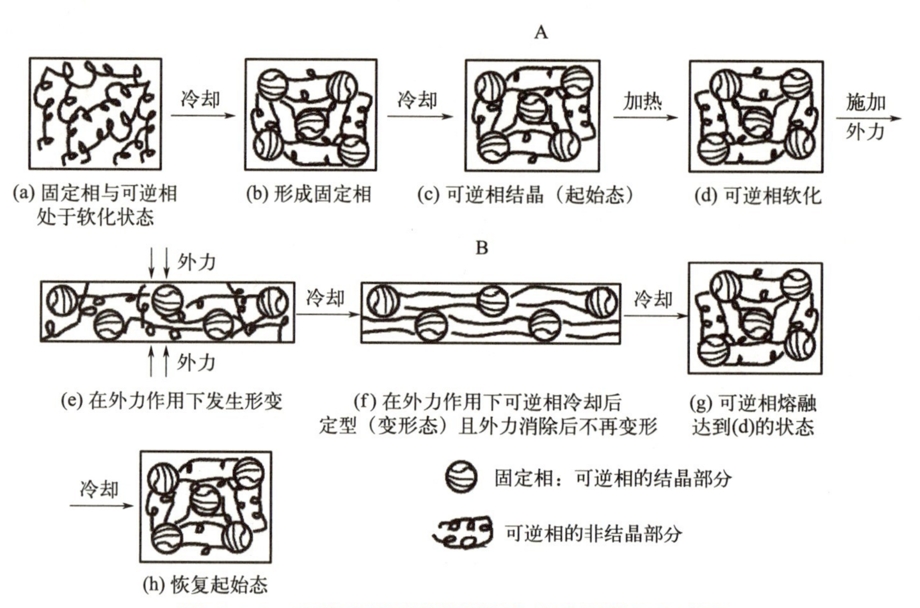

图 1.1.4 热致感应形状记忆聚合物的形状记忆过程

热成形加工：将粉末状或颗粒状树脂加热熔化，使固定相和软化相都处于软化状态，并将其注入模具成型、冷却，固定相硬化，可逆相结晶，得到希望的形状 A，即起始态（一次成型）。

变形：将材料加热至适当温度（如 T_g），可逆相分子链的微观布朗运动加剧而软化，固定相仍处于固化状态，其分子链被束缚，材料由玻璃态转变为橡胶态，整体呈现有限的流动性。施加外力使可逆相的分子链拉长，得到形状 B。

冻结变形：在保持外力作用下冷却，可逆相结晶硬化，卸除外力后，材料仍保持形状 B，得到稳定的新形状，即变形态。此时（二次成型）形状由可逆相保持，其分子链沿外力方向取向、冻结；固定相处于高应力形变状态。

形状恢复：将变形态加热到形状恢复温度（如 T_g），可逆相软化，固定相保持固化，可逆相分子链运动恢复，在固定相的恢复应力作用下解除取向，并逐步达到热力学平衡状态，即从宏观上表现为恢复到变形前的形状 A。

（2）按物质形态分类。

形状记忆聚合物按形态分为“湿态”的高分子凝胶体系和“干态”的形状记忆高分子两大类，前面讲的大部分形状记忆聚合物均是“干态”的形状记忆高分子。由于凝胶的保持能力弱，在较小的载荷下就会变形，化学性能不稳定，脱溶剂时其性能将受到损害，因此关于形状记忆聚合物的研究主要集中在前面介绍的“干态”的形状记忆高分子上。

5. 形状记忆聚合物的特性

形状记忆聚合物与形状记忆合金相比，具有如下特性。

(1) 形状记忆聚合物的形变量大，如形状记忆 TPI 和聚氨酯的形变量均大于 400%，而形状记忆合金的形变量一般小于 10%。

(2) 形状记忆聚合物的形状恢复温度可通过化学方法调整。对于组成确定的形状记忆合金，形状恢复温度一般是固定的。

(3) 形状记忆聚合物的形状恢复应力一般较低（9.81～29.4MPa），形状记忆合金的形状恢复应力高于 1471MPa。

(4) 形状记忆聚合物的耐疲劳性较差，重复形变次数均为 5000 甚至更低，而形状记忆合金的重复形变次数可达 10^4 数量级。

(5) 形状记忆聚合物只具有单程形状记忆功能，而形状记忆合金具有双程形状记忆和全程形状记忆功能。

【实验设备和实验材料】

3D 打印机、计算机，热响应 4D 打印耗材、光热双重响应 4D 打印耗材、温变色 4D 打印耗材、Ti-Ni 形状记忆合金丝（直径为 1mm）、水浴加热箱、温度计、镊子、吹风机、直尺、三角板等。

【实验方法及步骤】

1. 形状记忆聚合物板的制备

将热响应 4D 打印耗材装入 3D 打印机，打印出 10 个 10mm×60mm×3mm 的热响应聚合物板。

将光热双重响应 4D 打印耗材装入 3D 打印机，打印出 10 个 10mm×60mm×3mm 的光热双重响应聚合物板。

将温变色 4D 打印耗材装入 3D 打印机，打印出 10 个 10mm×60mm×3mm 的温变色聚合物板。

2. 形状记忆恢复温度的测量

在高温下随意改变打印的三种形状记忆聚合物板的形状，然后将变形后的形状记忆聚合物板放到热水中，观察三种形状记忆聚合物板开始恢复形状的温度。详细记录形状记忆聚合物板从开始缓慢恢复形状到瞬时快速恢复形状的温度区间，见表 1.1.2。

表 1.1.2 三种形状记忆聚合物板的恢复温度

形状记忆聚合物板	热响应聚合物板	光热双重响应聚合物板	温变色聚合物板
开始缓慢恢复形状的温度/℃			
瞬时快速恢复形状的温度/℃			

3. 形状记忆效果的测量

在高温下，首先将三种形状记忆聚合物板和一种 Ti-Ni 形状记忆合金丝（直径为1mm）从中间弯曲成 90°（将板的中间卡到桌沿、三角板、直尺等垂直物体表面弯曲，以保证成准确的 90°）；然后在室温下定型；最后将定型后的三种形状记忆聚合物板和 Ti-Ni 形状记忆合金丝放到热水中恢复初始形状。按照弯曲—定型—恢复的循环进行多次变形，每次循环后都观察形状记忆聚合物板和 Ti-Ni 形状记忆合金丝的形状恢复情况。详细记录三种形状记忆聚合物板和 Ti-Ni 形状记忆合金丝每次循环后的形状恢复情况（记录截止到形状不能完全恢复），见表 1.1.3。对比 Ti-Ni 形状记忆合金丝和形状记忆聚合物板的形状记忆效果。

表 1.1.3　三种形状记忆聚合物板和一种 Ti-Ni 形状记忆合金丝的形状记忆效果

循环次数	形状记忆效果			
	Ti-Ni 形状记忆合金丝（直径为 1mm）	热响应聚合物板	光热双重响应聚合物板	温变色聚合物板
1 次				
2 次				
3 次				
4 次				
5 次				
n 次				

【注意事项】

（1）用 3D 打印机打印形状记忆聚合物板时，需选择合适的打印参数，否则打印出的聚合物板密度不均匀、性能不好。

（2）4D 打印耗材具有吸水性，不能过早拆包装。打印时再将耗材外面的塑料包装拆开。

（3）形状记忆聚合物板在高温下形状恢复的温度区间较小，观察记录时应该使水温缓慢变化，不能使水温变化太快，否则无法观察和记录形状恢复的温度区间。

【思考题】

（1）影响形状记忆聚合物形状记忆效应的因素有哪些？

（2）影响形状记忆聚合物记忆效果的因素有哪些？

实验二 形状记忆聚合物的记忆效果定量测量实验

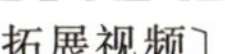
〔拓展视频〕

〔拓展视频〕

〔拓展视频〕

〔拓展视频〕

【实验目的】

1. 了解形状记忆效应。
2. 理解材料厚度对形状恢复率的影响。
3. 理解材料初始角度对形状恢复率的影响。

【实验原理】

1. 形状记忆材料

形状记忆材料具有出色的记忆效果，能够在特定条件下恢复原始形状。这种特性主要归功于材料的形状记忆效应，即材料经历塑性变形后，可以通过加热或其他外部刺激恢复原始形状。常见的形状记忆材料有形状记忆合金（shape memory alloy，SMA）、形状记忆陶瓷（shape memory ceramic，SMC）、形状记忆聚合物。

（1）形状记忆合金。

具有形状记忆效应的合金称为形状记忆合金。它由两种以上金属元素组成，通过热弹性与马氏体相变及其逆相变而具有形状记忆效应。一般来说，给金属材料施加外力，使其变形，然后取消外力或改变温度，金属材料通常不恢复初始形状；而形状记忆合金虽然在外力作用下会产生变形，但去掉外力后，在一定的温度条件下可以恢复初始形状。由于它具有超过百万次的恢复功能，因此称为记忆合金。人们发现的具有形状记忆效应的合金有50多种，按组成和相变特征可分为以下三类：Ti－Ni系形状记忆合金（如TiNi、Ti_2Ni、$TiNi_3$等），后来开发出Ti－Ni－Cu、Ti－Ni－Fe、Ti－Ni－Cr、Ti－Ni－Pb、Ti－Ni－Nb等新型合金；铜基系形状记忆合金（如Cu－Zn－Al、Cu－Al－Ni、Cu－Au－Zn等）；铁基系形状记忆合金。

形状记忆合金主要应用于工业领域和医学领域。在工业领域的应用：①利用单程形状记忆效应的单向形状恢复，如管接头、天线、套环等；②外因性双向记忆恢复，即利用单程形状记忆效应并借助外力随温度变化反复动作，如热敏元件、机器人、接线柱等；③内因性双向记忆恢复，即利用双程记忆效应随温度变化反复动作，如热机、热敏元件等，但因这类应用记忆衰减快、可靠性差，故不常用；④超弹性的应用，如弹簧、接线柱、眼镜架等。在医学领域的应用：Ti－Ni系形状记忆合金的生物相容性很好，利用其形状记忆效应和超弹性的医学实例很多，如血栓过滤器、脊柱矫形棒、牙齿矫形丝、脑动脉瘤夹、接骨板、髓内针、人工关节、心脏修补元件、人造肾脏用微型泵等。

（2）形状记忆聚合物。

形状记忆聚合物是指具有初始形状的制品在一定条件下改变初始形状并固定后，受外界条件（如热、光、电、化学感应等）的刺激而恢复初始形状的高分子材料。与形状记忆合金和形状记忆陶瓷相比，形状记忆聚合物具有刺激方式多样、质量轻、价格低、可在较大范围内调节力学性能、具有潜在的生物相容性及生物可降解性、柔韧性好、可调整变形温度范围、原材料充足、易加工成型、耐腐蚀、电绝缘性和保温效果好等优势，成为被大力发展的形状记忆材料。

1981 年，热致形状记忆聚合物——交联聚乙烯的出现，使具有形状记忆功能的聚合物材料得到了很大程度的发展，并作为功能材料的一个重要分支备受关注。固态形状记忆聚合物材料（如含氟塑料、聚氨酯等）和高分子凝胶是形状记忆聚合物的两大体系，它们都属于新型功能高分子材料。形状记忆聚合物的驱动方式有热驱动、化学驱动、电驱动、光驱动、磁驱动等，见表 1.2.1。

表 1.2.1 形状记忆聚合物的驱动方式及机理

驱动方式	机理
热驱动	依靠外部环境的热能加热，通过传导、对流、辐射等直接或间接的方式将热量传递给形状记忆聚合物
化学驱动	将水或溶剂分子渗透到形状记忆聚合物中，玻璃化转变温度降低；当玻璃化转变温度接近环境温度时，触发水诱导形状记忆聚合物的恢复过程
电驱动	电流通过形状记忆聚合物内的导电填料网络产生热能，当内部温度高于材料的玻璃化转变温度时触发形状恢复，使材料具有电驱动形状记忆功能
光驱动	光驱动有两种机制：一种是光化学反应导致变形，在材料中引入光敏基，材料的结构在光照下发生变化，不断累积，导致宏观变形，实现形状记忆功能；另一种是在热敏形状记忆聚合物中引入光敏官能团，将光能转换为热能，实现形状记忆功能
磁驱动	在热致形状记忆聚合物基体中引入磁性纳米粒子。在交变磁场中，磁性纳米粒子发生涡流损耗、磁滞损耗等而产生感应热，对形状记忆聚合物加热，实现形状记忆功能

（3）形状记忆陶瓷。

氧化铝、氧化硅等陶瓷具有很好的耐热性、耐蚀性、耐磨性和机械强度，但在室温或相近温度下不产生塑性变形，不能对其进行塑性加工，因此必须进行切断、切削、研磨，导致在精加工、复杂形状加工的过程中需要很多手续。陶瓷具有优良的物理性能，但不能在室温下进行塑性加工，从而限制了它的发展。

陶瓷的形状记忆效应与合金和高分子相比具有以下特点：首先是形状记忆陶瓷的变形量较小；其次是形状记忆陶瓷在每次形状记忆及其恢复过程中都会产生不同程度的不可恢复变形，并且随着形状记忆及其恢复循环次数的增加，累积的变形量增大，从而出现裂纹。

按照形状记忆效应产生的机制不同，形状记忆陶瓷可以分为黏弹性形状记忆陶瓷、马氏体相变形状记忆陶瓷、铁电性形状记忆陶瓷和铁磁性形状记忆陶瓷。

① 黏弹性形状记忆陶瓷。

黏弹性形状记忆陶瓷有氧化锆陶瓷、氧化铝陶瓷、碳化硅陶瓷、氮化硅陶瓷、云母玻璃陶瓷等。将黏弹性形状记忆陶瓷加热到一定温度后，对其进行加载变形处理，保持外力，维持变形，再将其冷却，然后加热到一定温度，该陶瓷恢复初始形状。黏弹性形状记忆陶瓷的作用机理目前尚不明确，有关研究认为，黏弹性形状记忆陶瓷有结晶体和玻璃体两种结构，作为形状恢复驱动力的弹性能储存在其中一种结构中，而在另一种结构中发生变形。

② 马氏体相变形状记忆陶瓷。

马氏体相变形状记忆陶瓷是一种典型的形状记忆材料，包括 ZrO_2、$BaTiO_3$、$KNbO_3$、$PbTiO_3$ 等。

③ 铁电性形状记忆陶瓷。

铁电性形状记忆陶瓷是指可以在外接电场取向变化的情况下显示形状记忆特性的陶瓷。铁电性形状记忆陶瓷的相区包括顺铁电体、铁电体和逆铁电体，而相转变类型有顺铁-铁电转变和逆铁-铁电转变。铁电性形状记忆陶瓷的相转变既可以由电场引起，又可以由极性磁畴的转变或再定向引起。与形状记忆合金相比，虽然铁电性形状记忆陶瓷的变形量较小，但其响应快。

④ 铁磁性形状记忆陶瓷。

铁磁性形状记忆陶瓷可经受顺磁-铁磁、顺磁-逆铁磁或轨道有序-无序转变，这些可逆转变通常伴随着可恢复的晶格形变。

近年来研制出的柔性陶瓷不仅弯曲后不会破碎，还具有形状记忆功能，即弯曲或加热这种陶瓷时，其可恢复初始形状，因而广泛应用于生物医学和燃料电池等领域。从原理上讲，陶瓷分子结构能够使其具有形状记忆功能。在透射电子显微镜下观察发现，这种陶瓷分子呈双层连续立方体结构，与 100Å（$1Å=10^{-10}$m）的数学假设吻合。但这种陶瓷易碎，让陶瓷弯曲并具有形状记忆功能的关键在于让其变得很小。研究者先制造出肉眼看不见的小陶瓷，再使单个晶粒跨越整个结构，并剔除晶粒的边界，因为碎裂更可能发生在这些边界上。

2. 形状记忆效应的测量

对于常见的形状记忆合金、形状记忆聚合物和形状记忆陶瓷，形状记忆合金的形状记忆效果最好，形状记忆聚合物的次之，形状记忆陶瓷的最差。

形状记忆效果可用形状恢复率 R_n 表示，其计算公式如下。

$$R_n=\frac{\theta_n}{\theta_0}\times 100\%$$

式中，θ_0 为材料的初始角度；θ_n 为材料恢复 n 次后的角度。

形状记忆效果测量角度如图 1.2.1 所示。根据上述公式可知，影响形状记忆效果的因素有材料的组成、材料的形状、材料的初始角度 θ_0、材料的变形次数等。

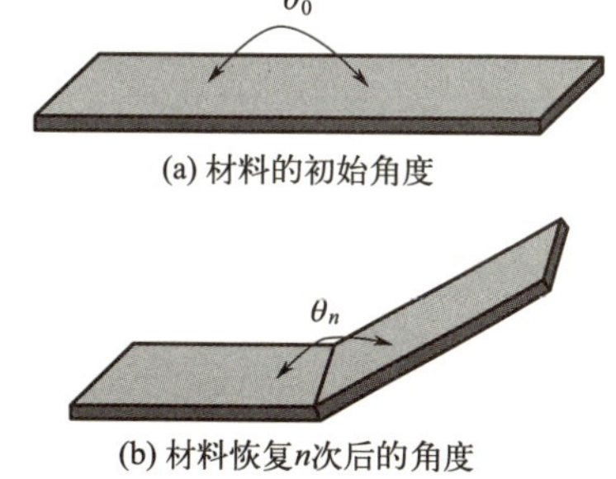

图 1.2.1　形状记忆效果测量角度

【实验设备和实验材料】

形状记忆合金丝、计算机、3D 打印机、热响应 4D 打印耗材、水浴加热箱、温度计、镊子、吹风机、直尺、三角板（含 30°、45°、60°和 90°）、量角器等。

【实验方法及步骤】

1. *材料厚度对形状记忆聚合物的形状记忆效果的影响*

将热响应4D打印耗材装入3D打印机，打印出若干不同厚度（1mm、2mm、3mm、4mm、5mm）的10mm×100mm的形状记忆聚合物平板。

在高温下随意改变打印出的形状记忆聚合物板的形状，然后将变形后的不同厚度的形状记忆聚合物板放到热水中，观察其变形温度。详细记录形状记忆聚合物板从开始缓慢恢复到瞬时快速恢复的温度区间，见表1.2.2。

表1.2.2　不同厚度的形状记忆聚合物板的恢复温度

形状记忆聚合物板的厚度/mm	开始缓慢恢复的温度/℃	瞬时快速恢复的温度/℃
1		
2		
3		
4		
5		

首先在高温下将不同厚度的形状记忆聚合物板从中间弯曲成90°（将板的中间卡到桌边缘、三角板、直尺等垂直物体表面弯曲，以保证成90°）；然后在室温下定形，将定形后的形状记忆聚合物板放到热水中恢复初始形状。按照弯曲—定形—恢复的循环进行多次变形，每次循环后都观察并记录形状记忆聚合物板的恢复情况（材料恢复 n 次后的角度 θ_n），见表1.2.3。

表1.2.3　材料厚度对形状记忆聚合物板的形状记忆效果的影响

循环次数	材料的初始角度 θ_0/(°)	材料恢复 n 次后的角度 θ_n/(°)				
		厚度为1mm	厚度为2mm	厚度为3mm	厚度为4mm	厚度为5mm
1次	180					
2次	180					
3次	180					
4次	180					
n 次	180					

材料恢复 n 次后的角度 θ_n 是经过弯曲—定形—恢复的循环后，形状记忆聚合物板与初始平板的夹角。θ_n 越大，形状恢复率 R_n 越大，形状记忆聚合物板的形状记忆效果越好。因此，可以用形状恢复率 R_n 定量反映材料的形状记忆效果。

根据表1.2.3中循环次数 n 与材料恢复 n 次后的角度 θ_n 的原始数据，绘制形状记忆聚合物板厚度—形状恢复率 R_n 曲线，详细分析形状记忆聚合物板厚度对形状记忆效果的影响。

2. 材料的初始角度 θ_0 对形状记忆聚合物形状记忆效果的影响

将热响应4D打印耗材装入3D打印机，打印出若干厚度相同但初始角度 θ_0 不同（180°、150°、120°、90°、60°和30°）的10mm×100mm的形状记忆聚合物板。

首先在高温下将初始角度 θ_0 不同的形状记忆聚合物板从中间向内弯曲30°[在高温下变形后的角度为（θ_0－30°）]；然后在室温下定形，将定形后的形状记忆聚合物板放到热水中恢复初始形状。按照弯曲—定形—恢复的循环进行多次变形，每次循环后都观察并记录形状记忆聚合物板的恢复情况，见表1.2.4。

表1.2.4 材料的初始角度 θ_0 对形状记忆聚合物板的形状记忆效果的影响

循环次数	材料恢复 n 次后的角度 θ_n/（°）	材料的初始角度 θ_0/（°）					
		30	60	90	120	150	180
1次	θ_1						
2次	θ_2						
3次	θ_3						
4次	θ_4						
n 次	θ_n						

根据表1.2.4中循环次数 n、材料的初始角度 θ_0 与材料恢复 n 次后的角度 θ_n 的原始数据，绘制材料的初始角度 θ_0—形状恢复率 R_n 曲线，详细分析材料的初始角度对形状记忆聚合物板的形状记忆效果的影响。

【注意事项】

（1）用3D打印机打印形状记忆聚合物板时需选择合适的打印参数，否则打印出的形状记忆聚合物板密度不均匀、性能不好。

（2）由于4D打印耗材具有吸水性，因此不能过早拆包装。打印时拆开耗材外面的塑料包装。

（3）在高温下，形状记忆聚合物板每次弯曲的位置不变——在平板的中间位置弯曲。如果每次弯曲的位置不同，就会导致测量的 θ_n 偏大。

（4）分析材料厚度对形状记忆聚合物板的形状记忆效果的影响时，在高温下，形状记忆聚合物板必须从中间弯曲成90°。

（5）分析材料的初始角度对形状记忆聚合物板的形状记忆效果的影响时，在高温下，形状记忆聚合物板的弯曲角度（θ_0－30°）必须准确。

【思考题】

（1）影响形状记忆聚合物板的形状记忆效果的因素有哪些？

（2）变形温度是否对形状记忆聚合物板的形状记忆效果有影响？

实验三　4D 打印形状记忆——变色花实验

【实验目的】

〔拓展视频〕

1. 理解 3D 打印的含义。
2. 掌握 4D 打印的含义。
3. 了解 4D 打印技术应用。
4. 掌握 3D 打印机的使用方法。

【实验原理】

1. 4D 打印概述

2013 年 2 月 25 日，在美国加利福尼亚州举办的 TED（技术、娱乐、设计）环球大会上，麻省理工学院的斯凯拉·蒂比茨（Skylar Tibbits）通过一个完整的实验向参会者展示了 4D 打印技术，并借助实验阐述了 4D 打印原理。他认为，4D 打印使快速建模有了根本性的转变。与 3D 打印的先建模、扫描再使用物料成形不同，4D 打印直接将设计置于物料中，简化了从“设计理念”到“实物”的造物过程，如机器般“自动”创造物体，不需要连接复杂的机电设备。

尽管 2013 年麻省理工学院展示了一个关于 4D 打印技术的实验，但当时并未引起太大关注。直到 2014 年 10 月 8 日，美国《外交》双月刊发表了一篇名为《准备迎接 4D 打印革命》的文章，很多国家才开始关注 4D 打印技术。

4D 打印比 3D 打印多一个时间维度，当外界环境（如温度、光照、电场、磁场、湿度等）改变时，4D 打印物体能随之改变形状。人们相信，4D 打印不但能够创造出有智慧、有适应能力的新事物，而且可以彻底改变传统工业打印甚至建筑行业。与 3D 打印相比，4D 打印将具有更广阔的发展前景。4D 打印更为智能，可自行“创造”物料，简化了打印过程，但对打印材料有更高要求。

从时间纬度来看，4D 打印技术的提出与 3D 打印技术热潮的出现几乎同时发生。但人们的关注点几乎都在 3D 打印技术上，缺少对 4D 打印技术的关注。事实上，无论是从科技发展的趋势上看还是从当前挖掘科技价值、探索未来商业的方向上看，4D 打印技术都比 3D 打印技术具有前瞻性和颠覆性。它不仅是一种生产工具的革命，还是一种由生产资料改变引发未来整个商业生态结构方式改变的技术。

2. 3D 打印与 4D 打印的对比

传统制造加工具有加工效率低、浪费材料、劳动强度大等缺点。3D 打印将原材料逐步“叠加”，由简到繁形成整个零件，具有加工效率高、节约材料等特点。虽然 3D 打印的制造方式与传统制造方式不同，但是成品零件与传统零件没有区别。4D 打印利用材料受激变化的特点，使得采用 3D 打印制造的零件随时间受到相应刺激后发生预定的变化。4D 打印的形成过程如图 1.3.1 所示。

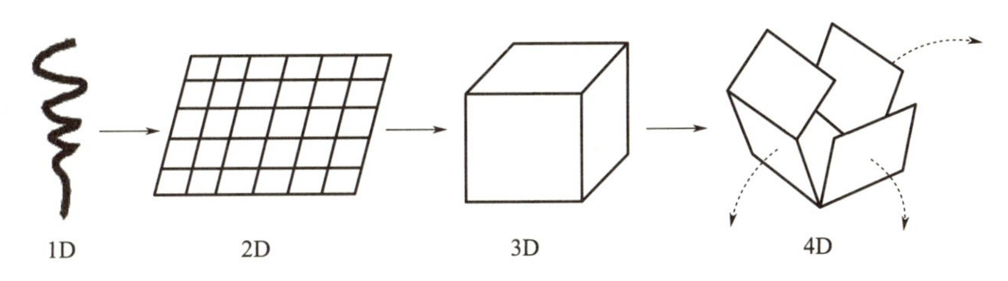

图 1.3.1　4D 打印的形成过程

（1）3D 打印与 4D 打印的原理和特点对比。

3D 打印通过建立数字三维计算机辅助设计（computer aided design，CAD）模型，把数字三维模型传输至 3D 打印实体设备，3D 打印实体设备对熔融或粉末状态下的塑料、陶瓷、金属及聚合物等材料进行逐层堆叠成型。3D 打印出现于 20 世纪 80 年代后期，它是一种通过材料堆积进行制造的技术。3D 打印发生了一系列更新迭代，从陶瓷膏体光固化成形（stereolithography apparatus，SLA）到熔丝沉积成形（fused deposition modeling，FDM），再到激光选区烧结（selective laser sintering，SLS）。直到 1993 年出现了一种全新 3D 打印技术，由于其生成方式与喷墨打印机相似，因此利用该技术的设备称为 3D 打印机。

2013 年，斯凯拉・蒂比茨第一次提出 4D 打印的概念。“4D 打印”中的 4D 即在 3D 的基础上多出一个维度，指特定的三维物体被制造出来后，可通过外界的不同预定刺激（如施加压力、改变光照等）改变外形或内部结构，如外部形态变化、表面颜色变化等。

3D 打印与 4D 打印的优缺点对比如图 1.3.2 所示。

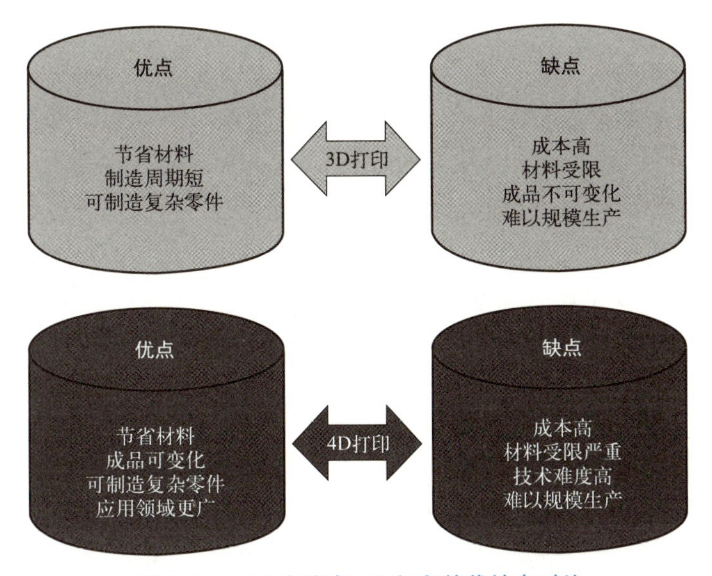

图 1.3.2　3D 打印与 4D 打印的优缺点对比

（2）3D 打印与 4D 打印的材料对比。

3D 打印的材料主要有如下三类：①光敏树脂类材料，光敏树脂类材料是胶状的光固化材料在紫外线照射下发生聚合反应而固化形成的，主要有丙烯酸树脂、环氧树脂等，能结合陶瓷膏体光固化成形使用；②金属类材料，金属类材料主要是指不锈钢材料、钛合金材料以及其他合金材料，可使制造的零件具有良好的延展性、导电性等，是广泛应用的3D打印材料，通常结合熔丝沉积成形和陶瓷膏体光固化成形使用；③陶瓷类材料，陶瓷类材料属于无机非金属类材料，具有耐高温、耐氧化等特点，3D打印使用的陶瓷类材料主要有硅酸盐材料、碳化物陶瓷等，可结合陶瓷膏体光固化成形使用。

4D打印与3D打印的最大不同是制造的零件随时间维度变化。因此，4D打印材料需要在受到相应刺激后改变外形或者内部结构。4D打印材料主要有以下三类：①聚合物材料，由于聚合物材料具有较强的可加工性且密度低等，因此成为应用广泛的4D打印材料，聚合物材料的受激响应方式有受热响应、受光响应等；②金属材料，金属材料（如形状记忆合金、磁性材料等）在不同的温度环境或者磁场环境下会发生形状变化、磁力改变等；③凝胶材料，凝胶材料根据响应机制不同分为pH响应性凝胶材料、电响应性凝胶材料、温度响应性凝胶材料三种，不同响应方式的凝胶材料具有不同的应用方向。

3. 4D打印数学建模方法

数学建模是4D打印必需的，它在预测打印后的形状变化、在自组装过程中提供避免结构部件之间碰撞所需的理论模型、减少试错实验次数等方面发挥了重要作用。采用数学分析和一些理论模型，可以针对给定的材料结构、材料属性和激励属性预测最终形状。

4D打印的理论模型由以下四个主要部分组成：①最终所需形状，包括期望的弯曲角度、扭转角度、长度、体积等；②材料结构，如纤维和基体的体积分数、丝尺寸、取向、丝间距、各向异性，材料结构可以通过体素的尺寸、形状和空间分布描述，从打印过程的角度来看，材料结构取决于打印路径和喷嘴尺寸；③材料的属性构成，包括剪切模量、杨氏模量及与激励有关的相互作用特性，如玻璃化转变温度和溶胀比；④激励性质，如温度值、光强度等。

4D打印的数学问题一般可以分为两类：一类是正向问题，即给定材料结构、材料属性和激励属性，确定最终所需形状；另一类是逆向问题，即根据最终所需形状、材料特性、激励特性确定材料结构或打印路径和喷嘴尺寸。研究正向问题旨在发现概念、理论和关系的基础研究；研究逆向问题旨在面向应用，即专注于实现所需功能或形状。

4. 4D打印的应用

4D打印的发展使设计复杂结构物体成为可能，也为更多潜在应用领域开辟了新方向。4D打印主要应用于生物医疗、纺织服装、军事设备、航空航天等领域。

（1）生物医疗。

虽然4D生物打印应用时间不长，但是取得了一系列显著成果，并且逐步突破了三维结构与智能材料结合打印的技术瓶颈，成为连接各学科的纽带。4D生物打印主要用于气管、血管、心脏及骨支架中，在细胞培养与药物释放等方面也展现出应用价值，为生物材料、组织工程领域的研究提供了帮助。

（2）纺织服装。

2015年，Nervous System公司利用4D打印制造出弹性贴身面料的4D裙子。这件4D裙子由2279个三角形材料相扣而成，可根据穿着者的体形自动变换造型。另外，该裙子还具有自我修复和自动分解功能。美国艺术家贝纳兹·法拉希（Behnaz Farahi）利用形状记忆合金能够对外界刺激作出反应的特性，在原材料中加入形状记忆合金作为驱动器，设计开发4D智能服装。其可随着人体温度的变化而改变形状，当使用的形状记忆合金上升至所需温度时服装收缩，之后随着人体温度的降低而逐渐恢复原来的形状。

（3）军事设备。

美国军方投入大量资金推动4D打印在自适应伪装作战服、防弹衣、自组装武器装备等方面的应用。光响应智能材料能够自主感应光变化，美国利用4D打印和光响应材料研制出自适应伪装作战服。采用形状记忆聚合物和4D打印技术可打印折叠状态的军事装备（如浮桥、帐篷、救生艇等），使用时能自主变形成预设结构，便于储存和携带，可节省人力、物力和运输成本。4D打印还可用于制备军用微型机器人，主要承担攻击和侦察任务。

（4）航空航天。

美国开发出4D打印金属太空织物，可用于制造宇宙飞船的微型陨石盾牌、宇航服等。香港城市大学研发出4D打印陶瓷技术，可应用于航空发动机涡轮叶片。4D打印陶瓷技术推动了新材料在航空航天领域的应用。洛克希德·马丁航空公司提出折叠机翼可变形飞行器方案，利用4D打印技术打印出形状记忆聚合物来制备折叠状态的机翼，在压电驱动器的作用下机翼可变形，机翼完全展开后的总面积可达到完全折叠机翼总面积的3倍。这种机翼可以根据飞行的需要改变外形，满足飞机起飞、高速机动和低速巡航时的不同要求。4D打印的不断发展使传统制造业发生了革命性变化，不仅能够打印复杂三维结构形体，而且可以折叠压缩打印大型物体（如卫星天线、卫星太阳能帆板等）。采用4D折叠压缩打印结构形体，被卫星送入预定轨道后自组装成型，减小了发射的卫星体积，降低了卫星发射的成本。

5. 4D打印的发展趋势与展望

4D打印具有自组装、自修复、形状记忆等特性，在生物医疗、智能服装、航空航天、机器人等领域得到应用，并取得众多重大突破，未来发展潜力巨大。

（1）4D打印的实现在很大程度上依赖材料科学的发展。由于4D打印材料大多是刺激响应材料，因此开发新型刺激响应、可逆性形状记忆等智能材料是主要发展方向。

（2）4D打印技术在医疗器械、组织工程等生物医疗领域的应用独具优势，解决了心脏、气管及骨支架植入手术中的多个技术难题，推动了医学技术的发展，也对其提出了更高的要求。在生物医疗方面，提高4D打印材料的刺激响应精准度、生物相容性、生物降解性是今后研究的重要课题。另外，4D打印机也需要朝着纳米级方向发展。

（3）4D打印个性化定制、零库存的生产方式能够大幅度降低制造成本，有效减少资源浪费；但是经常使用有毒溶剂，产品在凝固干燥过程中散发刺激性气味，长期吸入会损害身体健康，并造成环境污染。因此，改善4D打印设备的性能、打印方式和减少有毒溶剂的使用非常重要。另外，还要注重打印材料的易降解性、可回收性等可持续性发展问题。

（4）4D打印是3D打印与新型智能材料结合的产物，由于新型智能材料不断出现，因此4D打印具有更多开发潜能。在今后的技术研发中，需要注重各学科融合，顺应时代发展，以创造出更多新学科、新产业、新技术。

【实验设备和实验材料】

3D打印机、计算机、热响应4D打印耗材、光热双重响应4D打印耗材、温变色4D

打印耗材、水浴加热箱、温度计、镊子、吹风机、激光灯等。

【实验方法及步骤】

4D 打印流程如下。

（1）建模。使用 CAD 软件或其他 3D 建模软件创建一个数字化的花朵（多层花瓣、多种颜色）3D 模型，通常需要导出为 .stl 或 .obj 等格式的文件，以便 3D 打印软件识别和处理。

（2）导入模型。将导出的 3D 模型文件导入 3D 打印软件并进行检查和调整。该步骤可能包括修复模型中的错误、调整尺寸和方向、添加支承结构等。

（3）准备打印机。选择合适的打印材料（如塑料、金属、陶瓷等），并根据模型的尺寸和复杂度选择合适的 3D 打印机。

（4）调整打印参数。在打印软件中调整打印参数（如层高、打印速度、填充密度和支承结构等），这些参数会影响打印质量和打印时间。

（5）开始打印。完成所有设置后，启动 3D 打印机，开始打印。

（6）后处理。打印完成后，需进行后处理，如去除支承结构、打磨表面、喷漆或电镀等，以提高模型的外观和质量。

以上每个步骤都需要一定的技术和知识，以保证打印出的 4D 模型符合设计要求和质量标准。

记忆花的参数见表 1.3.1。

表 1.3.1 记忆花的参数

参数	单色单层记忆花	双色双层记忆花	三色三层记忆花	……
打印耗材				
花瓣形状				
花瓣厚度/mm				
每层花瓣数量/个				
……				

【注意事项】

（1）针对不同的打印耗材，选择不同的打印参数。

（2）4D 打印耗材具有吸水性，不能过早拆包装。打印时再将耗材外面的塑料包装拆开。

（3）记忆花的形状越复杂，打印难度越大。

【思考题】

（1）打印双色记忆花、三色记忆花、多色记忆花时，如何选择不同颜色的打印耗材？

（2）在打印过程中更换打印耗材时，如何保证不同耗材之间的衔接性？

（3）花瓣形状、花瓣厚度和每层花瓣数量对记忆花打印有什么影响？

实验四 形状记忆合金的形状记忆效应实验

〔拓展视频〕

〔拓展视频〕

〔拓展视频〕

【实验目的】

1. 理解形状记忆效应。
2. 理解形状记忆合金的发展历程、分类和性能。
3. 掌握形状记忆原理。

【实验原理】

1. 形状记忆效应

一般金属材料受到外力作用后先产生弹性变形，达到屈服点后产生塑性变形，消除应力后留下永久变形。但有些材料产生塑性变形后，经过合适的热过程能够恢复初始形状，这种现象称为形状记忆效应（shape memory effect，SME）。换言之，具有一定形状（初始形状）的固体材料，在某低温状态下经过塑性变形（另一形状）后，被加热到其固有的某临界温度以上时恢复初始形状，这种效应称为形状记忆效应。

形状记忆材料是指能够感知环境变化（如温度、力、电磁、溶剂等）的刺激，并响应这种变化，调整其力学参数（如形状、位置、应变等），从而恢复初始形状的材料。它也被称为拥有“大脑”的材料和“永不忘本”的材料。形状记忆材料包括形状记忆合金、形状记忆高分子材料和形状记忆陶瓷。形状记忆合金的形状记忆效应最好，形状记忆高分子材料的形状记忆效应次之，形状记忆陶瓷的形状记忆效应最差。

2. 形状记忆材料的发展

1932 年，奥兰德在金镉（Au－Cd）合金中首次观察到形状记忆效应，即 Au－Cd 合金的形状改变后，一旦将其加热到一定的跃变温度就可以恢复初始形状。

1938 年，哈佛大学的研究人员发现一种铜锌（Cu－Zn）合金的形状随温度的变化而改变，但当时并未引起人们的重视。

1951 年，里德等人在研究 Au－Cd 合金时发现了形状记忆效应，随后在铟钛（In－Ti）合金中也发现了形状记忆效应。

1951 年，研究人员应用光学显微镜观察到，Au－Cd 合金中的低温马氏体相和高温母相之间的界面随着温度下降向马氏体推移（母相→马氏体），随着温度上升向母相推移（逆相变：马氏体→母相），这是最早观察到形状记忆效应的极端例子，但没有为其命名，也没有引起人们的重视。

1952 年，里德等人观察到 Au－Cd 合金中相变的可逆性，后来在 Cu－Zn 合金中也发现了该现象，但当时并未引起人们的重视。

1962 年，美国海军研究实验室成员研究镍钛（Ni－Ti）合金时，无意中发现被弯曲的 Ni－Ti 合金丝靠近雪茄火焰的部分自己伸直了。

1963 年，美国海军研究实验室的比勒发现，在高于室温较多的某温度范围内，把一种 Ni-Ti 合金丝烧成弹簧，然后在冷水中把它拉直或铸成正方形、三角形等形状，再放到 40℃以上的水中，该合金丝将恢复原来的弹簧形状。后来陆续发现，有些其他合金也具有类似功能。这种合金称为形状记忆合金。

1964 年，布赫列等人发现 Ni-Ti 合金具有优良的形状记忆性能，并研制出实用的形状记忆合金。

1969 年，Ni-Ti 合金的形状记忆效应首次在工业上应用。人们采用一种与众不同的管道接头装置。为了连接两根金属管，选用转变温度低于使用温度的某种形状记忆合金，在高于其转变温度的条件下，将其做成内径比被连接金属管外径略小一点的短管（做接头用）；然后在低于其转变温度的条件下将其内径略增大，再把连接好的管道放到该接头，接头在转变温度下自动收缩而扣紧被连接管道，使连接牢固、紧密。美国在某种喷气式战斗机的油压系统中使用了一种 Ni-Ti 合金接头，从未发生过漏油、脱落或破损事故。

1973 年，人们发现铜铝镍合金具有形状记忆性能，并明确这种性能是能产生热弹性马氏体相变的合金的共有特性。

1984 年，CDF CHIMIE 公司开发出一种新型材料——聚降冰片烯，它是一种典型的热致型形状记忆聚合物，它的相对分子质量很高（300 万以上）。

1988 年，可乐丽公司合成出形状记忆聚异戊二烯。同年，三菱重工业股份有限公司开发出由异氰酸酯、多元醇和扩链剂三元共聚而成的形状记忆聚合物——PUR 热熔胶。

1989 年，日本杰昂公司开发出以聚酯为主要成分的聚酯—合金类形状记忆聚合物。

科学家在 Ni-Ti 合金中添加其他元素，进一步研究出钛镍铜、钛镍铁、钛镍铬等镍钛系形状记忆合金。此外，还有其他形状记忆合金，如铜镍系合金、铜铝系合金、铜锌系合金、铁系合金（Fe-Mn-Si、Fe-Pd）等。

3. 形状记忆合金

具有形状记忆效应的合金称为形状记忆合金。它是通过热弹性与马氏体相变及其逆相变而具有形状记忆效应的材料。形状记忆合金是形状记忆材料中形状记忆性能最好的材料。

一般来说，给金属施加外力使其变形，然后取消外力或改变温度，金属通常不会恢复初始形状。而形状记忆合金在外力作用下虽然会变形，但去掉外力后，在一定的温度条件下能恢复初始形状，它具有百万次以上的恢复能力。

形状记忆合金的主要性能如下：①机械性能优良，能恢复的变形量高达 10%（一般金属材料能恢复的变形最小于 0.1%）；②加热时产生的回复应力非常大，可达 500MPa；③可感受温度和外力变化，并通过调整内部结构来适应外界条件——对环境刺激的自适应性。

根据形状记忆效应，形状记忆合金可以分为单程记忆效应、双程记忆效应和全程记忆效应三种。

（1）单程记忆效应。

形状记忆合金在较低的温度下变形，加热后可恢复初始形状，这种只在加热过程中存在的形状记忆现象称为单程记忆效应。

（2）双程记忆效应。

某些合金加热时恢复高温相形状，冷却时又能恢复低温相形状，这种在加热过程中和冷却过程中都存在的形状记忆现象称为双程记忆效应。

（3）全程记忆效应。

某些合金加热时恢复高温相形状，冷却时变为形状相同而取向相反的低温相形状，这种形状记忆现象称为全程记忆效应。

三种形状记忆效应对比见表 1.4.1。

表 1.4.1　三种形状记忆效应对比

形状记忆效应	初始形状	低温变形	加热	冷却
单程记忆效应	◡	——	◡	◡
双程记忆效应	◡	——	◡	——
全程记忆效应	◡	——	◡	◠

4. 形状记忆原理

许多形状记忆合金系统存在两种结构，如图 1.4.1 所示。高温时称为奥氏体，它是一种面心立方（face - centered cubic，FCC）结构；低温时称为马氏体，它是体心立方（body - centered cubic，BCC）结构。

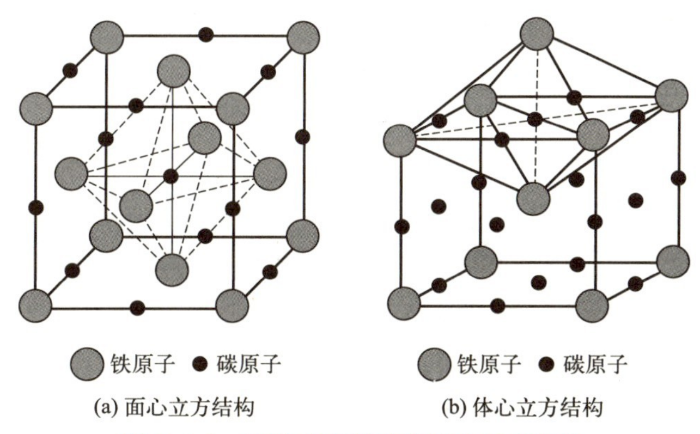

(a) 面心立方结构　(b) 体心立方结构

图 1.4.1　面心立方结构和体心立方结构

形状记忆合金的形状记忆效是通过热弹性与马氏体相变及其逆相变实现的。

（1）马氏体与马氏体相变。

马氏体是黑色金属材料的一种组织名称，它是碳在 α - Fe 中的过饱和固溶体，最初由德国冶金学家马滕斯于 19 世纪 90 年代在一种硬矿物中发现。马氏体的三维组织形态通常为片状或者板条状，但是在金相观察（二维）中通常表现为针状。马氏体的晶体结构为体心立方结构，在中、高碳钢中加速冷却通常能够获得这种组织。高的强度和硬度是钢中马氏体的主要特征。

马氏体相变是指金属材料由高温奥氏体（面心立方相）转变为低温马氏体（体心立方相）的无扩散性相变。铁碳合金相图中的奥氏体 γ 和铁素体 α 如图 1.4.2 所示，然而没有马氏体。铁素体 α 是碳在 α - Fe 中的饱和固溶体，而马氏体是碳在 α - Fe 中的过饱和固溶体。马氏体没有在铁碳合金相图中出现，因为它不是一种平衡组织。平衡组织的形成需要很低的冷却速度和足够时间的扩散，而马氏体是在非常高的冷却速度下形成的。

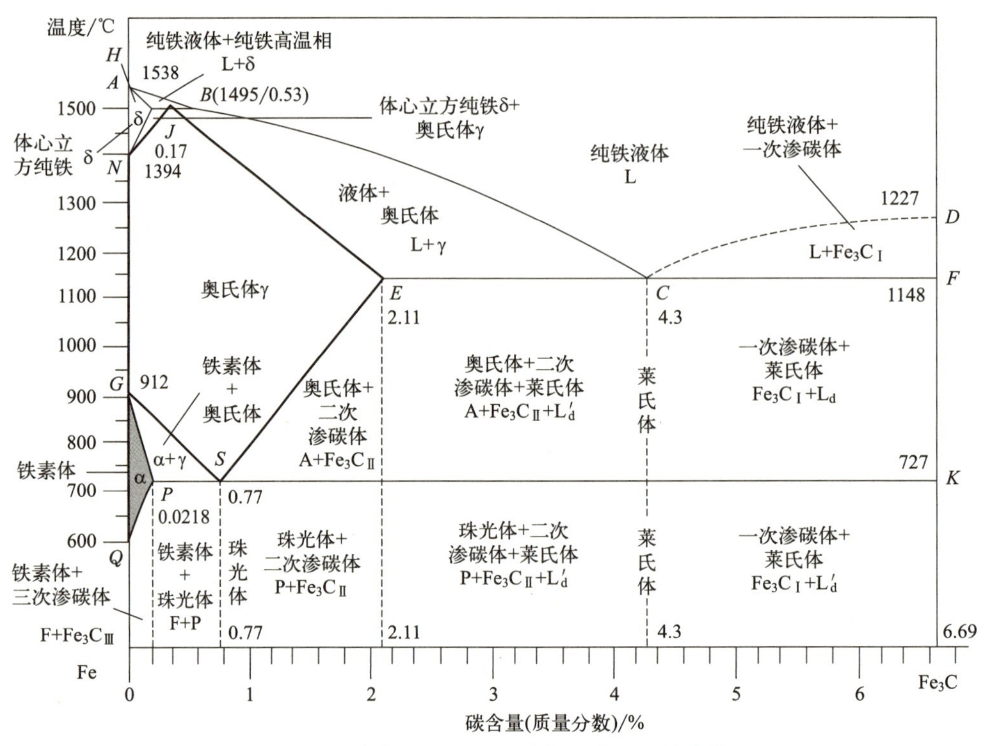

图 1.4.2　铁碳合金相图中的奥氏体 γ 和铁素体 α

马氏体相变与其他相变一样，具有可逆性。马氏体相变及逆相变如图 1.4.3 所示。M_s 表示马氏体相变开始温度；M_f 表示马氏体相变终了温度；A_s 表示马氏体逆相变开始温度；A_f 表示马氏体逆相变终了温度。冷却时，高温母相（奥氏体）变为马氏体相，称为马氏体相变。加热时，马氏体相变为高温母相（奥氏体），称为马氏体逆相变。

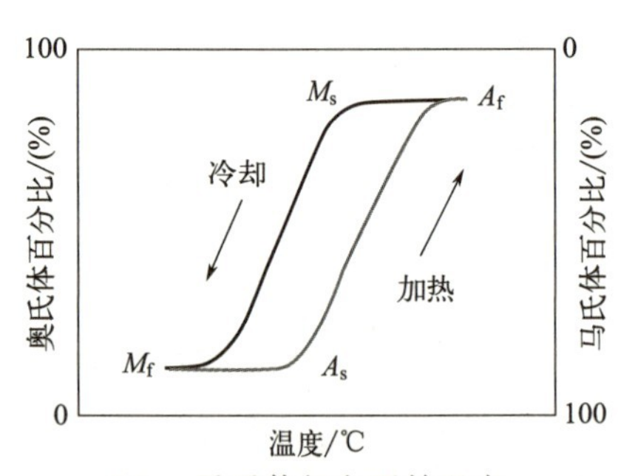

M_s—马氏体相变开始温度；
M_f—马氏体相变终了温度；
A_s—马氏体逆相变开始温度；
A_f—马氏体逆相变终了温度。

图 1.4.3　马氏体相变及逆相变

马氏体和奥氏体的不同在于，马氏体呈体心立方结构，奥氏体呈面心立方结构。奥氏体向马氏体转变仅需很少的能量，因为这种转变是无扩散位移型的，只是迅速且微小的原子重排。因为马氏体的密度低于奥氏体，所以转变后体积增大。相对于转变带来的体积改变，更需要重视这种变化引起的切应力、拉应力。

从微观来看，形状记忆效应是晶体结构的固有变化规律。通常金属合金处于固态时，原子按照一定的规律排列，而形状记忆合金的原子排列规律是随着环境条件改变的。形状恢复的推动力是由在加热温度下母相和马氏体相的自由能之差。

形状记忆合金应具备以下三个条件：①马氏体相变是热弹性类型的；②马氏体相变通过孪生（切变）完成，而不是通过滑移产生；③母相和马氏体相均呈有序结构。

5. 形状记忆合金的种类

具有形状记忆效应的合金有多种，按照合金组成和相变特征，具有较完全形状记忆效应的合金可分为镍钛系形状记忆合金、铜系形状记忆合金、铁系形状记忆合金三大系列。已实用化的形状记忆合金以镍钛系形状记忆合金和铜系形状记忆合金为主。

（1）镍钛系形状记忆合金。

镍钛系形状记忆合金具有丰富的相变现象，优异的形状记忆和超弹性性能，良好的力学性能、耐蚀性、生物相容性，以及高阻尼特性，是当前研究较全面、记忆性好、实用性强、应用广泛的形状记忆材料，其应用范围涉及航空航天、机械、电子、建筑、生物医学等领域。

镍钛系形状记忆合金有 $TiNi_2$、Ti_2Ni、TiNi 三种金属化合物（高温相为体心立方晶体 B2，低温相为复杂的长周期堆垛结构，属于单斜晶体）。

镍钛系形状记忆合金耐腐蚀、耐疲劳、耐磨损，生物相容性好，适合作为生物医学材料。在镍钛系形状记忆合金中添加少量第三元素可引起合金中马氏体内部显微组织的显著变化，同时可能使马氏体的晶体结构发生改变，宏观上表现为相变温度的升高或降低。升高相变温度的元素有 Au、Pt、Pd、Zr 等；降低相变温度的元素有 Fe、Al、Cr、Co、Mn、V、Nb、Ce 等。

近年来，高温热敏器件得到大量应用，从而开发出 $TiNi_{1-x}R_x$（R＝Au、Pt、Pd 等）和 $Ti_{1-x}NiM_x$（M＝Zr 等）系列高温记忆合金。例如，对于 Ni－Ti－Nb 或 Ti－Pd 合金，M_s＝200～500℃；对于 Ni－Ti－Pt 或 Ti－Pt 合金，M_s＝200～1000℃。

（2）铜系形状记忆合金。

在提出形状记忆效应概念之前，20 世纪 30 年代发现 Cu－Zn 合金中马氏体随温度的变化呈现消长现象，这就是热弹性马氏体相变。50 年代末，库尔久莫夫（Kurdjumov）在 Cu－14.7Al－1.5Ni 合金中证实了该相变。而铜基材料中的形状记忆效应大多在 70 年代以后被发现。

尽管铜系形状记忆合金的某些特性不及镍钛系形状记忆合金，但由于其易加工、成本低廉，因此依然受到大批研究者的青睐。在已发现的形状记忆材料中，铜系形状记忆合金占比最大，它们的一个共同点是母相均呈体心立方结构，称为 β 相合金。

铜系形状记忆合金种类比较多，主要包括 Cu－Zn－Al、Cu－Zn－Al－X(X＝Mn、Ni)、Cu－Al－Ni、Cu－Al－Ni－X(X＝Ti、Mn)、Cu－Zn－X(X＝Si、Sn、Au) 等系列。铜系形状记忆合金只有热弹性马氏体相变。在铜系形状记忆合金中，Cu－Zn－Al 合金和 Cu－Al－Ni 合金的性能较好，近年来又发展了 Cu－Al－Mn 合金。

铜系形状记忆合金具有记忆性能衰退现象。铜系形状记忆合金的形状记忆效应明显低于镍钛系形状记忆合金，形状记忆稳定性差，表现出记忆性能衰退现象。这种衰退可能是由马氏体转变过程中出现范性协调和局部马氏体变体而产生“稳定化”所致。逆相变加热温度越高、载荷越大，衰退越快。

（3）铁系形状记忆合金。

在镍钛系形状记忆合金和铜系形状记忆合金之后，发现许多铁系形状记忆合金中具有形状记忆效应。

铁系形状记忆合金分为以下三类。

① 面心立方 γ 与体心正方（四角）α′（薄片状马氏体）的相互转变，如 Fe－Ni－C、Fe－Ni－Ti－Co 和 Fe－Pt（母相有序）。

② 面心立方 γ 与密排六方 ε－马氏体的相互转变，如 Fe－Cr－Ni 和 Fe－Mn－Si。

③ 面心立方 γ 与面心正方（四角）马氏体（薄片状）的相互转变，如 Fe－Pd 和 Fe－Pt。

铁系形状记忆合金的形状记忆效应既可通过热弹性马氏体相变获得，又可通过应力诱发 ε－马氏体相变（非热弹性马氏体）获得。

例如，Fe－Mn－Si 合金经淬火处理所得的马氏体为非热弹性马氏体，属于应力诱导型记忆合金，其双程记忆效应很小，用于单程形状记忆；价格较低，易加工，是铁系形状记忆合金中工业应用的首选材料。

6. 形状记忆合金的特性

形状记忆合金是一类能够记忆初始形状的合金材料，它具有传感功能和驱动功能，是一种典型的智能材料。形状记忆合金具有两种特殊的宏观力学性能——形状记忆效应和超弹性。形状记忆合金可恢复 7%～8%的应变量，比一般金属材料高得多。对于一般金属材料来说，出现这样大的应变量早就发生永久变形了。形状记忆合金在马氏体状态比较软，屈服强度也比母相奥氏体低得多，且含有许多孪晶，它一旦受外力就易变形。此时产生的变形与一般金属的塑性变形不同，其原子结构没有发生变化。

形状记忆合金除具有形状记忆效应外，还具有以下性能。

（1）非线性。形状记忆效应的非线性主要是指形状记忆合金在拉伸作用下的加热曲线与冷却曲线不重合，从而形成迟滞。若加热曲线与冷却曲线不存在重合部分则称为主迟滞，若加热曲线与冷却曲线部分重合则称为次迟滞，如图 1.4.4 所示。经历多次部分热循环后，迟滞移动。

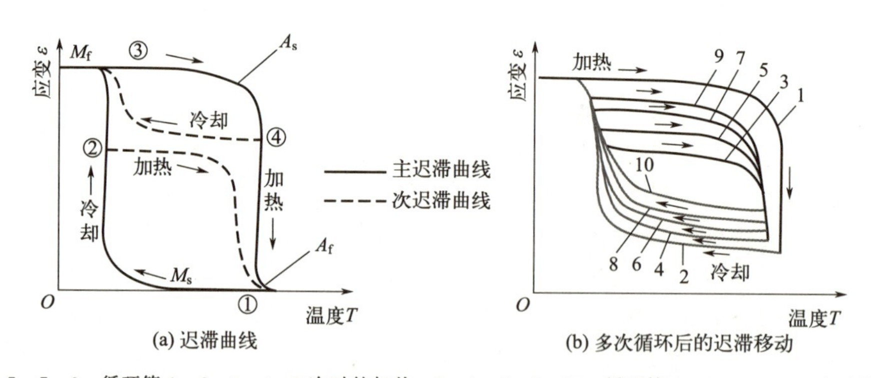

1，3，5，7，9—循环第 1、2、3、4、5 次时的加热；2，4，6，8，10—循环第 1、2、3、4、5 次时的冷却。

图 1.4.4　形状记忆的迟滞

（2）超弹性。在高于 A_f 点、低于 M_s 点的温度下施加外力，产生应力诱发马氏体相变，卸载外力后产生逆相变，应变完全消失，回到母相状态，表观上呈现非线性拟弹性应变，这种现象称为超弹性。

（3）高阻尼特性。形状记忆合金在低于 M_s 点的温度下进行热弹性马氏体相变，生成大量马氏体变体（结构相同、取向不同），由于变体间的界面能和马氏体内部孪晶界面能都很低，易迁移，能有效衰减振动、冲击等外来机械能，因此阻尼特性特别好。

(4) 耐磨性。在形状记忆合金中，镍钛形状记忆合金在高温（CsCl 型体心立方结构）下具有很好的耐蚀性和耐磨性，可用作在化工介质中接触滑动部位的机械密封材料、在原子能反应堆中用作冷却机械密封件的材料。

(5) 逆形状记忆特性。在 M_s 点附近的很小温度范围内使 Cu-Zn-Al 产生大应变量变形，将其加热到高于 A_f 点的温度时形状不完全恢复，但再加热到高于 200℃时逆向恢复到变形后的形状，称为逆形状记忆特性。

从形状记忆合金的特性来看，形状记忆合金较适合在低频信号和大变形量作用下使用。在制造过程中温度不能太高，否则会影响记忆特性。同时，形状记忆合金的响应较慢（几秒），不适用于实时控制。

对于智能结构来说，确定设计要求（如结构在工作条件下的静态、振动、冲击载荷、环境温度、作动行程、作动次数等）后，为了设计出高性能、高可靠性的形状记忆合金智能结构，一般需要对选用的形状记忆合金进行相变温度、基本力学性能、力学性能衰减等性能测试，通过测试数据选用合适的形状记忆合金，进而设计形状记忆合金的智能结构。

如果材料性能不满足设计要求，就需要采取合适的热处理工艺来提高形状记忆合金的性能。

【实验设备和实验材料】

镍钛形状记忆合金-直径为 1mm 的细丝（单程记忆）10 个、镍钛形状记忆合金-直径为 1mm 的回形针（单程记忆）10 个、镍钛形状记忆合金-直径为 0.6mm 的五角星（单程记忆）10 个、镍钛形状记忆合金-直径为 0.6mm 的蝴蝶（单程记忆）10 个、镍钛形状记忆合金-花（单程记忆）10 个、镍钛形状记忆合金-直径为 1mm 的弹簧（单程记忆）10 个、镍钛形状记忆合金-直径为 0.6mm 的弹簧（双程记忆）10 个、水浴加热箱、温度计、镊子、吹风机、直尺等。

【实验方法及步骤】

1. 单程记忆效应

在室温下随意改变五种镍钛形状记忆合金（细丝、回形针、五角星、蝴蝶、花）的形状，然后将变形后的五种镍钛形状记忆合金放到热水中，观察五种镍钛记忆合金开始恢复初始形状的温度。详细记录五种镍钛记忆合金从开始缓慢恢复到瞬时快速恢复的温度区间，见表 1.4.2。

表 1.4.2 五种镍钛形状记忆合金的单程记忆效应的恢复温度

初始形状	细丝	回形针	五角星	蝴蝶	花
开始缓慢恢复的温度/℃					
瞬时快速恢复的温度/℃					

2. 单程记忆效应与双程记忆效应的对比

在室温下随意改变单程记忆弹簧与双程记忆弹簧的形状，然后将变形后的两种弹簧放到热水中，观察弹簧开始恢复初始形状的温度。详细记录弹簧从开始缓慢恢复到瞬时快速恢复的温度区间，并且记录两种弹簧在室温和高温下的初始长度，见表1.4.3。

表1.4.3 两种镍钛形状记忆合金的单程记忆效应和双程记忆效应的对比

参数	单程记忆弹簧	双程记忆弹簧
开始缓慢恢复的温度/℃		
瞬时快速恢复的温度/℃		
室温下的初始长度/mm		
高温下的初始长度/mm		

【注意事项】

（1）在室温下随意改变镍钛形状记忆合金的形状时，变形速度不宜过高，否则合金易断裂或不能恢复初始形状。

（2）合金在高温下形状恢复的温度区间较小，观察和记录时应该使水温缓慢变化，不能使水温变化太快，否则无法观察和记录形状恢复的温度区间。

【思考题】

（1）影响镍钛形状记忆合金形状记忆效应的因素有哪些？

（2）查阅文献，分析镍钛形状记忆合金的形状记忆机理。

实验五 电控调光玻璃制备实验

【实验目的】

〔拓展视频〕

〔拓展视频〕

〔拓展视频〕

1. 理解电控调光玻璃的特点。
2. 掌握电致变色原理。
3. 了解电控调光玻璃的应用领域。

【实验原理】

1. 电控调光玻璃概述

电控调光玻璃由美国肯特州立大学的研究人员于20世纪80年代末发明并申请发明专利。在国内，人们习惯称电控调光玻璃为智能电控调光玻璃、智能玻璃、液晶玻璃、电控玻璃、变色玻璃、PDLC玻璃、Smart玻璃、魔法玻璃等。

电控调光玻璃于2003年开始进入国内市场。由于其售价高且识者甚少，因此往后的近十年在我国发展缓慢。近年来，随着国民经济的持续高速增长，国内建材市场发展迅猛，电控调光玻璃成本下降，渐渐为建筑及设计业界所接受并开始大规模应用，并开始步入家庭装修应用领域。相信在不久的将来，这种实用的高科技产品将会走进千家万户。

科技不断进步，智能化是各行各业的发展方向。如今，越来越多的高科技产品被应用到人们的日常生活中，例如近年来十分流行的调光玻璃。电控调光玻璃其实是一种通过电控制液晶分子的聚合起到保护隐私、投影、保持室内通透作用的玻璃。江玻特玻液晶膜调光玻璃的参数见表1.5.1。

表1.5.1 江玻特玻液晶膜调光玻璃的参数

参数	液晶膜	调光玻璃
厚度	0.38mm	4mm、5mm或6mm
最大尺寸	1500mm×5000mm	1800mm×4500mm
透过率	85%以上（透明状态）	80%以上（透明状态）
工作电压	交流电压60～220V	
能耗	约2W/m²	
转换速率	小于1s	
工作温度	−10～60℃	
控制类别	标配遥控，可更改其他控制形式（如声控、App控制等）	
颜色	通常为乳白色，其他颜色可定做	
区别	直接贴在原有玻璃表面	直接加工成玻璃，液晶膜在两片玻璃中间

电控调光玻璃的两层玻璃之间夹着一层液晶膜（俗称调光膜），液晶膜由PVB膜覆盖在最中央，然后置于高压釜或一般的一步法炉子里经过高温高压的过程胶合而成。电控调光玻璃除了具备隐私保护功能，还具备所有安全玻璃的应用特性。当关闭电源时，电控调光玻璃的液晶分子呈现不规则的散布状态，电控调光玻璃呈现透光且不透明的外观状态；给电控调光玻璃通电后，液晶分子排列整齐，光线可以自由穿透，电控调光玻璃瞬间呈现透明状态。

电控调光玻璃具有调光性、节能性和舒适性。

（1）电控调光玻璃的调光性。通过调节玻璃的遮光系数可以调节光。随着条件的变化，玻璃可以自由调节到透明状态或不透明状态。在夏天，电控调光玻璃的不透明状态可以保证房间避免被阳光照射，也可以反射大部分有害光线。在冬天，电控调光玻璃的透明状态可以保证房间被阳光照射，防止室内的热量散发，从而保证室内温度。

（2）电控调光玻璃的节能性。采用普通单片式玻璃门窗，冷热溢流快，消耗能源大。安装电控调光玻璃可以提高室内温度，降低供暖和制冷成本。电控调光玻璃的冬季保温和夏季制凉性能比单层玻璃好，发电烧煤的消耗和环境污染减少。

（3）电控调光玻璃的舒适性。电控调光玻璃的导电膜可以调节透光率，从而使人感到室内温暖，还可以使人感到舒适。与普通玻璃不同，电控调光玻璃的外观给人一种舒适和柔软的感觉，而普通玻璃给人一种冰冷的感觉。电控调光玻璃是一种综合性能强的玻璃。

哪些因素会影响智能调光玻璃的视觉效果呢？电控调光玻璃的应用越来越广泛，人们对电控调光玻璃的了解也越来越深入，各种影响电控调光玻璃视觉效果的因素被屡屡提及。我们会发现，同一批玻璃或者同一规格的玻璃在不同应用环境、不同场合下的效果不同，有时甚至差异很大，是产品有问题吗？不是。影响电控调光玻璃视觉效果的三大主要因素如下。

（1）灯光的位置。灯光是造成电控调光玻璃效果差异的重要因素。灯光远离玻璃，视觉上感觉雾度很小；灯光靠近玻璃，视觉上感觉雾度非常大。

（2）观察玻璃的角度。同一块玻璃，同一个视觉点，在与玻璃成不同角度时，玻璃的效果不同。当人们注视玻璃，视线与玻璃成垂直状态时，视觉效果更好；当视线与玻璃的夹角小于45°或者大于135°时，雾度越来越大。

（3）空间。人们透过玻璃观看后面的物体，当玻璃后面的空间较大、范围较大时，电控调光玻璃开关状态切换后的效果比较好；当玻璃后面的空间较小、范围较小时，电控调光玻璃开关状态切换后的效果差异变化不大，但会让人感觉雾度较大。

2. 电致变色原理

电致变色玻璃是在两块玻璃之间夹入特定材料制成的。电致变色玻璃内部的材料及排列顺序为基底材料（玻璃或塑料板）、透明导电层、电致变色层（如氧化钨）、电解质层（离子导体或电解液）、离子存储层、透明导电层、基底材料（玻璃或塑料板）。其中，起作用的是氧化反应，这是一种化合物中的分子失去电子的反应。夹在电致变色层中的离子可以使玻璃从不透明变为透明，使玻璃可以吸收光线。电源通过电线与两个导电层相连，电压驱动离子从离子存储层穿过电解质层而到达电致变色层，从而使玻璃变得透明。关闭电源后，离子从电致变色层到达离子存储层。离子离开电致变色层后，玻璃重新变得不透明。电致变色原理如图1.5.1所示。

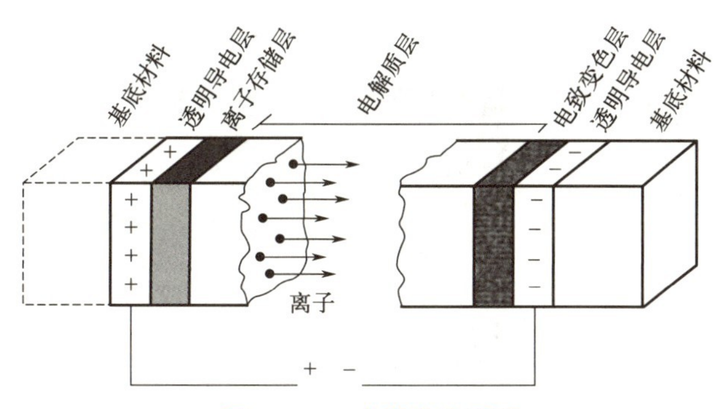

图 1.5.1 电致变色原理

下面以电控调光玻璃为例，详细介绍电致变色原理。

电控调光玻璃中真正起调光作用的是液晶膜。液晶膜的工作原理如图 1.5.2 所示。通电（加电场）时，液晶膜开始工作，原来弥散分布的液晶分子瞬时（小于 1s）排列整齐，也就是液晶分子从无序排列变为定向有序排列。此时，入射光照射到液晶膜一侧，几乎所有入射光都穿透液晶膜，透射光从液晶膜的另一侧出来。光线可以自由穿透，液晶膜瞬间呈透明状态。断电（不加电场）时，液晶膜中的液晶分子从定向有序排列变为无序排列。此时，入射光照射到液晶膜一侧，一部分光以反射光的形式发射，另一部分光以散射光的形式从液晶膜的另一侧出来，剩余的少量光以透射光的形式从液晶膜的另一侧出来，此时液晶膜呈透光且不透明状态。

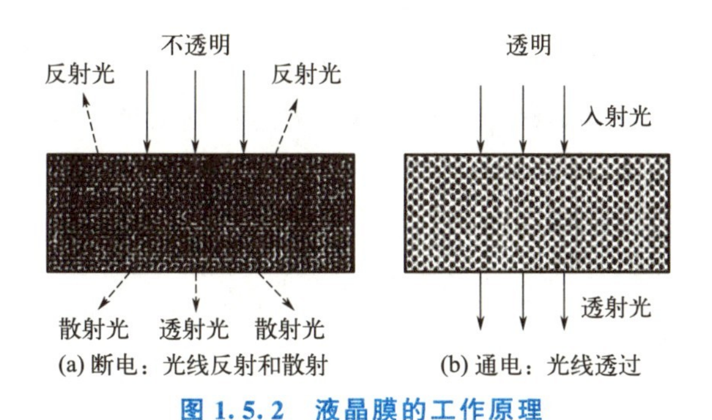

(a) 断电：光线反射和散射　　(b) 通电：光线透过

图 1.5.2 液晶膜的工作原理

电控调光玻璃是一种将液晶膜复合到两层（或单层）玻璃中间，经高温高压胶合（或胶水黏合）后一体成型的具有两层（或单层）结构的新型特种调光玻璃。使用者通过控制电流的通断来控制玻璃的透明与不透明。用液晶膜制作电控调光玻璃如图 1.5.3 所示。

安装电控调光玻璃的注意事项如下。

（1）必须使用卖方提供的专用电源或经卖方书面认可的电源，输入端接入 220V（或 110V）交流电，输出端接电控调光玻璃。

（2）搬运和运输时必须竖立。

（3）放置和安装时，电控调光玻璃下边缘接触面大于下边缘的 2/5，不能直接接触金属、石材等坚硬物质。若需加垫则必须使用柔性橡胶，避免应力损伤。

（4）不可以揭开电控调光玻璃边缘的铜箔或透明胶带。

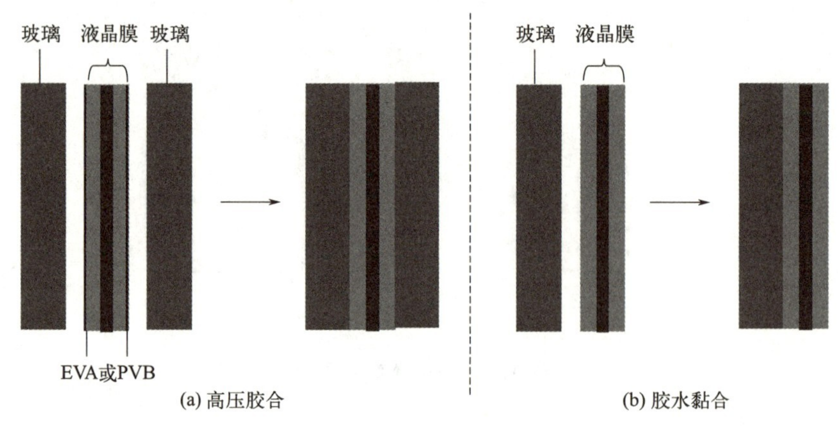

图 1.5.3　用液晶膜制作电控调光玻璃

(5) 不可对电控调光玻璃强制矫形、大力挤压，否则会造成液晶层爆裂。

(6) 如果电控调光玻璃的边框容易变形，则不适合使用玻璃胶，而应采用橡胶条或者绒布固定。

(7) 必须使用电控调光玻璃专用胶，不能随意使用一般的中性玻璃胶。

3. 电控调光玻璃的制备

电控调光玻璃是一种夹层玻璃，两层玻璃之间夹着一层液晶膜，液晶膜由 EN 膜覆盖在中央。电控调光玻璃有以下三种加工生产方法。

(1) 一步真空成型法。一步真空成型法的设备结构简单，加工工艺看似简单，但在实际操作过程中对温度控制精度的要求高，会出现气泡、开胶、雾度大等现象。由于电控调光玻璃的生产成本较高，因此非标企业及技术能力达不到精准控制的企业不用此法生产电控调光玻璃。但采用此法生产的电控调光玻璃使用寿命长、性能相对稳定。

(2) 高压釜加工。高压釜加工的前几道工艺类似于一步真空成型法，后期使用高压釜高压高温成型。高压釜加工可有效避免气泡、开胶等现象，但缺点也显而易见。由于采用高压釜加工的玻璃承受的压力是采用一步真空成型法的 2 倍，而电控调光玻璃的主要夹层材料——液晶膜会因收缩率过高而造成导电镀层断裂或电阻率增大，使电控调光玻璃的性能和使用寿命受到影响。

高压釜加工电控调光玻璃的设备必须为专用设备，以精准适配电控调光玻璃的特性，遗憾的是国内极少厂家采用专用设备，大部分与常规夹层玻璃混用，频繁调整高压釜的参数既无法保证电控调光玻璃的参数要求又容易损坏设备。

(3) 水浴法。水浴法的原理是将密封的夹具浸入 100℃ 的水槽，其加工温度准确、加工均匀，但夹具的制造难度非常大。

4. 电控调光玻璃的性能

电控调光玻璃具有以下性能。

(1) 隐私保护功能。电控调光玻璃具有隐私保护功能，可以随时控制玻璃的透明或不透明状态。

(2) 投影功能。电控调光玻璃是一种非常优秀的投影硬屏，在光线适宜的环境下，如果选用高流明投影机，则投影成像效果好。

(3) 具备安全玻璃的优点。电控调光玻璃具备安全玻璃的优点，如破裂后防止碎片飞溅的安全性能。

(4) 环保特性。电控调光玻璃中间的液晶膜及胶片可以隔热，能够阻隔98%以上的红外线及99%以上的紫外线。屏蔽部分红外线可减少热辐射及热传递；屏蔽紫外线可保证室内的陈设不因紫外线辐照而出现退色、老化等现象，使人员不受由紫外线直射引起的疾病。

(5) 隔音特性。电控调光玻璃中间的液晶膜及胶片有声音阻尼作用，可阻隔部分噪声。

5. 电控调光玻璃的应用领域

电控调光玻璃的应用领域如下。

(1) 商务应用。

① 投影幕布作用。电控调光玻璃有一个商业名称——智能玻璃投影屏，即它在透明状态下可以显示背景装饰图画或者作为会议室的玻璃墙；在不透明状态下可以替代成像幕布，且画面清晰，打破了传统水泥墙面的功能垄断局面。

② 办公区隔断。即使是偌大的办公区，被数面墙体或磨砂玻璃隔断也会显得狭小憋闷，全部采用通透玻璃设计又缺乏商务保密性。具有调节透明光度性能的玻璃可以解决这个问题，它可将办公区调节为全光照透明状态，需要时，只要轻轻按动遥控器就可让整个办公区彻底模糊。

(2) 住宅应用。

① 外部设计。将阳台飘窗改成电控调光玻璃，可提高楼宇的私密性。在日常情况下，将电控调光玻璃调节到透明状态，保持透亮采光；在随意状态下，为保持安全感，可将其调节到不透明状态，却依然可亲近阳光，一举两得。

② 室内空间隔断。利用电控调光玻璃分隔房间可改善空间布局，增大光亮调节自由度，且能保证不同区域的私密性，得到意想不到的效果。

③ 作为小型家庭影院幕布。电控调光玻璃是幕布和屏风的有效结合（原理与商务投影幕布相同）。

④ 浴室、卫生间隔断。在选用安全电压的前提下，将电控调光玻璃作为浴室、卫生间隔断，不仅能使空间敞亮，还能很好地保护隐私。

(3) 医疗机构应用。

电控调光玻璃可取代窗帘，起到隔断与保护隐私的功能。其结实、安全、隔音消杂，更具有环保、不易污染的优点，可减轻医护工作者和患者的心理压力。

(4) 博物馆、展馆、商场、银行防盗应用。

推荐将电控调光玻璃应用于商场、银行、珠宝店、博物馆、展览馆等公共场所的橱窗、柜台防弹玻璃及展柜玻璃中。正常营业时，其保持透明状态，一旦遇到突发情况就可利用远程遥控使其瞬间处于模糊状态，使犯罪分子失去目标，可以最大程度地保证人身安全及财产安全。

总之，电控调光玻璃的应用非常广泛，覆盖行政办公、公共服务、商业娱乐、家居生活、广告传媒、展览展示、影像、公共安全等领域。

【实验设备和实验材料】

液晶膜若干、电控调光玻璃若干、电烙铁/焊台、焊锡、遥控器若干、双导铜箔胶带、带开关电源插头线（长度为1m）若干、公母端子线（1对）若干、剪刀、钳子、宽透明胶带等。

【实验方法及步骤】

（1）带公端子线液晶膜的制备。

将双导铜箔胶带裁剪成10mm×15mm的长方形，朝着有胶带的一侧折成5mm×15mm的长方形。选择尺寸合适的液晶膜，在其一端的两个外侧位置分别粘上折好的双导铜箔胶带。分别焊接公端子线的两根导线与液晶膜一端的两个外侧位置的两个双导铜箔带，完成带公端子线液晶膜的制备。

（2）电控调光玻璃的制备。

将带公端子线液晶膜粘到尺寸合适的电控调光玻璃（钢化玻璃/普通玻璃）一侧。在粘贴过程中，避免在液晶膜和玻璃之间产生气泡。若产生气泡，则会影响调光特性。用透明胶带将公端子线液晶膜/玻璃一端黏合一圈，保证双导铜箔胶带附近完全被透明胶带覆盖，防止在通电状态下双导铜箔胶带发电，使操作人员触电。电控调光玻璃示意图如图1.5.4所示。

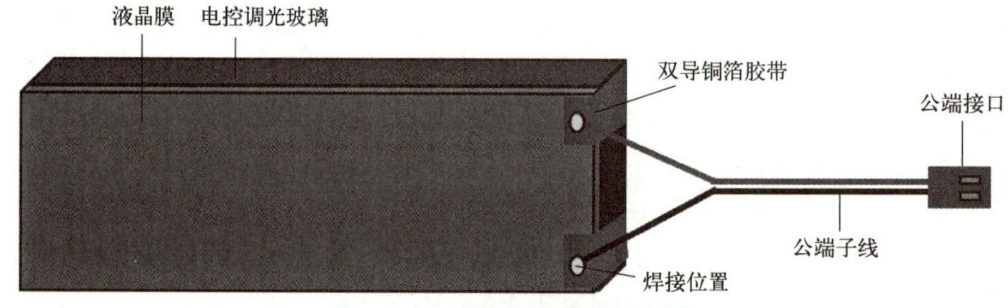

图1.5.4　电控调光玻璃示意图

（3）连接母端子线的两根导线与带开关电源插头线。

（4）将带开关电源插头线（保证开关处于关闭状态）插到带电的插座上，再将带公端子线的液晶膜/玻璃的公端接口插到电源插头线的母端接口上。打开插头线的电源开关，观察电控调光玻璃的调光效果。

【注意事项】

（1）双导铜箔胶带的导电性必须良好。

（2）焊接双导铜箔胶带与公端子线的两根导线时，保证焊接后导电性良好。

（3）电控调光玻璃一端的双导铜箔胶带附近必须完全被透明胶带覆盖，否则有漏电危险。

【思考题】

（1）影响电控调光玻璃导电性的因素有哪些？

（2）影响电控调光玻璃调光性的因素有哪些？

实验六 光致变色玻璃制备实验

【实验目的】

1. 理解变色玻璃。
2. 理解光致变色玻璃的特点。
3. 掌握光致变色玻璃的变色原理
4. 了解光致变色玻璃的应用领域。

〔拓展视频〕

〔拓展视频〕

〔拓展视频〕

【实验原理】

1. 变色玻璃概述

普通玻璃通常是无色透明的。变色玻璃是指在一定的条件下（如光照、温度、电场、表面施加压力等）可改变颜色的玻璃，而且这些条件消失后，其又能恢复初始状态，即变色是可逆的。根据变色原理的不同，变色玻璃可以分为光致变色玻璃、电致变色玻璃、热/温致变色玻璃、力致变色玻璃和气致变色玻璃等，其中常见的是光致变色玻璃和电致变色玻璃。

（1）光致变色玻璃。

光致变色玻璃在紫外线或者可见光的照射下产生可见光区域的光吸收，透光度降低或者颜色发生变化，并且光照停止后能自动恢复原来的透明状态。一般在普通玻璃成分中加入光敏剂来生产光致变色玻璃。常用的普通玻璃有铝硼硅酸盐玻璃、硼硅酸盐玻璃、硼酸盐玻璃、磷酸盐玻璃等，常用的光敏剂有卤化银、卤化铜等。通常，光敏剂以微晶状态均匀地分散在玻璃中，其在日光照射下分解，从而降低玻璃的透光度。当玻璃在暗处时，光敏剂再度化合，使玻璃恢复透明度。玻璃的着色和退色是可逆且永久的。

光致变色玻璃的装饰特性是玻璃的颜色和透光度随日照强度自动变化。日照强度高，玻璃的颜色深，透光度低；反之，日照强度低，玻璃的颜色浅，透光度高。光致变色玻璃的成功应用之一是遮阳镜，在室内是正常的眼镜，而在室外可以用作墨镜。用光致变色玻璃装饰建筑，既能使得室内光线柔和、色彩多变，又能使得建筑色彩斑斓、变幻莫测，与建筑的日照环境协调一致。

（2）电致变色玻璃。

电致变色玻璃是由基础玻璃和电致变色系统组成的装置。利用电致变色材料在电场作用下产生的透光（或吸收）性能的可调性，可实现调节光照度的目的。同时，电致变色系统通过选择性地吸收或反射外界热辐射和阻止内部热扩散，可减少办公楼和住宅等建筑物在夏季保持凉爽及冬季保持温暖必须耗费的大量能源。波音 787 飞机使用的玻璃是一种可以通过用电控制玻璃颜色的电致变色玻璃。

（3）热/温致变色玻璃。

温度变化可使玻璃变色。在玻璃内部加入智能纳米凝胶膜，当外界温度升高时，纳米粒子吸收能量后规则排布；当温度降低时，纳米粒子排布得杂乱无章，玻璃的透光性发生相应变化。

（4）力致变色玻璃。

与以上三种变色玻璃相比，力致变色玻璃在生活中的应用较少。在玻璃中加入在外力作用下结构改变的材料，即可改变玻璃颜色。研究表明，在聚丙烯酰胺水凝胶内部嵌入疏水性的物质后形成的光子晶体水凝胶在外力作用下颜色改变。因此，在外力作用下，由其构成的玻璃能够实现颜色变化。

（5）气致变色玻璃。

当玻璃暴露在特定的气体中时可变色。气致变色玻璃中通常含有气体敏感层，其由薄层多孔结构的三氧化钨膜覆盖在金属板上。一般玻璃呈透明状态，但是当引入氢气时，气体敏感层发生化学反应，玻璃变成蓝色。氢气浓度越高，玻璃的颜色越深，可达到过滤红外线的效果。若想让玻璃重新呈透明状态，只需引入氧气即可。

2. 光致变色原理

光致变色玻璃分为无机光致变色玻璃与有机光致变色玻璃两类。

（1）无机光致变色玻璃。

无机光致变色玻璃由光学敏感材料和基体玻璃组成，在基体玻璃中掺入微量敏感材料，经过热处理后沉淀在玻璃熔体中作为光敏剂。光学敏感材料主要有银、铜和镉的卤化物或稀土离子等；基体玻璃一般以碱金属硼硅酸盐玻璃为基体，其光致变色性能最好。

1962 年，美国康宁公司研制出含卤化银光致变色玻璃，此后不断对已有光致变色玻璃进行改进，申请了许多专利。中国科学院福建物质结构研究所的周有福等人以碱土铝硼酸盐体系为基体玻璃、以稀土离子为光敏剂制备了一种透明光致变色玻璃，利用稀土离子丰富的受激辐射实现波长（颜色）变化。这种玻璃在弱光环境下呈蓝色，在强光特别是短波可见光照射下呈紫色或红色。

无机光致变色玻璃是在玻璃原料中加入特殊的感光材料（常使用卤化银）制作而成的。卤化银本身是无色的，但是在阳光照射下不稳定，容易分解成为银原子和卤素原子，银原子聚集后形成胶体，这种胶体银对光有很强的吸收能力，玻璃变暗。去除阳光照射后，银原子和卤素原子重新反应结合成无色的卤化银，玻璃又恢复透明状态。光致变色玻璃又称光色玻璃，是在适当波长光的辐照下颜色改变，而去除光源后恢复原来颜色的玻璃。其具有两种分子结构或电子结构，在可见光区有两种吸收系数，在光的作用下可从一种结构转变为另一种结构，使得颜色可逆变化。

常见的光致变色玻璃是含卤化银变色玻璃，它是在钠铝硼酸盐玻璃中加入少量卤化银（AgX）做感光剂，再加入微量铜离子、镉离子做增感剂，熔制成玻璃后，经适当温度（500～700℃）的热处理，析出尺寸为 50～300Å（$1Å=10^{-10}$ m）的卤化银粒子而呈现光致变色现象的玻璃。当它受紫外线或可见光短波照射时，银离子还原为银原子，若干银原子聚集成胶体而使玻璃显色；光照停止后，在热辐射或长波光（红光或红外线）照射下，银原子变成银离子而褪色。

（2）有机光致变色玻璃。

根据光致变色材料的不同，有机光致变色玻璃可以分为俘精酸酐光致变色玻璃、二芳基乙烯光致变色玻璃、螺吡喃光致变色玻璃、螺噁嗪光致变色玻璃等；根据制备方法的不同，有机光致变色玻璃可以分为贴膜光致变色玻璃、涂膜光致变色玻璃两类。贴膜是指将光致变色材料制成高分子膜后贴合到无机玻璃表面，南开大学开发出光致变色安全玻璃透明薄膜；涂膜是以有机玻璃为基体材料，在有机玻璃成型过程加入光致变色材料制备的。

有机光致变色玻璃的变色机理由掺杂的光致变色材料决定。常见光致变色材料的变色机理可分为键的异裂和均裂、质子转移互变异构、顺反异构反应、氧化还原反应、周环反应等。例如螺噁嗪光致变色玻璃受紫外线激发变为蓝色，其变色机理取决于螺噁嗪光致变色化合物。如图 1.6.1 所示，在紫外线或夏季强烈的太阳光照射下，光致变色玻璃中的螺噁嗪 spirooxazine（SO）分子中的螺 C—O 键发生异裂，分子结构及电子组态发生异构和重排，通过螺 C 原子连接的两个环系由原来的正交变为共平面，形成一个大的共轭体系 photomerocyanine（PMC）。PMC 在可见光区有吸收峰，在可见光或热的作用下发生闭环反应变回 SO，构成一个典型的光致变色体系，这个过程是可逆的。螺噁嗪光致变色玻璃在较强的太阳光照射下由无色透明变为清晰的蓝色，若光线减弱则蓝色逐渐褪去，颜色随着辐射光强度变化，若光强度大则颜色深，若光强度小则颜色浅。螺噁嗪类化合物在有机光致变色化合物中的抗疲劳性较高，耐紫外线照射的稳定性好。所以，螺噁嗪光致变色玻璃具有较高的抗疲劳性，拥有广阔的应用前景。

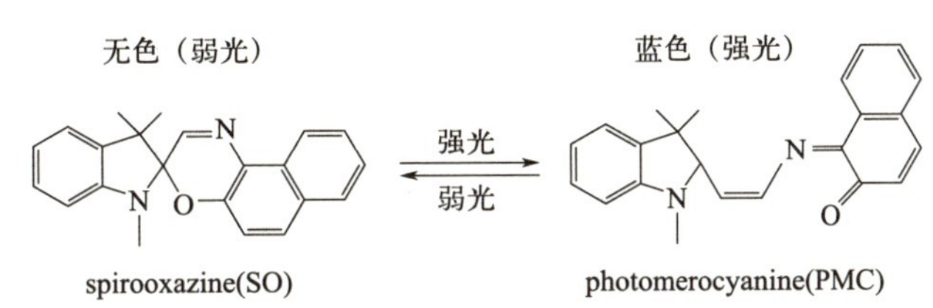

图 1.6.1 螺噁嗪的光致变色原理

3. 光致变色玻璃的制备

（1）无机光致变色玻璃的制备。

无机光致变色玻璃的传统制备方法是将光敏剂（如卤化银）等直接加入基体玻璃配合料，采用传统的高温熔炼工艺熔制浇注成片状玻璃，再经退火、分段热处理及研磨加工等工序制成玻璃样板。采用熔融法制备的着色玻璃具有很多不足，如高温下卤化物离子稳定性差、影响制品的光致变色效果和成本。采用此法制备大面积的建筑用光致变色玻璃还存在困难。有效的方法是将其制成薄膜或涂层用于建筑玻璃上，如采用溶胶-凝胶法制备涂层光致变色玻璃是近年的主要研究方向。随着新的光致变色体系的出现，光致变色玻璃的制备方法不断完善。

（2）有机光致变色玻璃的制备。

有机光致变色玻璃的制备包括有机光致变色材料的合成和光致变色玻璃的制备。有机光致变色材料的合成技术还未成熟到可以工业化。不同光致变色材料的合成方法不同，螺噁嗪类化合物的常见合成方法是在极性溶剂（如甲醇或乙醇）中用亚甲基烷环（如吲哚啉）与邻亚硝基芳香醇（如 1 -亚硝基- 2 -萘酚）进行缩合反应，然后利用合成的光致变色化合物制备光致变色玻璃。一种方法是选择合适的光致变色材料，将光致变色材料与某种高聚物溶液混合制成光致变色高分子溶液，再将其涂敷于成型的无机玻璃表面，即制成涂膜光致变色玻璃；另一方法是在有机玻璃成型过程中加入有机光致变色材料，制备出透明的有机光致变色玻璃。

4. 光致变色玻璃的应用领域

光致变色材料早在 1867 年就有报道，但直至 1956 年赫什伯格（Hirshberg）提出将光致变色材料应用于光记录存储的可能性才引起广泛关注。

光致变色材料的第一个成功商业应用始于 20 世纪 60 年代，埃米斯塔德和斯图基首先发现了含卤化银玻璃的可逆光致变色性能。

随后，人们对光致变色材料的变色机理和应用做了大量研究，并开发出变色眼镜。变色眼镜在阳光下经紫外线和短波可见光照射后颜色变深，光透过率降低；在室内或暗处的光透过率提高，褪色复明。变色眼镜的光致变色性是自动的、可逆的。变色眼镜能通过镜片变色调节透光度，使人眼适应环境的变化，缓解视觉疲劳，保护眼睛。卤化银变色玻璃的特点是不容易使人视觉疲劳，经历 30 万次以上的明暗变化后依然不失效。变色眼镜变色前分为无基色片和浅颜色的有基色片两种；变色后的颜色主要有灰色和茶色两种。由于变色玻璃的成本较高及加工技术复杂，因此不适合制作大面积变色玻璃，限制了其在建筑领域的商业应用。变色玻璃还可用于信息存储与显示、图像转换、光强度控制和调节等方面。

上海甘田光学材料有限公司自主研发的光致变色玻璃（图 1.6.2）及光致变色眼镜（图 1.6.3）在国内市场占较大份额，并开发出节能环保型光致变色玻璃胶片。用光致变色玻璃胶片合成的玻璃是节能环保智能产品，可根据白天阳光强度智能调节颜色，隔绝高达 61%的日照热能；还可阻隔太阳光线中 99%以上的紫外线，保持视野高透性，不影响欣赏室外景色。

夜间清晰透明

户外/阴天浅变色

户外中强度阳光深变色

(a) 高铁车窗变色玻璃

夜间清晰透明

户外/阴天浅变色

户外中强度阳光深变色

(b) 建筑幕墙变色玻璃

图 1.6.2　上海甘田光学材料有限公司生产的光致变色玻璃

如今，很多办公楼对玻璃的需求很大，而办公楼通常存在光污染以及玻璃的能耗问题，光致变色玻璃可以解决这些问题。光致变色玻璃在绿色低碳建筑、光伏建筑一体化等领域具有广阔的应用前景，它能加快推动建筑领域节能降碳，进一步助力低碳发展。在汽车行业，光致变色玻璃也具有广阔前景。

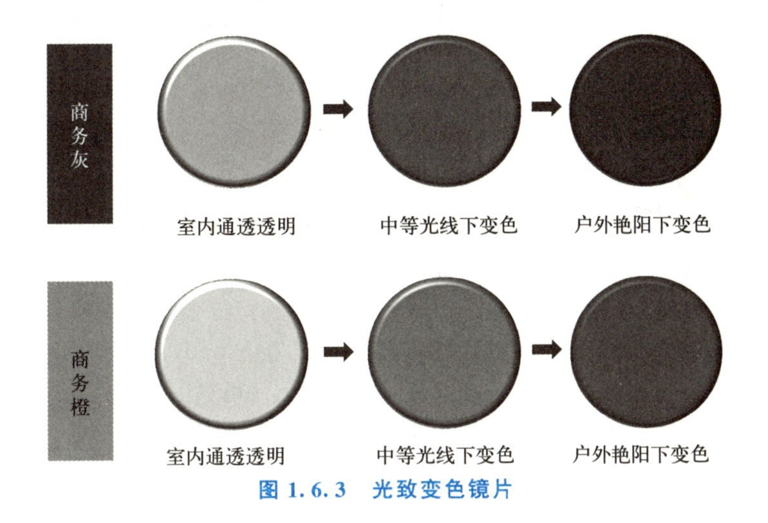

图 1.6.3　光致变色镜片

【实验设备和实验材料】

玻璃基片、胶黏剂、光致变色胶膜、热压成型机、烧杯、量筒、玻璃棒、磁力搅拌器、加热装置、多种化学试剂、惰性气体等。

【实验方法及步骤】

光致变色玻璃由五部分组成，第一层和第五层为玻璃基片，第二层和第四层为胶黏剂层，第三层为光致变色胶膜。制备光致变色安全夹层玻璃的步骤如下。

(1) 制备光致变色胶膜。

① 制备钙钛矿量子点。

a. 将 40 份十八烯 A、1～10 份油酸和 0.1～10 份碳酸铯混合均匀，在 100℃以上充分反应至少 1h。然后升高温度至 140℃以上，继续反应至少 0.5h。反应完成后，将其装入试样瓶密封，得到前驱体溶液。

b. 将 60 份十八烯 B 和 0.01～3 份卤化铅（可选用碘化铅、溴化铅或氯化铅）混合均匀，充入惰性气体，在 100℃以上充分反应至少 1h。反应完成后，滴加 1～10 份油胺和 1～15 份正辛胺，充分反应并搅拌。反应完成后，升高温度至 150℃以上，加入前驱体溶液，反应至少 1min 后迅速冷却，得到钙钛矿量子点。钙钛矿量子点的含量为 0.05～5mL。

② 固化成膜。

通过 10 份多元醇（可选用四氢呋喃醚二醇、聚己内酯二元醇、聚碳酸酯二元醇、聚丙二醇、聚四亚甲基醚二醇或聚乙二醇及其组合）、1～10 份异氰酸酯（可选用异佛尔酮二异氰酸酯、甲苯二异氰酸酯、二苯甲烷二异氰酸酯、二环己基甲烷二异氰酸酯、萘二异氰酸酯、苯二亚甲基二异氰酸酯或六亚甲基二异氰酸酯及其组合）、0～1 份催化剂（可选用二月桂酸二丁基锡、三乙胺、三亚乙基二胺、双二甲氨基乙基醚或辛酸亚锡及其组合）和 0～15 份溶剂（可选用乙酸乙酯、四氢呋喃、丙酮、二甲苯、甲苯、N,N -二甲基甲酰胺、N,N -二甲基乙酰胺或 N -甲基吡咯烷酮及其组合）反应至少 3h，制备聚氨酯预聚体。将一定量的钙钛矿量子点和 1～25 份扩链剂［可选用 1,6 -己二胺、1,4 -丁二胺、1,6 -乙二胺、间苯二甲胺、异佛尔酮二胺、丙二胺、环己二胺、2 -羟乙基二硫化物、双（2 -氨基苯基）二硫、胱胺、3,3'-二羟基二苯二硫醚、4,4'-二硫代二苯胺或4,4'-二硫代二苯酚及其组合］添加到预聚体中，充分搅拌反应至少10min，在模具中固化成膜，得到光致变色胶膜（厚度为0.01～2mm）。

（2）制备胶黏剂材料。

称取1～2份硬单体（可选用甲基丙烯酸甲酯、丙烯酸甲酯或苯乙烯及其组合）与助剂混合，随后将与助剂混合均匀的1～2份软单体（可选用丙烯酸丁酯、丙烯酸乙酯或丙烯酸异辛酯及其组合）及功能单体（可选用丙烯腈、丙烯酸、丙烯酸羟乙酯、亚甲基丁二酸、甲基丙烯酸、甲基丙烯酸羟乙酯或丙烯酸羟丙酯及其组合）缓慢滴至硬单体中并高速搅拌，反应1～2h后，得到胶黏剂层，其厚度大于或等于0.01mm。

（3）将制备好的胶黏剂均匀涂抹在两层玻璃基片（可选用普通载玻片、浮法钠钙玻璃、石英玻璃、硼硅酸盐玻璃、ITO导电玻璃或FTO导电玻璃）内侧。

（4）将光致变色胶膜置于两层玻璃中间且与胶黏剂层紧密接触，进行热压（夹胶温度为50～120℃，夹胶压力为0.1～3MPa，夹胶时间为5～60min），得到光致变色玻璃。

【注意事项】

（1）光致变色玻璃五部分的顺序不能改变。

（2）制备光致变色胶膜时，严格遵循实验步骤和试剂的添加量。

（3）制备胶黏剂材料时，严格遵循实验步骤和试剂的添加量。

【思考题】

（1）光致变色胶膜的变色材料有哪些？

（2）影响光致变色玻璃调光性的因素有哪些？

实验七 磁流变体的磁流变效应实验

〔拓展视频〕 〔拓展视频〕

〔拓展视频〕 〔拓展视频〕

【实验目的】

1. 理解磁流变效应。
2. 掌握磁流变的机理。
3. 理解磁流变体的组成和性能。

【实验原理】

1. 磁流变体

在外加磁场的作用下，用不导电（或导电）的基础液和均匀散布其中的磁性粒子制成的悬浮液的流变特性会发生急剧变化，形成磁流变体。

磁流变效应：在强磁场作用下，在瞬间（毫秒级）从流动性良好的、具有一定黏滞度的牛顿流体转变为具有相当屈服剪切力的黏塑性体直至固体，呈现可控的屈服强度，而且这种变化是可逆的，移去磁场后立即恢复液态。

磁流变体特点：体积小、功耗少、屈服强度（阻尼力）大、动态范围广、频率响应高、适用面大，能根据系统的振动特性产生最佳阻尼力。

2. 磁流变机理

磁流变体是电流变流体的磁模拟。无磁场作用时，磁性粒子自由分散在基础液中，是牛顿流体。有磁场作用时，磁性粒子被磁化而产生磁偶极矩，形成磁偶极子。磁偶极子在磁场力的作用下相互吸引，沿 N 极和 S 极之间的磁力线在两极之间形成粒子桥，产生抗剪切应力，外观表现为黏稠的特性液体，黏度随磁场变化而变化，磁场强度越大，其抗剪切性能越强，液体固化，具有宾厄姆流体性质。

在磁场作用下，磁流变体的剪切应力

$$\tau=\eta_0\frac{\mathrm{d}v}{\mathrm{d}h}+\mu_0 H_e^2\varphi\theta_H\frac{X_a^2}{2+X_a}$$

$$\tau=\mu_0\frac{\mathrm{d}v}{\mathrm{d}h}+\tau_y(\mathrm{B})$$

式中，τ 为磁流变体流动时产生的剪切应力；η_0 为分散介质的黏度；$\mathrm{d}v/\mathrm{d}h$ 为剪切速率；μ_0 为真空磁导率；H_e 为外加磁场强度；φ 为颗粒体积分数；θ_H 为常数；X_a 为磁性颗粒的磁化率；$\tau_y(\mathrm{B})$ 为磁流变体在磁场作用下的屈服应力。

在零磁场下，$\tau_y(\mathrm{B})=0$，磁流变体是牛顿流体；施加磁场后，$\tau_y(\mathrm{B})$ 逐渐增大，磁流变体具有宾厄姆流体性质；磁场足够大后，$\tau_y(\mathrm{B})$ 趋向无穷大，液体固化。当外加剪切力小于 $\tau_y(\mathrm{B})$ 时，黏稠的磁流变体相当于具有韧性的固体；当外加剪切力大于 $\tau_y(\mathrm{B})$ 时，固态磁流变体被剪断，开始流动。去除磁场后，磁流变体立即恢复自由流动状态。

3. 磁流变体特征

性能优良的磁流变体具有以下主要特征：①屈服强度高（20～30kPa）；②零磁场黏度

低；③工作温度范围大（40～150℃）；④具备较大的击穿磁场；⑤沉降稳定性好；⑥化学稳定性好，无毒，环境安全。

4. 磁流变体的组成

磁流变体主要由作为分散相的磁性粒子、作为载体的基础液、为提高磁流变体性能而加入的添加剂（其中包括促进磁流变效应的表明活性剂、防止粒子凝聚的分散剂以及防止沉淀的稳定剂等）三部分组成。

（1）磁性粒子。

磁流变体的磁性粒子在磁场作用下极化是磁流变体产生磁流变效应的核心。选择磁性粒子时，一般应遵循以下原则。

① 具有高磁化率和低磁滞率。磁性粒子的极化强度和极化率（极化后产生的感应磁偶极矩）与磁化率有密切关系。磁化率越高，极化强度越高，磁流变效应越强。

② 有与基础液相适应的比重，防止固体粒子在基础液中沉淀过快。

③ 适当的固体粒子尺寸和合理的粒子形状（一般是直径为 0.5～5μm 的球形粒子）。

④ 稳定的化学性能和物理性能，以保证磁流变体有较长的工作寿命和稳定的磁流变效应。

⑤ 耐磨、无毒，对基础材料无腐蚀。

磁性粒子一般使用软磁材料，其特征如下：①高磁化率，即材料对磁场的敏感度高；②低矫顽力，即材料既易受外加磁场磁化又易受外加磁场或其他因素退磁，磁滞回线窄，磁化功率和磁滞功耗低；③高饱和磁感应强度，在低功率应用中较易获得高磁化率和低矫顽力，在高功率应用中意味着存储和转换的比磁能高，因此对高功率应用尤其重要；④低磁损耗（材料的矫顽力低），可以降低磁滞损耗和涡流损耗；⑤良好的稳定性，即材料对环境因素（如温度和振动等）的稳定性好。

（2）基础液。

将磁性粒子均匀地分散在基础液中，以保证在零磁场下磁流变体仍保持牛顿流体的特性；而在磁场作用下使磁性粒子形成链状结构，产生抗剪切应力，并使磁流变体呈现宾厄姆流体性质。

一般对基础液有如下要求：高沸点、低凝固点、适宜的黏度、化学稳定性好、耐腐蚀、无毒、价格低廉等。

基础液一般包括非磁性液体基础液（是主要的基础液，包括硅油、矿物油、合成油、水、乙二醇等，一般需使用添加剂）和磁性液体基载液［以胶体状的磁流体为载液（如铁磁流体），使磁流变体的屈服应力提高、稳定性增强］两类。

（3）添加剂。

在磁流变体中加入添加剂的目的如下：①吸附于磁性粒子表面的表面活性剂能提高磁性粒子的磁化率和极化能力，增强磁流变效应；②利用添加剂提高基础液与磁性粒子表面的润湿性，良好的润湿性可提高磁性粒子在基础液中分散的均匀性，因为润湿性好，磁性粒子之间的黏结少，在零磁场下不会自动凝聚，可提高磁性粒子在基础液中的分散性；③起稳定剂作用，以防止磁性粒子沉淀。常用的添加剂是“立体式”的，能够提高悬浮磁性粒子的稳定性，使磁性粒子不沉淀、不絮凝，使磁流变体处于一种凝胶态，即磁性粒子与基础液形成亚粒子群，在亚粒子群的空穴陷阱中含有大量基础液。

5. 磁流变体的性能

磁流变体具有低电压、高屈服强度，磁流变材料结构简单、安全、成本低、易控制、可靠性高。

【实验设备和实验材料】

磁流变体、磁铁、水浴加热箱、烧杯、培养皿、温度计、吹风机、直尺、夹子等。

【实验方法及步骤】

1. 室温磁流变效应

在室温下将磁流变体固定，然后将一块磁铁放置在距离磁流变体由近至远的三个位置，使用直尺测量磁流变体的运动距离。在表 1.7.1 中详细记录运动距离和运动时间，计算运动速率。

其他条件不变，分别将两块磁铁和三块磁铁放在上述位置，记录磁流变体的运动距离和运动时间，计算运动速率，见表 1.7.1。

表 1.7.1 不同磁场磁流变体的运动速率

<table>
<tr><th>磁铁数量</th><th colspan="2">实验结果</th><th>运动速率/ (mm·s^{-1})</th></tr>
<tr><td rowspan="6">1</td><td>位置 1/mm</td><td></td><td rowspan="2"></td></tr>
<tr><td>时间/s</td><td></td></tr>
<tr><td>位置 2/mm</td><td></td><td rowspan="2"></td></tr>
<tr><td>时间/s</td><td></td></tr>
<tr><td>位置 3/mm</td><td></td><td rowspan="2"></td></tr>
<tr><td>时间/s</td><td></td></tr>
<tr><td rowspan="6">2</td><td>位置 1/mm</td><td></td><td rowspan="2"></td></tr>
<tr><td>时间/s</td><td></td></tr>
<tr><td>位置 2/mm</td><td></td><td rowspan="2"></td></tr>
<tr><td>时间/s</td><td></td></tr>
<tr><td>位置 3/mm</td><td></td><td rowspan="2"></td></tr>
<tr><td>时间/s</td><td></td></tr>
<tr><td rowspan="6">3</td><td>位置 1/mm</td><td></td><td rowspan="2"></td></tr>
<tr><td>时间/s</td><td></td></tr>
<tr><td>位置 2/mm</td><td></td><td rowspan="2"></td></tr>
<tr><td>时间/s</td><td></td></tr>
<tr><td>位置 3/mm</td><td></td><td rowspan="2"></td></tr>
<tr><td>时间/s</td><td></td></tr>
</table>

2. 变温磁流变效应

将磁流变体放到不同温度的热水中并保温 5min，然后取出吹干。固定磁流变体，将一块磁铁放置在距离磁流变体同一位置（表 1.7.1 中的位置 1），使用直尺测量磁流变体的运动距离。在表 1.7.2 中详细记录磁流变体的运动距离和运动时间，计算运动速率。

表 1.7.2 不同温度磁流变体的运动速率

温度/℃	实验结果		运动速率/（$mm \cdot s^{-1}$）
	位置/mm		
	时间/s		
	位置/mm		
	时间/s		
	位置/mm		
	时间/s		
	位置/mm		
	时间/s		

【注意事项】

（1）磁流变体有点硬，实验前将磁流变体揉搓一会儿，使其变软而易流动。

（2）实验结束后，将磁流变体装入塑料袋密封保存。

【思考题】

（1）影响磁流变效应的因素有哪些？

（2）磁流变体变形的机理是什么？

实验八 压敏纸的压力测量实验

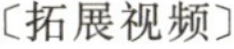
〔拓展视频〕

〔拓展视频〕

〔拓展视频〕

〔拓展视频〕

【实验目的】

1. 理解压敏纸。
2. 掌握压敏纸的显色原理。
3. 了解压敏纸的应用。
4. 理解压力图像分析系统。

【实验原理】

1. 压敏纸概述

压敏纸（又称压力测量胶片，俗称感压纸或测压纸）是可精确地测量压力、压力分布和压力平衡的胶片。施压时，在胶片上出现红色区。彩色的浓度会随着压力的改变而改变。

压敏纸可用于测量压力与压力分布，其应用领域如下：①能够排除机械故障，通过检测设备的压力和压力分布情况，迅速排查机械故障的原因，并对机械设备做精确设置和调整；②提升产品的良品率，通过定期对生产设备进行压力测试，减少由设备磨损、跑偏等原因导致的残次品；③用于力学测试，大多与力学相关的测试可以使用压敏纸作为测试工具，简单、快速且准确。

2. 压敏纸的显色原理

压敏纸分为双片型压敏纸和单片型压敏纸两种。双片型压敏纸适用于超微压（5LW）、微压（4LW）、特超低压（3LW）、超低压（2LW）、低压（1LW）和中压（MW）6个场合；单片型压敏纸适用于中压（MS）、高压（HS）和超高压（HHS）3个场合。

双片型压敏纸和单片型压敏纸的发色示意图如图1.8.1所示。双片型压敏纸由A胶片和C胶片两种胶片组成。A胶片的基体材料（PET基材）覆盖发色材料（微型胶囊），C胶片的基体材料（PET基材）覆盖显色材料。测量压力时，将A胶片发色面和C胶片显色面贴合，即A胶片光滑面和C胶片光滑面均朝外。施加压力后，A胶片受力位置的发色层的微型胶囊破裂，其中发射器被C胶片对应位置的显色剂吸收而显示一定程度的粉色。根据色彩压力对比表，目视即可简单确认表面压力的分布和均匀性，也可通过压力图像分析系统对表面压力进行数字化处理。单片型压敏纸只有一层胶片，在基体材料（PET基材）表面依次附着显色层和发色层。施加压力时，发色层的微型胶囊破裂，被显色层的显色剂吸收，通过化学反应显示粉色。

压敏纸的显色原理就是施加压力时，胶片上的微型胶囊破裂，显色材料吸收发色材料，通过化学反应显示粉色。压力不同，胶囊破裂程度不同，最终导致显色层胶片颜色深度分布差异（肉眼可观察）。将胶片放入扫描仪扫描，并使用专用分析软件分析压力及其分布情况。

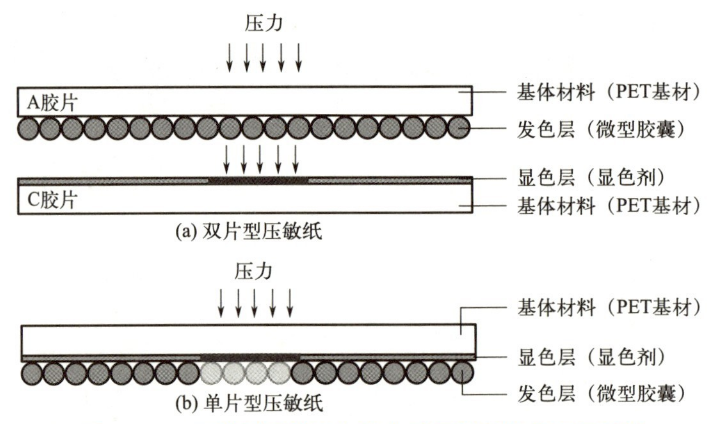

图 1.8.1　双片型压敏纸和单片型压敏纸的发色示意图

常见的压敏纸型号见表 1.8.1。压敏纸的最小测量面积是 0.1mm^2，发色材料的剂量和显色材料决定了色彩密度。

表 1.8.1　常见的压敏纸型号

压敏纸型号		可测压力范围/MPa	产品尺寸	使用温度范围/℃	使用湿度范围/(%RH)	压敏纸分类
超微压	5LW	0.006～0.05	310mm×2m	15～30	20～75	双片型压敏纸（W）
微压	4LW	0.05～0.2	310mm×3m	15～30	20～75	双片型压敏纸（W）
特超低压	3LW	0.2～0.6	270mm×5m	20～35	35～80	双片型压敏纸（W）
超低压	2LW	0.5～2.5	270mm×6m	20～35	35～80	双片型压敏纸（W）
低压	1LW	2.5～10	270mm×10m	20～35	35～80	双片型压敏纸（W）
中压	MW	10～50	270mm×10m	20～35	35～80	双片型压敏纸（W）
中压	MS	10～50	270mm×10m	20～35	35～80	单片型压敏纸（S）
高压	HS	50～130	270mm×10m	20～35	35～80	单片型压敏纸（S）
超高压	HHS	130～300	270mm×10m	15～30	35～70	单片型压敏纸（S）
误差		±10%或者更低（在 23℃、65%RH 的条件下，通过密度计测量）				
厚度		单片型压敏纸（S）的厚度为 100μm，双片型压敏纸（W）的厚度为 200μm				

压敏纸的操作流程如图 1.8.2 所示。拿取两种胶片时需特别注意，不能触碰、摩擦和弯折 A 胶片的发色面，只能触碰光滑的基材面，否则发色面会损坏微型胶囊，发色材料也会粘到手上。虽然这些材料是无毒的，但是会影响测量精度。另外，胶片要避光保存。由于紫外线会加速色彩的褪色进程，因此不能将压敏纸置于紫外线下。应该将压敏纸保存在一个不透光的盒子或袋子中并置于橱柜内。即使以这种方式保存，色彩也会逐渐褪去。因此，建议使用压力测量系统测量压力，并且以数字形式存储。

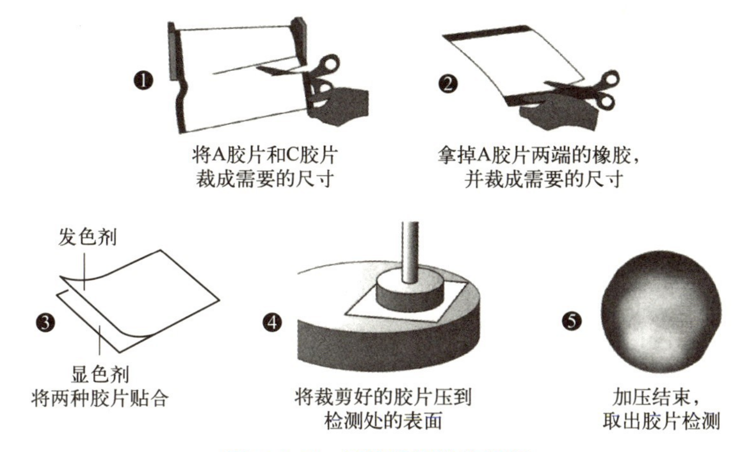

图 1.8.2　压敏纸的操作流程

3. 压敏纸的应用

由于压敏纸具有许多优点，因此应用领域较广。目视即可简单确认表面压力的分布和均匀性。若短时间内完成测量则可以目视检查，还可以通过专用分析软件对表面压力进行数字化处理，无须特别装置，成本低。

(1) 测试轧辊压力。

适用行业：纸浆和造纸、化工、半导体、办公设备、印制电路板、电子等。

应用举例：轧辊与圆形压辊（如造纸机和涂装机），复印机的固定轧辊，印花辊之间的压力，层压滚筒之间的压力，高性能胶片的滚卷压力，起偏板的结合压力，研磨胶带的结合压力，传送带轧辊压力，等等。

轧辊压力的测试流程如图 1.8.3 所示。

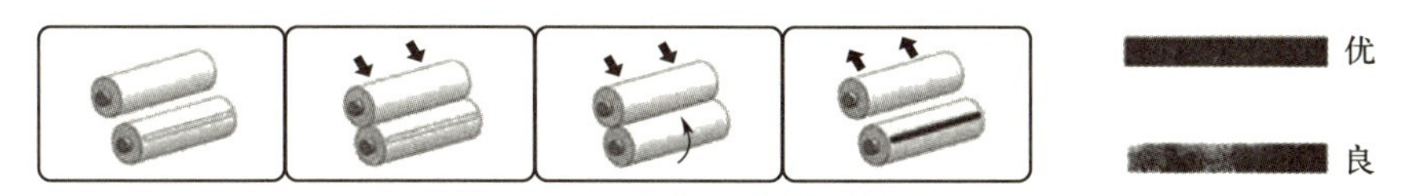

图 1.8.3　轧辊压力的测试流程

(2) 测试夹辊/薄板接触压力。

适用行业：纸浆和造纸、化工、半导体、办公设备、印制电路板、电子等。

应用举例：轧辊与圆形压辊（如造纸机和涂装机），复印机的固定轧辊，印花辊之间的压力，层压滚筒之间的压力，高性能胶片的滚卷压力，起偏板的结合压力，研磨胶带的结合压力，传送带轧辊压力，等等。

夹辊/薄板接触压力的测试流程如图 1.8.4 所示。

图 1.8.4　夹辊/薄板接触压力的测试流程

(3) 测试紧固件固定压力。

适用行业：汽车、机械、航空航天等。

应用举例：紧固面的压力（如发动机、变速器、涡轮、阀门、泵、液压缸及压缩机），检查垫圈、密封圈与O形圈的密封性能。

紧固件固定压力的测试流程如图1.8.5所示。在紧固面的两侧放入压敏纸，在放入气垫的状态下合拢紧固面的两侧，拧紧螺栓。然后拆开紧固面，取出压敏纸，观察其发色状态。检查要点周围的发色无一定的欠缸，并且其压力属于规定值。整体发色分布左右、上下均匀。使用超高压（HHS）压敏纸、高压（HS）压敏纸和中压（MS/MW）压敏纸。

紧固件固定压力的测试流程如图1.8.5所示。

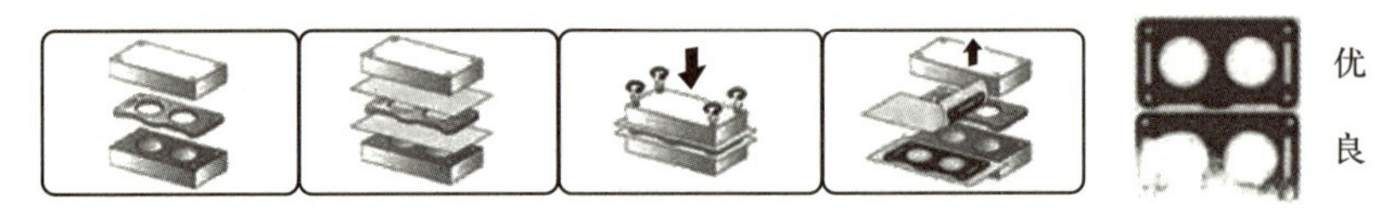

图1.8.5　紧固件固定压力的测试流程

(4) 测试接触压力。

适用行业：汽车、电子等。

应用举例：制动器、离合器与活塞的接触压力，电焊机的接触压力，ZC散热器的接触压力，等等。

接触压力的测试流程如图1.8.6所示。

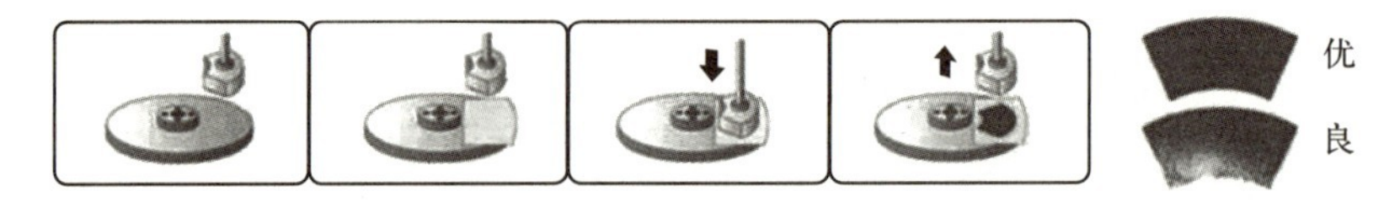

图1.8.6　接触压力的测试流程

(5) 测试压紧压力。

适用行业：印制电路板、陶瓷装置、流动图形缺陷、半导体、光伏、燃料电池、电子、航空航天、传输带等。

应用举例：层压印刷的接合压力，层压陶瓷电容接合压力，液晶面板的接合压力，异方性导电胶（anisotropic conductive film，ACF）黏合压力，真空压机的按压压力，燃料电池组的接合压力，移动电话的接合压力，复合敷贴压力，流化床的接合压力，等等。

压紧压力的测试流程如图1.8.7所示。

图1.8.7　压紧压力的测试流程

(6) 测试接触情况。

适用行业：机械、汽车、包装、锂离子蓄电池、注塑、印刷等。

应用举例：冲模的接触情况，冲压机床的平衡校验，塑封机辊的接触情况，冲压机床的黏着情况，表面抛光圆盘的接触情况，模具焊接夹具的接触情况，模具接触情况，印刷机的胶印滚筒压力，等等。

接触情况的测试流程如图 1.8.8 所示。

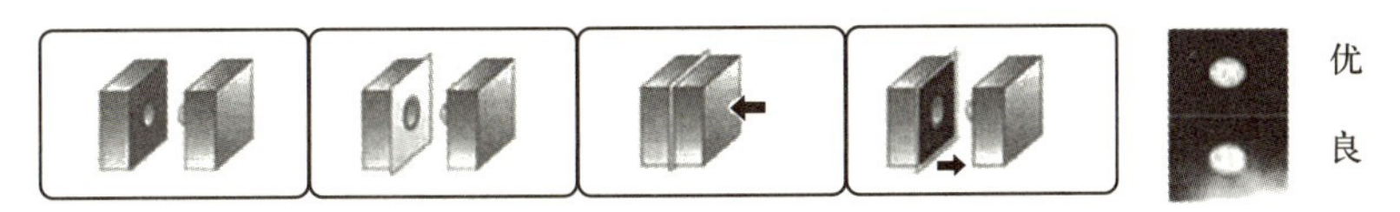

图 1.8.8 接触情况的测试流程

(7) 测试支承力。

适用行业：汽车。

应用举例：轮胎与履带的支承力，机器、主梁与坦克的支承力，等等。

支承力的测试流程如图 1.8.9 所示。在地面贴上压敏纸，在压敏纸上面放上轮胎，加上质量；或者运行一段，观察压敏纸的发色状态，检查地面接触压力，检查要点是接触面积在一定值以上，接触部分的压力均在一定值以上。检查改变运行速度的运转状态、弯曲状态或温度/湿度的变化、运行规定距离后的面积和接触压力的均匀性，以及压力是否维持在一定值以上。使用超低压（2LW）压敏纸和特超低压（3LW）压敏纸。

图 1.8.9 支承力的测试流程

(8) 测试缠绕压力。

适用行业：纸浆和纸、化工等。

应用举例：高性能胶片和纸张的缠绕压力，线圈的缠绕压力，等等。

缠绕压力的测试流程如图 1.8.10 所示。

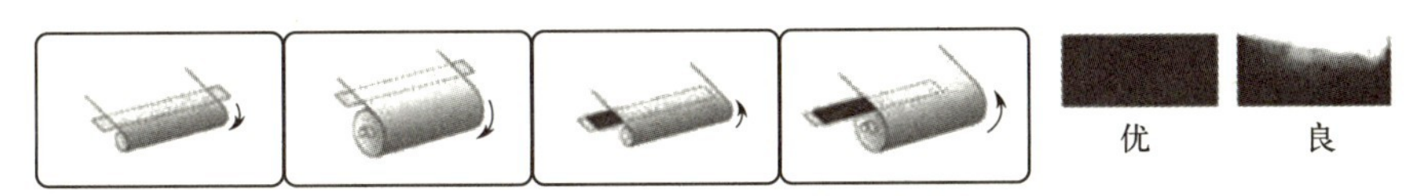

图 1.8.10 缠绕压力的测试流程

(9) 测试涂刷压力。

适用行业：印制电路板、陶瓷装置、电子、印刷等。

应用举例：丝网印刷（印刷基板等）的涂刷压力。

涂刷压力的测试流程如图 1.8.11 所示。

图 1.8.11 涂刷压力的测试流程

(10) 测试人体工学/力学。

适用行业：医疗。

应用举例：人体足底和鞋底的压力，空腔化压力，矫形外科，骨板压力，骨关节压力，牙齿矫正与压力，等等。

人体工学/力学的测试流程如图 1.8.12 所示。

图 1.8.12　人体工学/力学的测试流程

（11）测试冲击压力。

适用行业：体育、运动器材，运输业，汽车，等等。

应用举例：棒球、高尔夫球等设备的功能性测试，包装跌落试验，水柱的冲击压力，缓冲器和气囊的冲击压力，等等。

冲击压力的测试流程如图 1.8.13 所示。

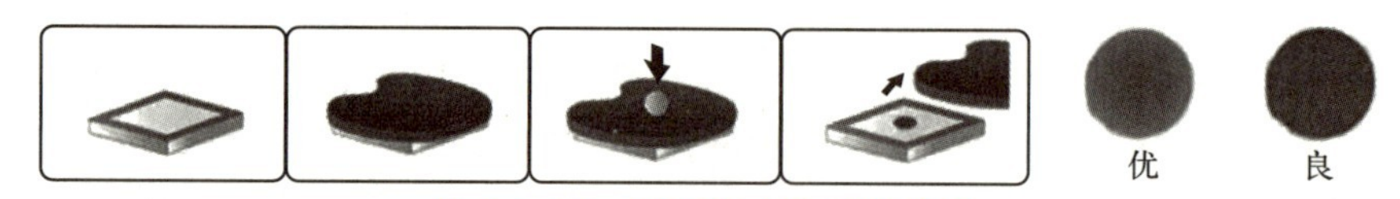

图 1.8.13　冲击压力的测试流程

4. 压力图像分析系统

压力图像分析系统 FPD－8010E 在提高产品质量、减少消耗及制造时间方面进行的压力检测和分析是非常必要的。采用 FPD－8010E 分析压力更多样化，压力值被显现出来，并能在显示器上分析全色画面。

FPD－8010E 的参数见表 1.8.2。该系统主要包含压敏纸、扫描仪和 FPD－8010E 图像分析软件三部分。压敏纸用于压力检测并显色；扫描仪用于显色后的压敏纸扫描；FPD－8010E 图像分析软件用于分析压力分布、压力输出和三维显示/极坐标显示。

表 1.8.2　FPD－8010E 的参数

型号	FPD－8010E
主要功能	分析压力分布、压力输出、三维显示/极坐标显示
扫描尺寸	单片读取：297mm×210mm； 最大尺寸：891mm×1050mm
分辨率	0.125(200dpi)，0.25(100dpi)
专用扫描盖质量	570g
专用扫描盖尺寸	70mm(高度)×290mm(宽度)×364mm(长度)
包装内含有	专用压力分析软件，专用扫描盖，专用调色板，安装手册，软件许可证
扫描仪	由富士胶片公司销售部推荐专用扫描仪

【实验设备和实验材料】

不同压力范围的压敏纸［超微压（5LW）、微压（4LW）、特超低压（3LW）、超低压（2LW）、低压（1LW）和中压（MW）双片型压敏纸，中压（MS）、高压（HS）和超高压（HHS）单片型压敏纸］，待测压力配件/零件，扫描仪，FPD－8010E 图像分析软件。

【实验方法及步骤】

1. 压敏纸显色

根据待测压力配件/零件的承压能力，选择合适的可测压力范围的压敏纸（5LW、4LW、3LW、2LW、1LW、MW/MS、HS、HHS），即压敏纸的可测范围要与配件/零件的承压能力匹配。若选择的压敏纸可测压力范围偏小，则压敏纸可能不显色；若选择的可测压力范围太大，则配件/零件可能因承压能力不够而损坏。

首先，根据待测压力配件/零件的形状和尺寸，将压敏纸裁剪成合适的形状和尺寸；其次，将裁剪后的压敏纸放到待测配件/零件的内部；最后，对配件/零件施加适当的外力，使压敏纸显色。

观察使压敏纸开始显色的压力值，在压敏纸从开始显色到颜色最深不再变化的过程中，详细记录压力与显色深度的关系。将压力与显色深度的关系记录在表 1.8.3 中。

表 1.8.3　压力与显色深度的关系

序号	压力（从小到大）/MPa	显色深度（由浅至深）
1		
2		
3		
……		

2. 扫描仪的显色扫描

将显色后的压敏纸放到扫面仪里扫描，将压敏纸的颜色转化成电子图片，便于保存和分析。

3. FPD－8010E 图像分析软件的压力分析

将压敏纸显色转化后的电子图片导入 FPD－8010E 图像分析软件，以分析压力分布、压力输出、三维显示/极坐标显示。

【注意事项】

（1）根据待测压力配件/零件的承压能力，选择合适的可测压力范围的压敏纸，即压敏纸的可测范围要与配件/零件的承压能力匹配。

（2）用扫描仪扫描显色的压敏纸时选择高分辨率，扫描后的电子版显色压敏纸更清晰。

【思考题】

（1）影响压敏纸显色的因素有哪些？

（2）压敏纸不显色的原因有哪些？

（3）为什么压敏纸要避光保存？

（4）显色后的压敏纸能长时间存放而不褪色吗？

〔拓展视频〕

〔拓展视频〕

〔拓展视频〕

第二章

材料基础实验

实验一　铸造缺陷的观察分析

【实验目的】

1. 了解 7 种铸造缺陷。
2. 理解 7 种铸造缺陷的形成原因。
3. 掌握 7 种铸造缺陷的形貌特征。
4. 掌握 7 种铸造缺陷的分析方法。

〔拓展视频〕

〔拓展视频〕

【实验原理】

熔炼金属，制造铸型，并将熔融金属浇入铸型，凝固后获得具有一定形状、尺寸、组织和性能铸件的成形方法称为铸造。铸造缺陷是在铸造生产过程中由于种种原因，在铸件表面和内部产生的疵病的总称。铸造缺陷是导致铸件性能低、使用寿命短、报废和失效的重要原因。分析铸造缺陷的形貌特征、形成原因及形成过程，可以防止、减少或消除铸造缺陷。减少或消除铸造缺陷是铸件质量控制的重要组成部分。铸造缺陷可以分为孔洞类缺陷、裂纹类缺陷、表面类缺陷、残缺类缺陷、形状及质量差错类缺陷、夹杂类缺陷、性能/成分/组织不合格类缺陷。

1. 孔洞类缺陷

孔洞类缺陷是在铸件表面和内部产生的不同尺寸、不同形状的孔洞缺陷的总称，包括缩孔、缩松、气孔、针孔、渣眼、砂眼等。

将液态金属浇入铸型后，铸型吸热，液态金属温度下降，空穴减少，原子间距减小，液态金属的体积减小；温度继续下降，液态金属凝固，产生由液态到固态的相变，原子间距进一步减小；液态金属凝固后，继续冷却，原子间距继续减小。铸件在液态、凝固态和固态冷却过程中发生体积减小的现象称为收缩。因此，收缩是铸造金属具有的物理性质。收缩是铸件中产生许多缺陷（如缩孔、缩松、热裂纹、冷裂纹和应力变形等）的根本原因。

(1) 缩孔和缩松。

在铸件凝固过程中，受金属液态收缩和凝固收缩的影响，往往在铸件最后凝固部位出现孔洞，称为缩孔。容积大且集中的孔洞称为集中缩孔，简称缩孔；细小且分散的孔洞称为分散性缩孔，简称缩松。

① 缩孔。

缩孔常出现于纯金属、共晶成分合金和结晶温度范围较小的以逐层凝固方式凝固的合金中。由于纯金属或合金在冷却过程中产生的液态收缩和凝固收缩大于固态收缩，因此在铸件最后凝固部位形成尺寸较大的缩孔。

铸件中缩孔的形成过程如图 2.1.1 所示。将液态金属填满铸型［图 2.1.1(a)］；铸型吸热，靠近型腔表面的液态金属很快降低到凝固温度，凝固成一层外壳［图 2.1.1(b)］；随着温度的降低，外壳逐渐变厚，由液态收缩和凝固收缩造成的体积收缩大于外壳的固态收缩，在重力的作用下，液态金属与顶面脱开而逐渐下降，出现较大空洞［图 2.1.1(c)］；温度继续降低，凝固继续由四周向中心进行，铸件上部的空洞增大［图 2.1.1(d)］；铸件完全凝固，在其上部保留一个近似于倒圆锥形的缩孔［图 2.1.1(e)］。

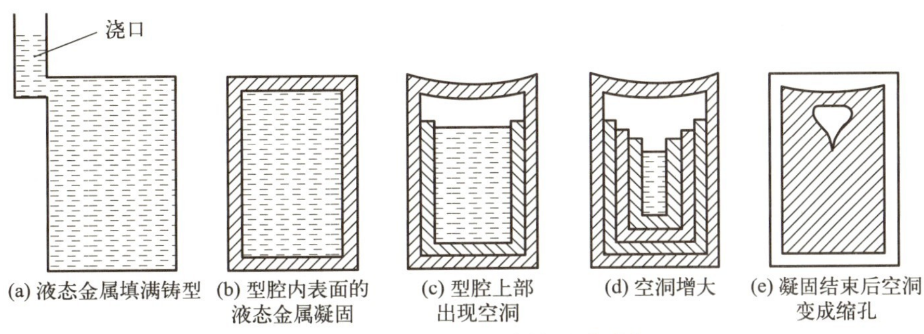

图 2.1.1　铸件中缩孔的形成过程

缩孔多集中在铸件上部和最后凝固部位。铸件厚壁处、两壁相交处及内浇口附近等凝固较晚或凝固缓慢的部位（称为热节）也常出现缩孔。缩孔的尺寸较大，形状不规则，表面不光滑。铸件两壁相交处的缩孔如图 2.1.2 所示。

② 缩松。

缩松按形态分为宏观缩松（简称缩松）和微观缩松（显微缩松）两类。枝晶间的显微缩松如图 2.1.3 所示。形成缩松的基本原因与形成缩孔的原因相同——金属的液态收缩和凝固收缩大于固态收缩。但是形成缩松的基本条件是金属的结晶温度范围较大，倾向于体积凝固，或者在缩松区域铸件截面的温度梯度小、凝固区域较大。

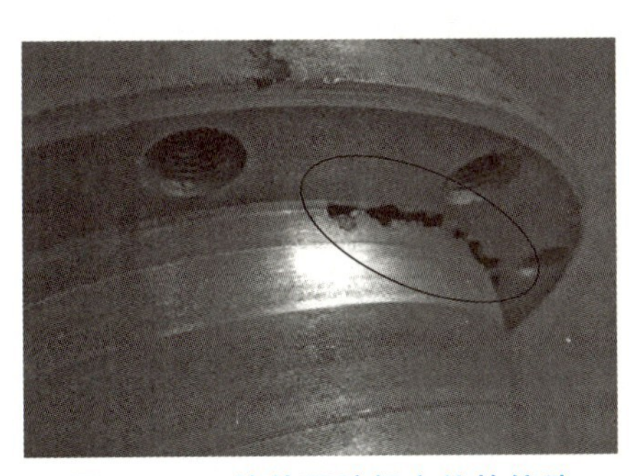

图 2.1.2　铸件两壁相交处的缩孔

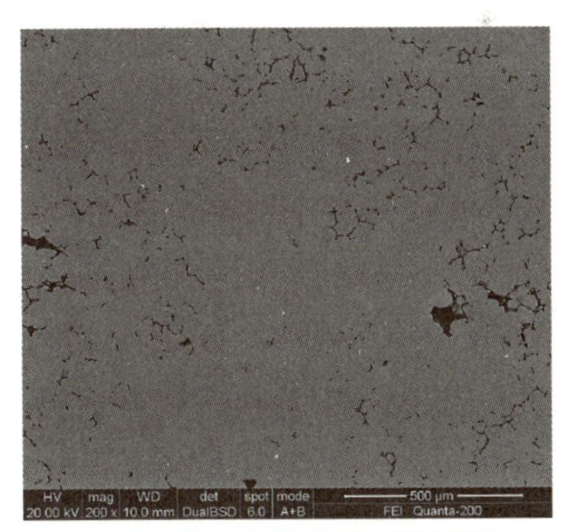

图 2.1.3　枝晶间的显微缩松

在整个凝固区域同时形成小晶体。但凝固区域较大，液态金属的过冷度很小，晶体不多，凝固区域的小晶体易发展成发达的树枝晶。当固相达到一定数量而形成晶体骨架时，尚未凝固的液态金属被分割成一个个互不相通的小熔池。在随后的冷却过程中，小熔池内的液态金属产生液态收缩和凝固收缩，已凝固的金属产生固态收缩。由于小熔池内液态金属的液态收缩与凝固收缩之和大于固态收缩，且两者之差引起的细小孔洞得不到外部液态金属的补充，因此在相应部位形成分散的细小缩孔，即缩松。铸件的凝固区域越大，越倾向于产生缩松。

缩松总是产生在铸件上冷却相对缓慢的部位，如铸件的热节处、壁的转接半径处、距离很小的夹壁处、内浇口附近或紧挨缩孔的下面。

防止铸件产生缩孔和缩松的基本原则是针对金属的收缩及凝固特点制定正确的铸造工艺，使铸件在凝固过程中有良好的补缩条件（控制铸件的凝固方向，使之符合顺序凝固原则或同时凝固原则），尽可能使缩松转化为缩孔，并使缩孔出现在最后凝固部位。这样，在铸件最后凝固部位放置一定尺寸的冒口，使缩孔集中于冒口中，或者把浇口开在最后凝固部位直接补缩，即可获得完好的铸件。

（2）气孔。

在熔炼、浇注和凝固合金的过程中，液态金属与铸型的相互作用、铸型浇注系统设计不当、铸型透气性差、炉料的锈蚀或油污、使用潮湿或含硫量过高的燃料等均会造成液态金属含气量增大。若液态金属中的含气量超过溶解度或侵入的气体不被溶解，则气体以分子状态（气泡）存在于液态金属中。若凝固前来不及排除而残留在固体金属内部则产生气孔。

气孔是铸件或焊件的常见缺陷。气孔不仅会减小金属的有效承载面积，而且使局部产生应力集中，成为零件断裂的裂纹源。一些形状不规则的气孔会使缺口的敏感性提高，使金属的强度和抗疲劳性能降低。

气孔也称气眼。气孔一般为圆形或近似于圆形的团球形孔洞，还可以呈泪滴形、梨形、蠕虫状、针状、晶间裂隙状等。气孔孔壁光滑、发亮，具有金属光泽，有时发蓝、有时发暗。灰铸铁气孔表面还覆盖着一薄层片状石墨或碳膜。当用扫描电镜观察灰铸铁的气孔孔壁时，孔壁表面呈现凸凹不平的图像，但起伏比缩松、缩孔的内壁平滑。气孔的尺寸变化很大，有的直径很小（约为 1mm），犹如针尖；有的直径很大，可达几毫米。气孔常出现在铸件的表面、内部或皮下。有些气孔呈弥散状分布在铸件的皮下，经机械加工后就暴露出来。有些表面气孔与内部气孔贯通，呈现在铸件的表面。

金属中的气体主要是 H_2、O_2、N_2 及其化合物。气体从金属中析出有三种形式：以扩散形式析出；以气泡形式从液态金属中析出；与金属内某元素形成化合物，以非金属夹杂物的形式析出。

① 扩散析出。

金属温度从 T 下降到 T'时，若气体的溶解度 S 不变，则气体析出分压力满足如下公式。

$$\Delta p = p' - p = p\left[\exp\frac{\Delta H}{R}\left(\frac{1}{T'} - \frac{1}{T}\right) - 1\right]$$

式中，p 和 p'分别为温度 T 和 T'对应的金属内气体的分压，p 也为外界气体分压力；ΔH 为焓变；R 为气体常数 $R=8.314\text{J/(mol·K)}$。

温度 T'越低，气体析出分压力 Δp 越大，溶解的气体越处于过饱和状态，气体将自动向外界扩散，即脱离吸附表面（蒸发）。同样，如果减小金属外部的气体压力（如真空铸造），即使温度变化不大，气体也处于过饱和状态而向外界扩散。

气体以扩散形式析出，只有在非常缓慢冷却的条件下才能充分进行，这在实际生产条件下往往难以实现，因而以这种形式析出的气体量受到一定限制。

② 以气泡形式从液态金属中析出。

气体以气泡形式析出的过程为气泡生核、长大和上浮。液态金属溶解的气体处于过饱和状态且具有析出分压力是气泡生核的重要条件。液体金属中存在大量非金属夹杂物、较多气泡以及炉壁、包衬、壁型和结晶体等，它们都可能成为非自发形核的基础，气泡容易在这些表面形成。

依附在外来表面的气核形成以后，溶解在金属中的气体因受压力差而自动向气泡扩散，当气泡长大到一定临界尺寸时脱离该表面而上浮。气泡脱离衬底表面如图 2.1.4 所示。当润湿角 $\theta<90°$时，气泡尺寸较小而脱离衬底；当润湿角 $\theta>90°$时，气泡在长大过程中先产生细颈再脱离衬底，并在衬底残留一个凸透镜状的气泡，可作为新气泡的核心。由此可见，当 $\theta<90°$时，气泡易析出；当 $\theta>90°$时，由于形成细颈的过程需要时间，因此金属的结晶速率可能大于气泡脱离速率，气泡来不及脱离而形成气孔。金属内截面抛光后的气孔如图 2.1.5 所示。

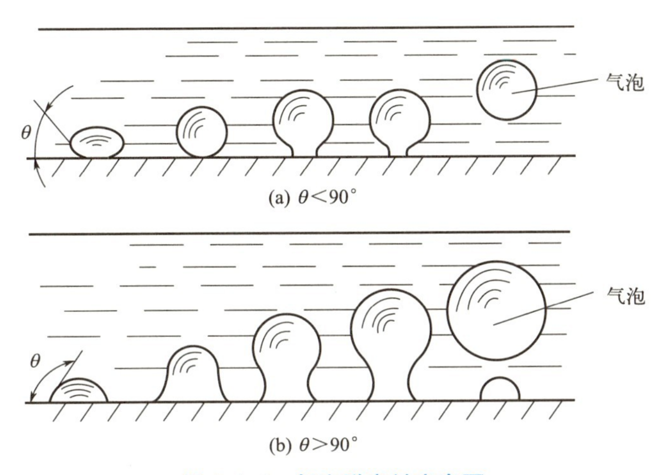

图 2.1.4 气泡脱离衬底表面

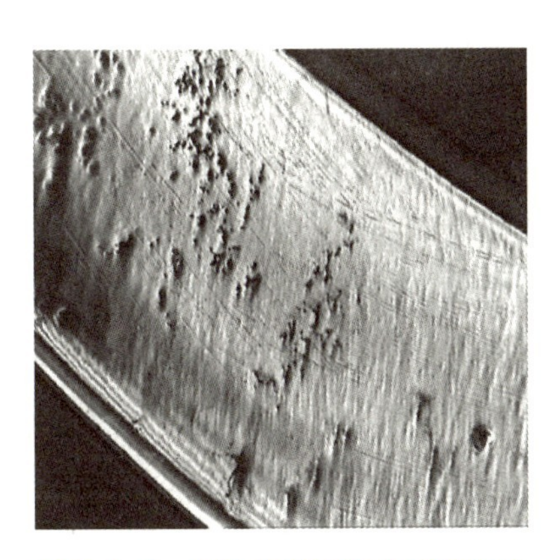

图 2.1.5 金属内截面抛光后的气孔

③ 与金属内某元素形成化合物，以非金属夹杂物的形式析出。

在凝固过程中，金属中的某些元素与溶解在金属中的气体发生化学反应，形成一些氧化物和氮化物等，进而消耗一定量的气体。

根据气体来源的不同，气孔可分为析出性气孔、侵入性气孔和反应性气孔。三种气孔的比较见表 2.1.1。

表 2.1.1 三种气孔的比较

类型	析出性气孔	侵入性气孔	反应性气孔
来源	气体在金属中的含量超过溶解度	侵入的气体不被金属溶解	液态金属发生化学反应而产生气体
形状	团球形、多角形、裂纹状等	梨形、椭圆形、圆形等	团球形、梨形
分布	整个断面或某局部区域，尤其是冒口和热节等高温区域	表层或近表层	皮下 1～3mm 等
气体	H_2、N_2	H_2O、CO、CO_2、H_2、N_2 和碳氢化合物等	H_2、CO、N_2

(3) 针孔。

针孔是铸铁件生产中常见的一种铸造缺陷，其尺寸不大，但往往在机械加工时易被发现，导致铸件报废。虽然针孔不算是严重的缺陷，但产生的频率很高，从而造成经济损失。

针孔是不外露的皮下气孔，多见于铸件上部、铸型中液态金属流前沿的汇集处，在一个铸件上出现的数量可少可多。针孔是析出性气孔的一种，液态金属凝固时，气体在其中的溶解度降低，当具备气泡生核、长大的条件时析出而成为针孔。

造成针孔的气体因铸铁的成分和铸型的条件而异，常见的是由氢或氮形成的，而且在多数情况下以析出氢为诱因，然后氮向形成的气泡中扩散。

在铁液中含氧量高的情况下，可能在凝固过程中发生碳氧反应析出 CO 而形成针孔。还有另一种可能，铁液的表面在浇注过程中被二次氧化，生成 FeO 和其他氧化物，形成氧化性熔渣，熔渣再与铸铁中的碳反应析出 CO。

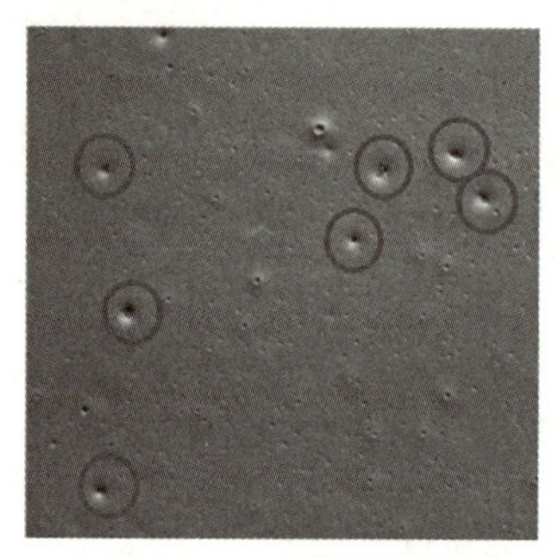

图 2.1.6 球形针孔

由析出氢造成的针孔或由 H、N 同时析出造成的针孔多呈团球形或梨形。由析出氮或 CO 造成的针孔可以呈团球形或梨形，也可以沿奥氏体枝晶的晶界析出而呈裂缝状。图 2.1.6 中的细小孔洞为球形针孔，圆圈内的大空洞为气孔。

(4) 渣眼。

伴有缩孔的夹渣称为渣眼。渣眼多出现于铸件上表面、砂芯下面的铸件表面或铸件死角处。渣眼的表现形式有夹渣内含缩孔或缩松、缩孔内含夹渣及夹渣外缩松成群分布。在铸件截面，渣眼均无金属光泽。

铸件表面的渣眼一般用渗透液或磁粉检验，有时用肉眼即可发现；铸件内部的渣眼一般用射线或超声波检验，有时会暴露在机械加工后的铸件表面。渣眼的形状不规则，呈大片状或斑点状分布，无金属光泽。渣眼常含有无色的 SiO_2 颗粒的非金属夹杂物，切勿将其误判为砂眼。

渣眼的形成原因如下。

① 熔炼、精炼或对液态金属进行处理时，加入的熔剂和形成的熔渣在浇注时随金属一起注入型腔。

② 液态金属在浇注过程中发生二次氧化，如球墨铸铁液在输送、转包、浇注过程中因不断翻滚、飞溅，使镁、稀土、硅、锰、铁等二次氧化而产生的金属氧化物与硫化物、游离石墨一起上浮到铸件上表面，或滞留在铸件内的死角和砂芯下表面等。

③ 合金化学成分中的组元（如铸钢、铸铁中的 C、Mn、S、Si、A1、Ti）之间或这些组元与 N、O 之间发生化学反应，液态金属及其氧化物与炉衬、包衬、砂型壁或涂料之间发生界面反应。

(5) 砂眼。

砂眼是铸件内部或表面包裹砂粒、砂块或涂料块的孔洞，常伴有冲砂、掉砂、鼠尾、夹砂结疤、涂料结疤等缺陷。铸件表面的砂眼用肉眼即可发现，铸件内部的砂眼用超声或射线探伤检验。

砂眼的形成原因如下。

① 型内浮砂在合型前未吹扫干净。

② 合型后，由浇注系统或冒口掉入砂粒或砂块。

③ 造型、下芯、合型操作不当，发生塌型、挤箱、压坏砂型或砂芯。

④ 由砂型、砂芯膨胀，浇注系统设计不合理及浇注操作不当造成砂型（芯）开裂、型（芯）砂脱落，在产生冲砂、掉砂、鼠尾、夹砂结疤等缺陷的同时，脱落的型砂、芯砂在铸件内形成砂眼。

⑤ 涂料不良或砂型、涂料不干，浇注时涂层脱落，在造成涂料结疤的同时形成涂料夹杂。

2. 裂纹类缺陷

在所有铸造缺陷中，对产品质量影响最大的是铸造裂纹，其按照特征分为热裂纹和冷裂纹。

（1）热裂纹。

热裂纹是铸钢件、可锻铸铁件和某些轻合金铸件生产中的常见铸造缺陷。在铸造过程中，由铸件结构或者铸造工艺导致各处凝固速度不同，进而产生应力，这种应力在铸件凝固后期将铸件拉裂而形成裂纹，称为热裂纹。

热裂纹都是在铸件凝固末期产生的。此时，因铸件温度较高，容易氧化，故热裂纹的断口必然为氧化色，这是热裂纹的一个主要特征。热裂纹一般在晶界萌生并沿晶界扩展，形状不均匀且不规则，通常呈龟裂的网状。此外，热裂纹末端圆钝，两侧有明显的氧化和脱碳现象，有时有明显的疏松、夹杂、孔洞等缺陷。

热裂纹根据部位的不同分为外裂纹和内裂纹。

① 外裂纹。

外裂纹（图 2.1.7）的裂口从铸件表面开始逐渐延伸到内部，表面宽、内部窄，裂纹被氧化而变色。铸件表面有一条或多条裂纹，裂纹长度小，走向曲折，不连续；裂口有一定深度，口宽里窄；铸钢件、铸铁件裂壁呈黑的氧化色。在微观下，外裂纹是一种晶界裂纹，沿晶粒的晶界扩展，为脆性裂纹。

② 内裂纹。

隐藏在铸件内部的裂纹称为内裂纹，如图 2.1.8 所示。内裂纹通常产生在铸件内部的最后凝固部位，也常出现在缩孔附近或缩孔尾部。内裂纹的裂口表面不规则，常有很多分叉。在通常情况下，因内裂纹不会扩展到铸件表面，故不易被发觉，需用 X 射线、超声波探伤等检查。由于内裂纹与外界隔开，因此氧化程度不如外裂纹明显。

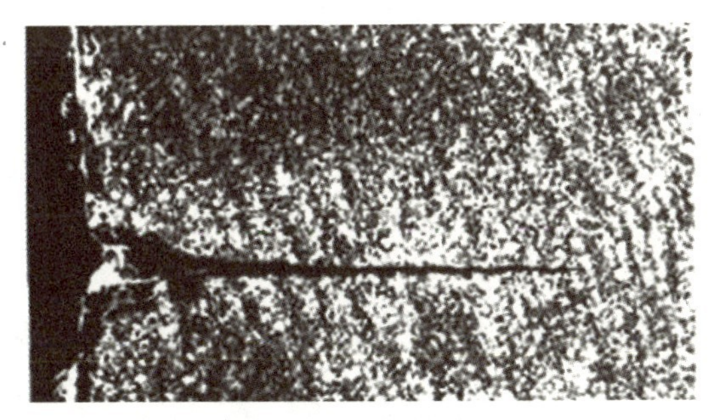

图 2.1.7 外裂纹

图 2.1.8 内裂纹

（2）冷裂纹。

冷裂纹是铸件凝固后冷却到弹性状态时，因局部铸造应力大于金属极限强度而引起的开裂。冷裂纹总是发生在冷却过程中承受拉应力的部位，特别是拉应力集中的部位。冷裂纹主要是穿晶开裂，具有金属光泽的脆性断口。

3. 表面类缺陷

表面类缺陷是出现在金属表面并影响产品质量的各种疵瑕的总称。表面类缺陷的种类很多，有黏砂、结疤、冷隔等。对不同用途产品的表面类缺陷采用的检查方法，在相应的产品标准中有明确的规定，包括：①肉眼检查，对普通用途的产品，目视检查其表面类缺陷，有时也借助试铲或试磨的方法鉴别；②酸洗检查，适用于有重要用途的产品；③喷丸检查，适用于有特殊用途的钢坯；④无损探伤，对特别重要用途的产品，根据质量要求分别采用涡流探伤、磁粉探伤、渗透探伤、超声波探伤方法检查表面类缺陷。

图 2.1.9　黏砂

（1）黏砂。

在使用翻砂铸造或覆膜砂铸造铸件的过程中，如果对铸造工艺操作不熟练就可能出现黏砂，如图 2.1.9 所示。一旦出现黏砂，轻则影响铸件的外观质量，重则直接造成铸件报废。因此，铸造厂在生产过程中必须重视铸件黏砂。

黏砂大致可以分为机械黏砂和化学黏砂两种情况，但实际上铸件出现的黏砂常以组合形式出现。无论是机械黏砂还是化学黏砂，其实质都是液态金属渗透传质。

机械黏砂是指液态金属渗入砂型或砂芯砂粒间隙，与砂烧结并黏附在铸件表面。它可以是薄薄的一层，也可以是厚度为数毫米的一层。液态金属有时会渗透到砂芯的整个截面，致使内腔阻塞，这种黏砂往往是不可能清除的，只能报废铸件。

化学黏砂是液态金属化学反应生成的金属氧化物与造型材料作用形成的黏着力很强的硅酸铁浮渣。它多产生在铸件内浇口或厚壁处，尤其当砂型或砂芯较薄且铸件较厚时易产生。黏砂的形成原因有以下五点。

① 足够的压力使液态金属渗入砂粒之间。若金属不对铸型材料润湿，则渗透所需压力为

$$p=\frac{2\delta\cos\theta}{r}$$

式中，δ 为液态金属的表面张力；θ 为液态金属与铸型材料的润湿角；r 为砂粒孔隙半径。该式说明，砂粒孔隙半径越大（砂粒粒度越大），压力越小，越易产生机械黏砂。

② 液态金属在铸型内流动形成的动压力。

③ 铸型“爆”或“呛”，即浇注铸型时释放的可燃气体与空气混合并被炽热的液态金属点燃而形成的动压力。

④ 机械黏砂开始后，即使压力减小，液态金属渗透也会继续进行，直到渗透液态金属前沿凝固，即当液态金属温度低于固相线温度时渗透停止。

⑤ 化学黏砂的形成原因有湿型和制芯用材料烧结点低、石英砂不纯、煤粉或代用品用量不足、没有使用涂料或涂料使用不当、浇注温度过高、由浇注不当导致渣子进入铸型等。

(2) 结疤。

结疤（俗称起夹子、夹砂）是较严重的一种表面类缺陷。它由一层薄的不规则的疤状金属凸起物组成，表面粗糙，边缘锐利，有一小部分金属与铸件本体相连，其他部位被一层薄砂与铸件隔离。结疤多产生在铸件表面凹陷或沟槽处，一般产生在铸件浇注位置的上表面。

铸件表面尚未形成结疤，只有较浅（深度＜5mm）的锐角凹痕通称鼠尾，它是结疤的早期形态。如果凹痕较深（深度＞5mm），形成V形凹痕且有分枝，则称为凹槽。结疤多产生在铸件浇注位置的上、下表面，尤其常产生在邻近内浇道区域的下表面。

铸型表面在被高温液态金属充满凝固之前，表面长时间大面积裸露受热，铸型内、外层温差大，产生内应力。加上表面受热，铸型水分急剧迁移，形成一个强度较低的水分凝聚区。当铸型表面内应力大于水分凝聚区的强度时，铸型表面膨胀、变形、拱起、弯曲、开裂甚至脱落。当铸型表面尚未开裂时形成鼠尾或沟槽；当铸型表面开裂时液态金属极易渗透到裂纹裂缝中，形成结疤，并在表面开裂处与铸件本体相连。

防止形成结疤的措施如下：减少铸型受热面积和时间，遵守造型操作规程，降低型砂含水量，提高型砂强度，降低型砂脆性。

(3) 冷隔。

在铸造过程中的金属熔体汇合处，如果金属熔体融合不完善或金属熔体不连续，那么将在铸件中产生穿透或不穿透的缝隙，即冷隔（图2.1.10）。冷隔不仅表面难看，而且内部金属结合力小，严重影响铸件的机械性能。冷隔呈不规则的线形，分为穿透冷隔和不穿透冷隔两种，在外力作用下有扩展的趋势。

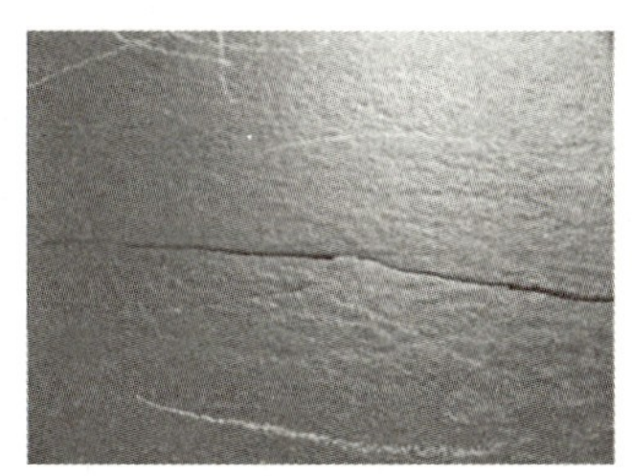
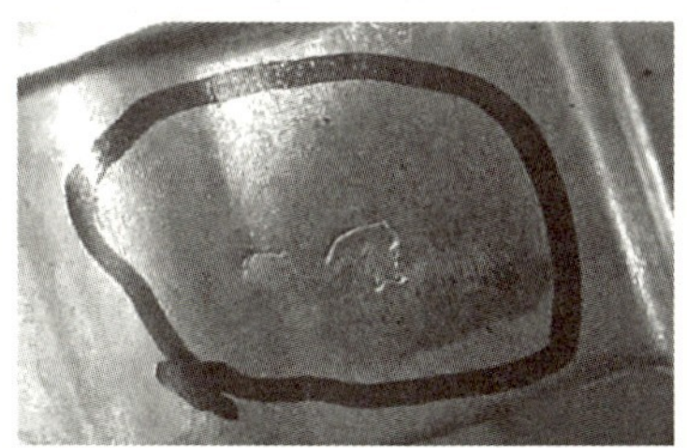

图2.1.10 冷隔

冷隔的形成原因如下：金属熔体的浇注温度或模具温度低，金属成分不符合标准或流动性差，金属熔体分股填充引起熔合不良，浇口不合理引起流程太长，填充速度低或排气不良。

防止形成冷隔的措施如下：适当提高浇注温度和模具温度；改变金属成分，进而提高流动性；改进浇注系统、改善内浇口的填充方向或填充条件；更改浇口位置和截面面积，改善排溢条件，增大溢流量；改变金属熔体流量，提高压射速度。

4. 残缺类缺陷

残缺类缺陷是铸件外形缺损缺陷的总称。常见的残缺类缺陷有浇不到、未浇满、跑水、型漏（漏箱）和缺料（缺损）等，见表 2.1.2。

表 2.1.2 常见的残缺类缺陷

缺陷名称	特征
浇不到	铸件残缺，轮廓不完整，或轮廓虽然完整但边、棱、角圆钝
未浇满	铸件上部残缺，残缺部分的边、角呈圆形，浇注系统未充满
跑水	铸件分型面以上部分残缺，残缺表面凹陷
型漏（漏箱）	铸件内有严重的空壳状残缺
缺料（缺损）	铸件受撞击而破损、断裂、残缺不全

5. 形状及质量差错类缺陷

形状及质量差错类缺陷是指铸件的形状、尺寸、质量与铸件图样或技术条件的规定不符。常见的形状及质量差错类缺陷有尺寸不符、质量不符、变形、错模（错型、错箱）、错芯和孔偏（偏芯、漂芯）等，见表 2.1.3。

表 2.1.3 常见的形状及质量差错类缺陷

缺陷名称	特征
尺寸不符	铸件实测尺寸不符合图面要求，超出公差
质量不符	质量超出规定公差范围
变形	因模样、铸型形状发生变化，或在铸造或热处理过程中由冷却或收缩不均匀等而引起的铸件的形状和尺寸与图面不符
错模（错型、错箱）	铸件的一部分与另一部分在分型面错位
错芯	由于砂芯在分型面错位，因此铸件内腔沿分型面错开，一侧多肉，另一侧缺肉
孔偏（偏芯、漂芯）	砂芯在液态金属的热作用、充型压力及浮力作用下发生上抬、位移、漂浮甚至断裂，使铸件内孔位置发生偏错，铸件的形状和尺寸不符合图面要求

6. 夹杂类缺陷

夹杂类缺陷是铸件中金属夹杂物和非金属夹杂物的总称。常见的夹杂类缺陷有冷豆、内渗物（内渗豆）、夹渣和夹砂等，见表 2.1.4。

表 2.1.4 常见的夹杂类缺陷

缺陷名称	特征
冷豆	通常位于铸件下表面或嵌入铸件表面
内渗物（内渗豆）	铸件孔洞类缺陷内的光滑、有光泽的豆粒状金属渗出物
夹渣	铸件表面或内部由熔渣引起的非金属夹杂物
夹砂	铸件内部或表面包裹砂粒、砂块的缺陷

7. 性能/成分/组织不合格类缺陷

性能/成分/组织不合格类缺陷是指铸件由化学成分不符合铸件技术条件的要求或熔炼、液态金属处理、铸造、热处理工艺不当导致显微组织异常，物理性能或力学性能不合格。常见的性能/成分/组织不合格类缺陷有硬度不符、物理/力学/化学性能不符、石墨漂浮、偏析、硬点、白口、反白口、球化不良和球化衰退等，见表2.1.5。

表2.1.5 常见的性能/成分/组织不合格类缺陷

缺陷名称	特征
硬度不符	硬度测试值不在规格之内，或落差较大而不符合要求
物理/力学/化学性能不符	物理性能、力学性能或化学性能不符合相关标准或客户要求
石墨漂浮	铸件内部晶粒粗大，组织粗大常伴有疏松缺陷
偏析	铸件在凝固时产生化学成分不一致现象
硬点	出现在铸件断面上的细小、分散的高硬度夹杂物颗粒
白口	在灰铸铁件的截面上全部或部分出现亮白色组织
反白口	在第二相为石墨的铸件断口的中心部位出现白口组织或麻口组织，外层是正常的石墨组织
球化不良和球化衰退	因球化剂加入量不足以使铸铁石墨充分球化，或球化处理后铁液停留、浇注、凝固时间过长而引起的铸铁石墨球化率低或不球化缺陷

【实验设备和实验材料】

计算机、光学显微镜、扫描电镜、多种铸造缺陷铸件、吹风机、吸管、玻璃棒、烧杯、量筒、蒸馏水、酒精、腐蚀液等。

【实验方法及步骤】

(1) 根据选取的铸造缺陷铸件，选择合适的分析手段，观察该缺陷的形貌特征，拍三张不同放大倍数的该缺陷形貌照片，打印后放到实验报告里，阐述该缺陷的形成原因。

(2) 根据选择的铸造缺陷铸件的特征，分析该缺陷属于7种缺陷中的哪一种？

【思考题】

(1) 对于孔洞类缺陷，如何制备成待测样品、观察孔洞形貌以及统计孔洞含量？

(2) 如何区别冷裂纹和热裂纹？

(3) 黏砂是如何形成的？

(4) 为什么性能/成分/组织不合格类缺陷在凝固过程中会形成元素偏析？

实验二　位错浸蚀坑的观察

【实验目的】

1. 了解浸蚀坑的形成原理。
2. 了解由浸蚀坑的形状确定晶体的晶向和晶面。
3. 了解利用浸蚀坑观察位错的方法。

【实验原理】

由于位错附近点阵畸变，原子处于较高的能量状态，再加上杂质原子在位错处聚集，此处腐蚀速率比基体高，因此在适当的浸蚀条件下，在位错的表面露头处会产生较深的腐蚀坑，借助金相显微镜或者扫描电镜可以观察晶体中位错的数量及分布。

位错的浸蚀坑与一般夹杂物的浸蚀坑或者因试样磨制不当而产生的麻点形态不同，夹杂物的浸蚀坑或麻点呈不规则形态；位错的浸蚀坑具有规则的外形（如三角形、正方形等）且常按规律分布，如很多位错在同一滑移面排列或者以其他形式分布。此外，在台阶、夹杂物等缺陷处易形成平底蚀坑，与位错露头处的尖底蚀坑有较大区别。

位错浸蚀坑的形状与晶体表面的晶面有关，如图 2.2.1 所示。例如，对于立方晶系的晶体，在 $PbMoO_4$ {100} 晶面上的位错浸蚀坑呈正方形漏斗状（图 2.2.2）；在 {110} 晶面上的位错浸蚀坑呈矩形漏斗状；在 Ni - Ti 合金单晶 {111} 晶面上的位错浸蚀坑呈正三角形漏斗状（图 2.2.3）。

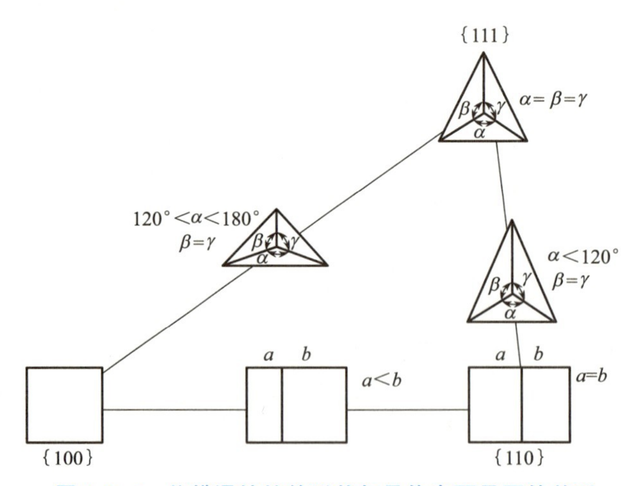

图 2.2.1　位错浸蚀坑的形状与晶体表面晶面的关系

按位错浸蚀坑在晶面上的几何形状可以反推观察面是什么晶面，并且按浸蚀坑在晶体表面的几何形状对称程度判断位错线与观察面（晶面）的夹角，通常为 10°～90°。若位错线平行于观察面，则无位错浸蚀坑。为什么不同观察面的浸蚀坑形状不同？因为被浸蚀的晶体表面总趋于以表面能最低的密排面为外露面。面心立方结构的密排面和密排方向分别

图 2.2.2　$PbMoO_4$｛100｝晶面上的位错浸蚀坑

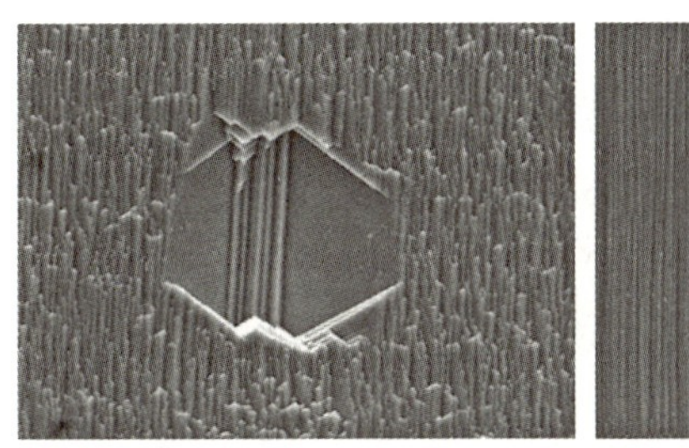

图 2.2.3　Ni－Ti 合金单晶｛111｝晶面上的位错浸蚀坑

是｛111｝和＜110＞；体心立方结构的密排面和密排方向分别是｛110｝和＜111＞；密排六方结构的密排面和密排方向分别是｛0001｝和＜$11\bar{2}0$＞。

1. 刃型位错和螺型位错

在较大放大倍数（≥400）下观察发现，有的位错浸蚀坑内壁平坦，有的位错浸蚀坑内隐约存在三角形螺旋回线。依据这一特征可以判定前者为刃型位错，后者为螺型位错，如图 2.2.4 所示。

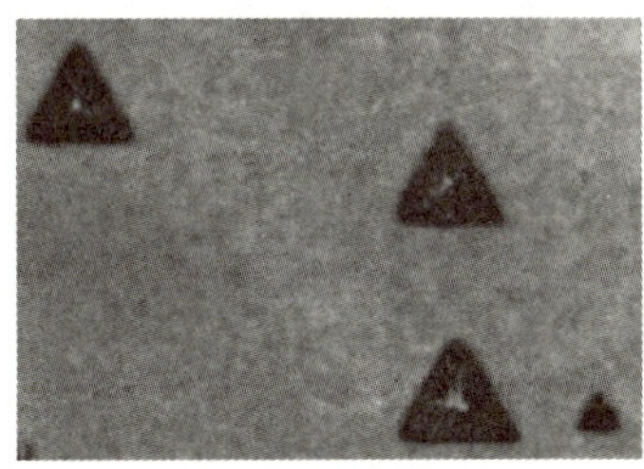

(a) 刃型位错

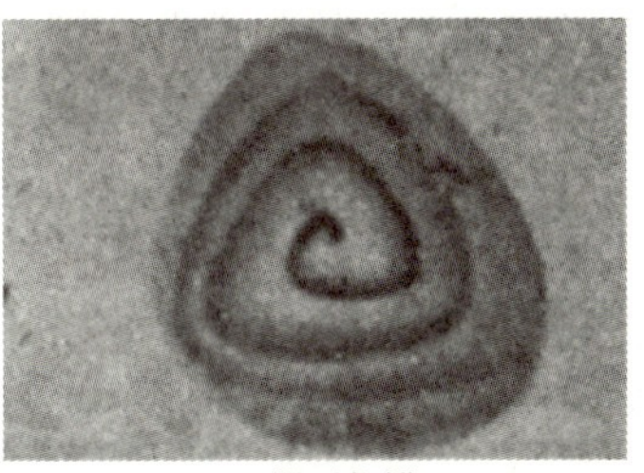

(b) 螺型位错

图 2.2.4　位错浸蚀坑

2. 层错

层错是最密排面堆垛顺序出现差错时产生的晶体缺陷。层错区与完整晶体区之间形成不全位错。由层错区发展起来的晶体部分与周围完整晶体部分之间为不全位错构成的界面。为使界面上不全位错区弹性应变能降到最低限度，总趋于以最密排面为界面，形成由｛111｝构成的三棱锥，如图 2.2.5(a) 所示。又因层错区自身仍属规则排列晶体，故浸蚀速率与周围基体相同，只有作为界面的不全位错区的浸蚀速率高才形成凹沟。因此，层错的金相形貌为完整或不完整的三角形框线，如图 2.2.5(b) 所示。

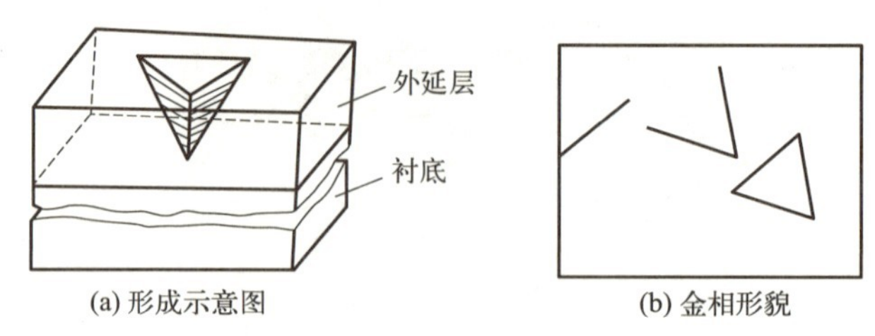

图 2.2.5　层错

3. 小角度晶界和位错塞积

实际上，晶体材料都是多晶体，由许多晶粒组成，晶界就是空间取向（或位向）不同的相邻晶粒之间的界面。根据晶界两侧晶粒位向差（θ 角）的不同，晶界可以分为小角度晶界（$\theta \leqslant 10°$）和大角度晶界（$\theta > 10°$）。一般多晶体各晶粒之间的晶界属于大角度晶界。实验发现，在每个晶粒内原子排列的取向不完全一致。晶粒又可分为位向差只有几分到几度的若干小晶块，称为亚晶粒。相邻亚晶粒之间的界面称为亚晶界，亚晶界属于小角度晶界。

根据位错浸蚀坑的分布特征，可以识别晶体中的小角度晶界（图 2.2.6）和位错塞积群（图 2.2.7）。当晶体中存在小角度晶界时，位错浸蚀坑将垂直于滑移方向排列成行；当出现位错塞积群时，位错浸蚀坑沿滑移方向排列成列，并且它们在滑移方向上的距离逐渐增大。

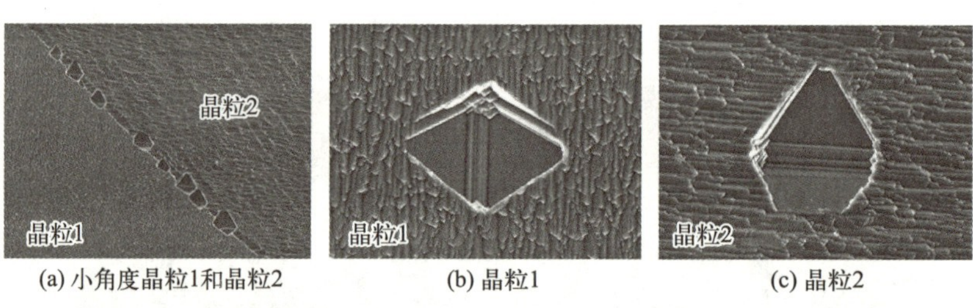

图 2.2.6　纯 Ni 金属的位错浸蚀坑

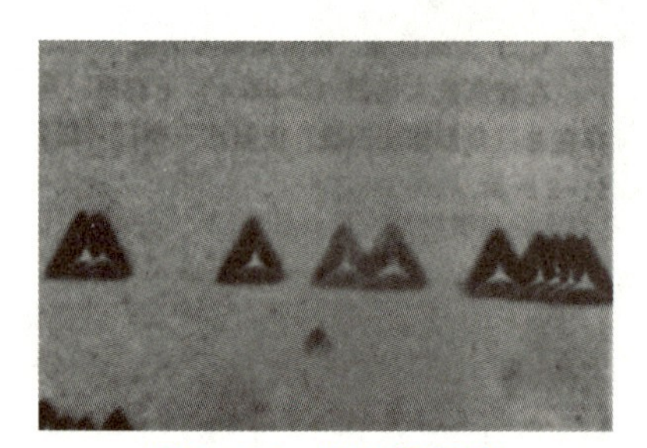

图 2.2.7　位错塞积群

利用位错浸蚀坑观察位错有一定的局限性，只能观察在表面露头的位错，而无法观察晶体内部位错。此外，浸蚀法只适合位错密度小的晶体，如果位错密度较大，蚀坑相互重叠，就难以把它们分开，故此法一般只用于高纯度金属或者化合物晶体的位错观察。

不同种类的晶体要用不同的浸蚀剂。为了获得清晰的蚀坑图，还要严格控制浸蚀剂的浓度、温度、浸蚀时间等。

【实验设备和实验材料】

显微镜、浸蚀剂、试样（Ni－Ti 合金单晶体或双晶体、单晶硅片、钼酸铅单晶体、钨酸锌单晶体、纯铁、纯铜和纯铝等）、酒精、预磨机/抛光机、吹风机、砂纸、抛光膏等。

【实验方法及步骤】

1. 观看录像。通过演示系统观察不同晶体、不同晶面上的位错浸蚀坑。

2. 选择 Ni－Ti 合金单晶体或双晶体为实验对象，观察位错浸蚀坑。

(1) 截取试样。

截取镍基合金单晶体或双晶体试样之前，最好预知试样的晶面方位（可用电子背散射衍射分析法测定）。利用电火花切割机切取块状试样，用金相砂纸将其磨平，经过机械抛光后清洗干净。磨制和抛光试样时，不宜施力太大，否则试样将产生塑性变形，致使晶体中增加额外的位错。

(2) 位错浸蚀坑的腐蚀。

将抛光好的试样浸入浸蚀剂，在常温下浸蚀，浸蚀剂的腐蚀液为 HCl(80mL)＋H_2SO_4(5mL)＋$CuSO_4$(20g)＋H_2O(100mL)溶液。浸蚀后，首先用清水清洗，然后用酒精清洗，最后用吹风机快速吹干。干燥后，可在金相显微镜或扫描电镜下观察和分析。

3. 显示硅单晶体、纯铁、纯铜、纯铝多晶体中的位借，其步骤同前；但是，对于不同的材料，需选用相应的抛光液和浸蚀剂。

显示硅单晶体中的位借浸蚀坑，浸蚀剂可用 60mL HF（浓度为 49%）＋30mL HNO_3（浓度为 69%）＋30mL 铬酸（1g CrO_3/2mL H_2O）＋2g $Cu(NO_3)_2 \cdot 3H_2O$（试剂级）＋60mL 纯无水乙酸（冰醋酸）＋60mL H_2O（去离子的）溶液。

显示纯铁中的位借浸蚀坑，浸蚀剂可用 2%硝酸酒精溶液，浸蚀 10～20min，或用 15g 氯化铜＋40mL 盐酸＋25mL 酒精的溶液，浸蚀 10～15s。

显示纯铜中的位借浸蚀坑，浸蚀剂可用 25mL 乙酸＋15g 纯无水乙酸＋1g 溴液＋90mL 水的溶液，侵蚀 30～60s；或用 20mL $FeCl_3 \cdot 6H_2O$ 饱和水溶液＋20mL 盐酸＋5mL 纯无水乙酸＋5～10 滴溴液的溶液，浸蚀 30s。

显示纯铝中的位借浸蚀坑，浸蚀剂可用 47%硝酸＋50%盐酸＋3%氢氟酸（浓度为 40%）的溶液，浸蚀 30s；或用 32mL 盐酸＋50mL 硝酸＋25～50mL 纯无水乙酸＋2mL 氢氟酸的溶液，浸蚀 30～60s。

磨制试样时，不宜施力太大，也不宜采用机械抛光，否则试样将产生塑性变形，致使晶体中增加额外的位错。

【注意事项】

(1) 用扫描电镜的电子背散射衍射分析法精确测定样品的晶体学取向。用电子背散射衍射分析法测定的试样厚度不应超过 2mm，且试样用砂纸磨到 1000＃砂纸。为了去除试样表面的应力，测定之前要进行电解抛光。

(2) 若试样比较软，则磨制和抛光试样时不宜施力太大，否则试样将产生塑性变形，致使晶体中增加额外的位错。

【思考题】

(1) 如何确定试样的晶体学取向？

(2) 如何利用浸蚀坑的形状确定晶体的晶向和晶面？

(3) 如何利用浸蚀坑判断是刃型位错还是螺型位错？

(4) 如何根据观察到的位错浸蚀坑形貌鉴别小角度晶界和位错塞积？

实验三 定向凝固-柱状晶的制备

【实验目的】

1. 了解定向凝固需要满足的条件。
2. 了解定向凝固的基本原理。
3. 观察定向凝固的柱状晶组织。

〔拓展视频〕 〔拓展视频〕

【实验原理】

1. 定向凝固技术概论

定向凝固技术是20世纪60年代为了消除结晶过程中生成的横向晶界，从而提高材料的单向力学性能提出的。定向凝固技术广泛应用于高温合金、磁性材料、单晶生长、自生复合材料的制备。定向凝固技术的主要应用是生产具有均匀柱状晶组织的铸件。利用定向凝固技术制备的航空航天领域的高温合金发动机叶片，与采用普通铸造方法获得的铸件相比，其高温强度、抗蠕变和持久性能、热疲劳性能大幅度提高。对于磁性材料，应用定向凝固技术可使柱状晶排列方向与磁化方向一致，提高材料的磁性能。采用定向凝固方法得到的自生复合材料因不受其他复合材料制备过程中增强相与基体间界面的影响而性能提高。

定向凝固是指在凝固过程中采用强制手段，在凝固的固体和未凝固的熔体中建立特定方向的温度梯度，从而使熔体沿着与热流方向相反的方向凝固，最终得到具有特定取向柱状晶的技术。热流控制是定向凝固技术的重要环节，获得并保持单向热流是定向凝固成功的重要保证。

2. 定向凝固的理论基础

定向凝固是研究凝固理论和金属凝固规律的重要手段，定向凝固技术的发展直接推动了凝固理论的发展。从查默斯（Chalmers）等人的成分过冷理论到马林斯（Mullins）等人的界面稳定动力学理论，人们对凝固过程有了更深刻的认识。

在定向凝固过程中，随着凝固速率的提高，固液界面的形态发生如下变化：低速生长平面晶→胞晶→枝晶→细胞晶→高速生长的平面晶。无论是哪一种固液界面形态，保持固液界面的稳定性都对材料的制备和材料的力学性能非常重要。因此，固液界面稳定性是凝固过程中的一个非常重要的科学问答题。低速生长的平面晶固液界面稳定性可以用成分过冷理论判定，高速生长的平面晶固液界面稳定性可以用绝对稳定理论判定。但是，到目前为止，关于胞晶、枝晶、细胞晶固液界面稳定性问题，尚没有相应的判定理论。

（1）成分过冷理论。

20世纪50年代，查默斯和蒂勒（Tiller）等人首次提出单相二元合金成分过冷理论。固溶体合金凝固时，在正的温度梯度下，由于固液界面前沿液相的成分有差别，因此固液界面前沿的熔体温度低于实际液相线温度，产生的过冷称为成分过冷，如图2.3.1所示。成分过冷完全是由固液界面前沿液相的成分差别引起的。产生成分过冷必须具备两个条件：一是固液界面前沿溶质富集引起成分再分配，溶质在固相中的溶解度小于在液相中的溶解度，当单相合金冷却凝固时，溶质原子被排挤到液相中，在固液界面液相一侧堆积溶质原子，形成溶质原子的富集层，随着与固液界面距离的增大，溶质分数逐渐降低；二是固液界面前沿液相一侧的实际温度低于平衡时的液相线温度，在凝固过程中，受外界冷却作用，在固液界面液相一侧不同位置的实际温度不同，外界冷却能力越强，实际温度越低，如果在固液界面液相一侧溶液中的实际温度低于平衡时的液相线温度，受溶质在液相一侧富集的影响，就会出现成分过冷现象。

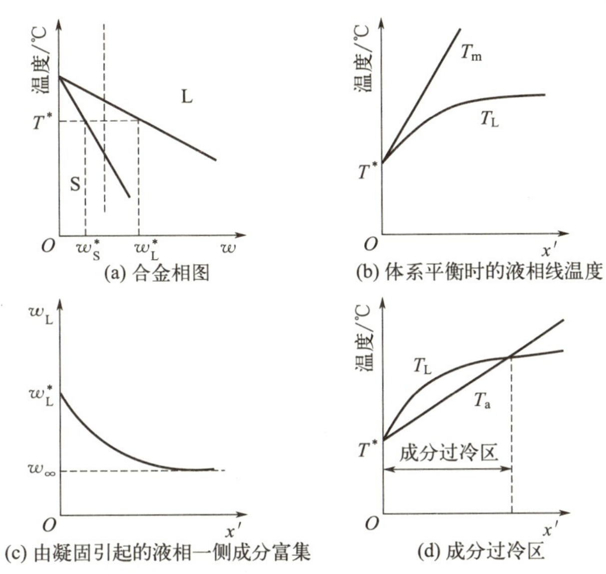

S—固相；L—液相；w_s^*—固相溶质分数；w_L^*—液相溶质分数；T^*—合金凝固温度；

T_m—熔点；T_L—液相线温度；T_a—固液界面前沿液相侧的实际温度；x'—与固液界面的距离。

图 2.3.1 合金凝固时的成分过冷

（2）界面稳定动力学理论。

马林斯和塞克卡（Sekerka）鉴于成分过冷理论存在的不足，提出了一个考虑溶质浓度场和温度场、固液界面能以及界面动力学的理论。该理论揭示，合金在凝固过程中的固液界面形态取决于 G_L/v 和 G_Lv 两个参数，分别为固液界面前沿液相温度梯度与凝固速度的商和积。前者决定了界面的形态；后者决定了晶体的显微组织，即枝晶间距或晶粒尺寸。该理论成功预言了随着生长速度的提高，固液界面形态将经历平界面→胞晶→树枝晶→胞晶→带状组织→绝对稳定平界面的转变。近年来，对界面稳定性条件的进一步分析表明，该理论还揭示了一种绝对性现象，即当温度梯度 G_L 超过某临界值时，温度梯度的稳定化效应会完全克服溶质扩散的不稳定化效应，此时无论凝固速率如何，固液界面都是稳定的，这种绝对稳定性称为高梯度绝对稳定性。因此，该理论又称绝对稳定性理论。

（3）竞争生长机制。

定向凝固的一个核心问题是为什么通过定向凝固可以形成柱状晶组织。图 2.3.2 说明了定向凝固过程中晶粒的竞争长大机制，该模型称为沃尔顿-查默斯（Walton - Chalmers）模型，这也是人们普遍接受的模型。该模型认为晶粒的竞争生长与凝固过程中的热力学过冷和成分过冷有关。在图 2.3.2 中，晶粒 A_1 和晶粒 A_2 的生长方向与温度梯度方向平行，为择优取向晶粒；晶粒 B 的生长方向与温度梯度方向成角度 θ，为非择优取向晶粒。定向凝固时，非择优取向晶粒 B 沿温度梯度方向的生长速度与晶粒 A_1 和晶粒 A_2 沿温度梯度方向的生长速度相同，因此其枝晶尖端的生长速度满足 $v_B = v_A/\cos\theta$ 关系（v_B 为晶粒 B 枝晶尖端的凝固速率，v_A 为晶粒 A_1/A_2 枝晶尖端的凝固速率）。由于 $\cos\theta < 1$，因此 $v_B > v_A$，即非择优取向晶粒 B 的枝晶尖端在定向凝固过程中落后于择优取向晶粒 A_1/A_2 的枝晶尖端，这种枝晶尖端的落后在图 2.3.2 中体现为 $\Delta T_B > \Delta T_A$（ΔT_B 为非择优取向晶粒 B 枝晶尖端的过冷度，ΔT_A 为择优取向晶粒 A_1/A_2 枝晶尖端的过冷度），意味着非择优取向晶粒 B 的枝晶尖端在凝固过程中需要更大的过冷度作为驱动力，以在沿温度梯度方向获得与择优取向晶粒 A_1/A_2 相同的生长速度。因此，非择优取向晶粒在定向凝固过程中不占优势而被淘汰，择优取向晶粒在定向凝固过程中占优势而存活。

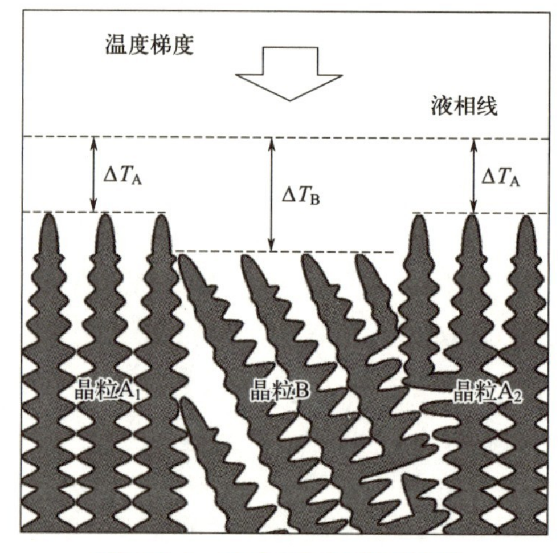

图 2.3.2　沃尔顿-查默斯模型

【实验设备和实验材料】

定向凝固炉、陶瓷模壳、合金、电火花线切割机床、光学显微镜、砂纸、预磨抛光机、酒精、腐蚀液、吹风机、水等。

【实验方法及步骤】

（1）熟悉定向凝固炉的工作原理、构造及使用。

（2）准备实验材料，如镍基高温合金等。

（3）制定铸造工艺。可考虑在抽拉速率 1～10mm/min、真空度 1×10^{-3}Pa 的基础上调整抽拉速率和真空度，以得到不同的组织。抽拉结束后，用液态金属淬火。

（4）观察柱状晶的横截面组织和纵截面组织。

【注意事项】

（1）在定向凝固炉的上区和下区之间有一个隔热挡板，防止上区的热量向下区传递。若隔热挡板的隔热效果不理想，则定向凝固效果不佳，很难得到柱状晶组织。

（2）在定向凝固炉中，模壳要保证垂直。

（3）定向凝固时，模壳的抽拉速率不能过高，否则定向凝固效果不理想。

【思考题】

（1）在定向凝固过程中，柱状晶是如何形成的？

（2）抽拉速率如何影响柱状晶组织？

（3）在定向凝固过程中，如何保证热量单向（定向）传递？

实验四　定向凝固-单晶的制备

〔拓展视频〕

〔拓展视频〕

〔拓展视频〕

〔拓展视频〕

【实验目的】

1. 了解选晶法制备单晶的原理。
2. 了解籽晶法制备单晶的原理。
3. 观察合金的单晶组织。

【实验原理】

随着航空发动机的发展，对发动机叶片材料的性能要求不断提高，用于制造发动机叶片的镍基高温合金经历了变形合金、等轴晶铸造合金、定向柱晶合金和单晶合金四个发展阶段。在采用普通铸造的等轴晶高温合金中，与应力轴垂直的晶界是合金服役期间裂纹萌生的主要位置。采用定向凝固技术把合金制造成定向柱晶组织后，柱状晶之间的晶界平行于主应力轴，垂直于主应力轴的横向晶界被消除，可延缓合金在高温服役期间的裂纹萌生与扩展，进而延长合金的使用寿命。定向凝固技术使得铸造高温合金的发展进入一个崭新的阶段，如 MAR－M200 定向凝固合金比等轴晶铸造合金的热疲劳性能提高了 5 倍，而且具有良好的中、高温持久断裂强度和塑性，在航空发动机中得到了广泛应用。在定向凝固的基础上，采用选晶法或籽晶法可制备没有晶界的单晶高温合金，进而显著提高合金的性能。

选晶法是在晶粒竞争生长的基础上，利用选晶段的狭窄通道淘汰晶粒，最后只允许一个晶粒长成单晶。根据选晶段的形状，选晶器一般可分为转折选晶器、倾斜选晶器、尺度限制选晶器（缩颈选晶器）和螺旋选晶器。螺旋选晶器的选晶段没有突变拐角，避免了由陡峭棱角导致散热方向改变而产生的过冷区，从而消除了内生形核的可能性，使选晶效率提高，在实验室和工业生产中得到了广泛应用。

螺旋选晶器一般由起始段和选晶段组成，如图 2.4.1 所示。研究发现，起始段的主要作用是优化一次取向，获得＜001＞取向的柱状晶；选晶段的主要作用是随机选择一个晶粒。

在某些特殊情况下，生产特定取向的单晶铸件是非常有必要的。由于选晶法不能控制单晶铸件的精确取向，因此一般采用籽晶法制备特定取向的单晶。籽晶法的原理是在模壳底端放置一个所需取向的单晶籽晶以消除初始状态下晶粒的随机形核。为了让籽晶发挥作用，籽晶必须发生部分熔化。适当地控制籽晶固液界面的温度梯度和凝固速率，可制备与籽晶取向一致的单晶体。然而，在定向凝固过程中，籽晶回熔区是杂晶形核的起源地，回熔区周围经常出现大量杂晶，导致单晶制备失败。因此，籽晶法没有得到广泛应用。

一般在真空单晶炉中制备单晶。真空单晶炉的结构如图 2.4.2 所示，主要有加热系统、抽拉系统和真空系统。加热系统的功率为 30kW，最高炉温为 1700℃，可提供约 80K/cm 的温度梯度。试样底部配有水冷盘，炉腔的真空度为 10^{-3}Pa。将底部预埋籽晶模壳的下区加热至 1550℃，将上区加热至 1500℃。这种下区温度高于上区温度的加热方式可提高固液界面的温度梯度，有利于制备单晶。同时，将母合金锭加热到 1550℃并保温 10min，然后将合金熔体浇注到模壳的空腔，过热的合金熔体将引起籽晶顶端部分回熔。

浇注后保温 5min，使整个模壳体系达到热平衡，随后以恒定的抽拉速率抽拉模壳。

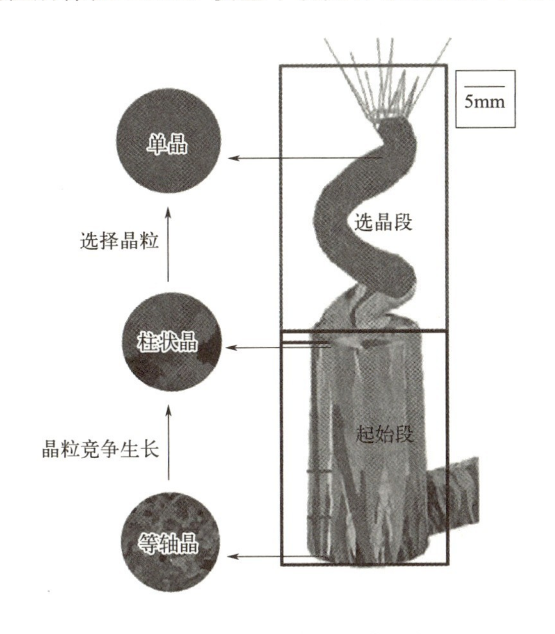

图 2.4.1　螺旋选晶器的组成

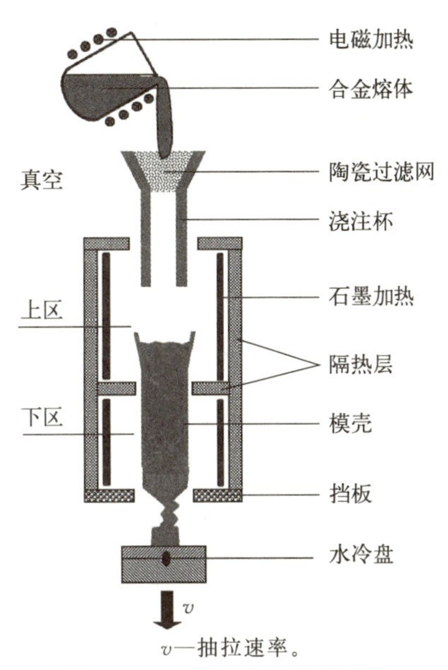

图 2.4.2　真空单晶炉的结构

采用选晶法制备的镍基单晶高温合金棒组织如图 2.4.3 所示，下端是螺旋选晶器，横截面是方向一致的十字形枝晶组织［图 2.4.3(a)］，纵截面是相互平行的枝晶［图 2.4.3(b)］。

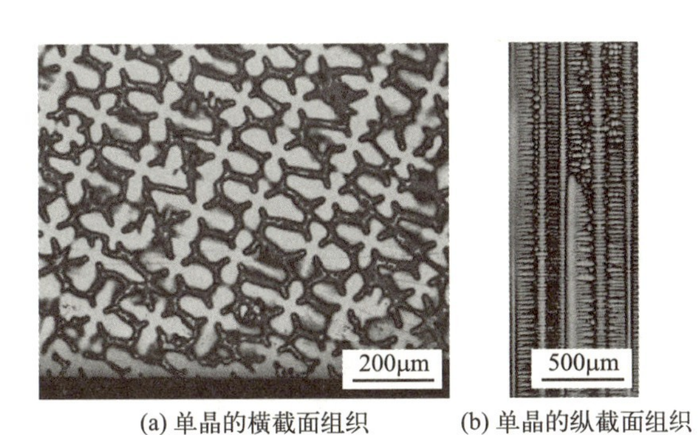

(a) 单晶的横截面组织　　(b) 单晶的纵截面组织

图 2.4.3　采用选晶法制备的镍基单晶高温合金棒组织

【实验设备和实验材料】

定向凝固炉、陶瓷模壳、镍基单晶高温合金、电火花线切割机床、光学显微镜、砂纸、预磨抛光机、酒精、腐蚀液、吹风机、水等。

【实验方法及步骤】

(1) 按照精密铸造的方法，准备带螺旋选晶器的陶瓷模壳或者将籽晶提前预埋到模壳底部。

(2) 根据模壳内腔的体积，计算所需高温合金的质量。

(3) 制定铸造工艺。可考虑在抽拉速率1～10mm/min、真空度1×10^{-3}Pa的基础上调整抽拉速率，以得到不同的组织。

(4) 对单晶铸件进行宏观腐蚀，观察单晶的宏观形貌。

(5) 对单晶铸件进行金相样品制备，观察单晶的横截面组织和纵截面组织。

【注意事项】

(1) 螺旋选晶器的尺寸要合适，否则无法选出单晶。

(2) 预埋籽晶时，籽晶周围不能留空隙。

(3) 下料时，若合金的质量过小，则存在浇不足现象；若合金的质量过大，则存在浇注溢出现象。

(4) 在真空条件下制备单晶，定向凝固炉的真空度要大于1×10^{-3}Pa。

(5) 在定向凝固过程中，抽拉速率要均匀。

【思考题】

(1) 如何判断铸件是否为单晶?

(2) 单晶铸件在性能方面有什么优势?

实验五 润湿实验

【实验目的】

〔拓展视频〕

〔拓展视频〕

〔拓展视频〕

1. 了解液相润湿固相时，润湿角与表面能的关系。

2. 掌握润湿角的测定方法和仪器的使用方法。

【实验原理】

浸润是指液体与固体接触时，液体附着在固体表面或渗透到固体内部的现象，对该固体而言，该液体称为润湿液体。不润湿是指液体与固体接触时，液体不附着在固体表面且不渗透到固体内部的现象，对该固体而言，该液体称为不润湿液体。

从热力学观点看，液滴落在清洁、平滑的固体表面，当忽略液体的重力和黏度影响时，液滴在固体表面的铺展是由固气（SG）、液固（LS）和液气（LG）三个界面的张力决定的，如图 2.5.1 所示。

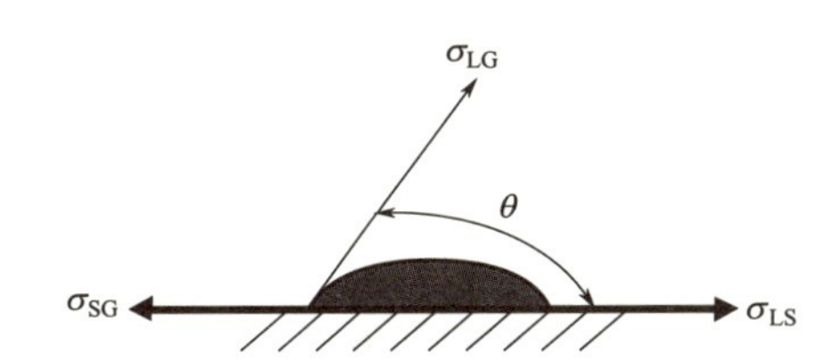

σ_{SG}—固气界面的表面张力；σ_{LS}—液固界面的表面张力；σ_{LG}—液气界面的表面张力。

图 2.5.1 润湿角与表面张力的关系

其平衡关系符合如下关系式。

$$\cos\theta=\frac{\sigma_{SG}-\sigma_{LS}}{\sigma_{LG}}$$

式中，θ 为润湿角；σ_{SG} 为固气界面的表面张力；σ_{LS} 为液固界面的表面张力；σ_{LG} 为液气界面的表面张力。

从上面公式可以看出，润湿的先决条件是 $\sigma_{SG}>\sigma_{LS}$ 或者 σ_{LS} 很小。当固、液两相的化学性能或化学结合方式接近时可以满足这一要求。因此，硅酸盐熔体在氧化物固体上一般会形成小的润湿角，甚至完全将固体润湿；而在金属熔体与氧化物之间，由于结构不同，σ_{LS} 很大，因此 $\sigma_{SG}<\sigma_{LS}$，按公式计算得 $\theta>90°$。从上面公式还可以看出，σ_{LG} 的作用是多方面的，在润湿的系统中（$\sigma_{SG}>\sigma_{LS}$），σ_{LS} 减小会使 θ 减小；而在不润湿的系统中（$\sigma_{SG}<\sigma_{LS}$），σ_{LG} 减小会使 θ 增大。

为了便于表达润湿情况，可以用润湿角反映润湿现象。根据液体在固体表面的润湿程度不同，润湿现象可以分为完全润湿、能润湿、不能润湿、完全不润湿四种情况，如图 2.5.2 所示。当 $\theta=0°$时，液体在固体表面完全润湿，即液体在固体表面自由铺展；当 $\theta<90°$时，液体在固体表面能润湿；当 $\theta>90°$时，液体在固体表面不能润湿；当 $\theta=180°$

时，液体在固体表面完全不润湿，即液体在固体表面呈球形存在。

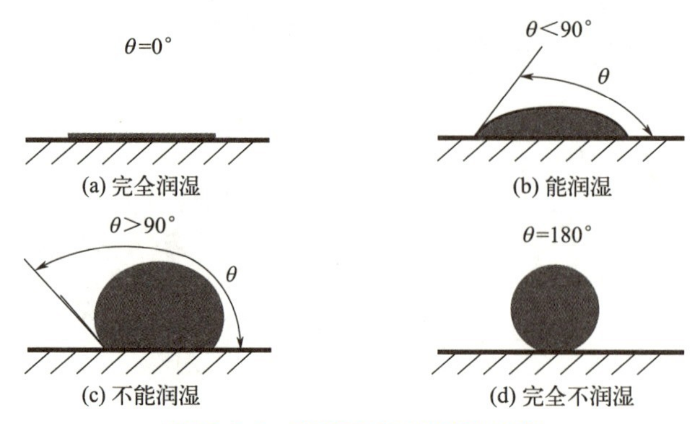

图 2.5.2　润湿现象的四种情况

润湿是固液界面上的重要行为，也是近代很多工业技术的基础。例如，合金充型、陶瓷（搪瓷）坯釉结合、机械润滑、注水采油、油漆涂布、金属焊接、陶瓷与金属的封接等工艺和理论都与润湿有密切关系。

本实验主要是陶瓷坯釉的铺展润湿，实验原理为在陶瓷坯体表面施以硅酸盐熔体的陶瓷釉，在一定温度下测定润湿角。

【实验设备和实验材料】

耐火度测定仪、读数显微镜、量角器、釉成型模具和压力机、陶瓷坯体制备的球磨机、注浆成型用石膏膜、修坯砂纸、锯条、原料（长石、石英、黏土、熔块釉粉、淘洗苏州土、糊精）等。

【实验方法及步骤】

1. 试样准备

先将原料经球磨、注浆成型、干燥、修坯成 20mm×20mm×5mm 的薄片，并经 1300℃烧成陶瓷片；再将熔块釉粉成型为 ϕ5mm×5mm 的小圆柱。

2. 实验步骤

将釉粉成型的 ϕ5mm×5mm 的小圆柱放在 20mm×20mm×5mm 的陶瓷片上，一起放入耐火度测定仪的管式电炉，升温至 800～1100℃，观察窗内测定釉熔化后在不同温度下形成的润湿角，或者冷却后取出试样并测量最高温度的润湿角。

【注意事项】

1. 制备陶瓷片时，确保烧结后的陶瓷片表面光滑、平整。
2. 熔块釉粉成型时，确保每次称取的质量相等。

【思考题】

1. 如何根据不同温度下的润湿角计算 σ_{LS}？
2. 烧结后的陶瓷片表面粗糙不平整对测量润湿角有什么影响？
3. 分析实验过程中影响实验误差的因素。

实验六　晶体对称要素、紧密堆积及典型的晶体结构分析

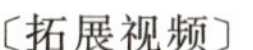
〔拓展视频〕

〔拓展视频〕

〔拓展视频〕

〔拓展视频〕

【实验目的】

1. 理解体心立方、面心立方、密排六方三种晶体结构。

2. 掌握体心立方、面心立方、密排六方三种晶体结构的晶面指数和晶向指数的确定方法。

3. 掌握面心立方晶体结构和密排六方晶体结构的最密排面的原子堆垛方式。

【实验原理】

1. 晶体结构

除少数具有复杂的晶体结构外，自然界中的大多金属元素及其合金都具有比较简单的晶体结构。典型的晶体结构有体心立方（body - centered cubic，BCC）、面心立方（face - centered cubic，FCC）和密排六方（hexagonal close - packed，HCP）三种，如图 2.6.1 所示。

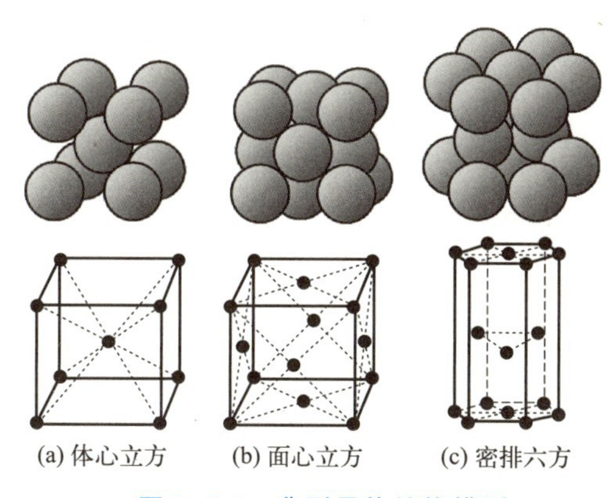

图 2.6.1　典型晶体结构模型

（1）体心立方。

体心立方晶胞的点阵常数为 $a=b=c$，$\alpha=\beta=\gamma=90°$，即体心立方晶胞的三个相邻棱长相等，三个相邻棱边的夹角都是 90°；在八个顶点上各有一个原子且体心有一个原子。具有体心立方结构的金属有 K、Mo、W、V、α - Fe、δ - Fe、Cr、Nb 等。

（2）面心立方。

面心立方晶胞的点阵常数为 $a=b=c$，$\alpha=\beta=\gamma=90°$，即面心立方晶胞的三个相邻棱边的夹角都是 90°；在八个顶点上各有一个原子且六个面心各有一个原子。具有面心立方结构的金属有 Al、Cu、Au、Ag、Ni、γ - Fe 等。

（3）密排六方。

密排六方晶胞的点阵常数为 $a_1=a_2=a_3\neq c$，$\alpha=\beta=120°$，$\gamma=90°$，即密排六方晶胞为正六棱柱，上、下两个底面为正六边形，六个侧棱垂直于上、下两个底面；在十二个顶点上各有一个原子，上、下两个底面的面心各有一个原子，且晶胞内部半高处有三个共面原子。具有密排六方结构的金属有 Zn、Cd、Mg 等。

2. 晶面指数和晶向指数

在材料科学中讨论有关晶体的生长、变形、相变及性能等问题时，常涉及晶体中原子的位置、原子列的方向（晶向）和原子构成的平面（晶面）。为了便于确定和区别晶体中不同位向的晶向及晶面，国际上通常用米勒指数统一标定晶向指数与晶面指数。

由一系列原子组成的平面称为晶面。晶面指数用（hkl）表示。晶面指数不是一个晶面，而是代表一组相互平行的晶面，平行晶面的晶面指数相同，或数字相同、符号相反。晶体中具有相同条件而只是空间位向不同的一组晶面称为晶面族 $\{hkl\}$。在体心立方晶体和面心立方晶体中，常用的晶面有（100）（110）（111）（112）等。

原子在空间排列的方向称为晶向。晶向指数用 $[uvw]$ 表示。一个晶向指数代表所有相互平行、方向一致的晶向；若两晶向平行而方向相反，则晶向指数的数字相同而符号相反。晶体中原子排列相同而空间位向不同的一组晶向称为晶向族 $\langle uvw\rangle$。在体心立方晶体和面心立方晶体中，常用的晶向有 [100]、[110]、[111]、[112] 等。

3. 原子堆垛方式

空间点阵只用于描述晶体中原子的排列（分布）特征，实际上，晶体由原子（分子）堆积而成。晶体中各原子（分子）的相互结合可以看作球体的堆积。球体堆积密度越大，系统的势能越低，晶体越稳定，此即球体最紧密堆积原理。

讨论空间点阵时，用一个点代表原子（分子），从晶格结构图上看，似乎晶体中很“空”。实际上，在形成晶体时，原子（分子）要尽可能靠拢，减小占据的空间，以减小自由能，所以原子（分子）有做密堆积的趋势。自然界中的许多金属晶体都是由金属原子做等球堆积而成的。

三种典型晶体结构的密排面和密排方向分别是体心立方的 $\{110\}\langle 111\rangle$、面心立方的 $\{111\}\langle 110\rangle$、密排六方的 $\{0001\}\langle 11\bar{2}0\rangle$。体心立方的致密度仅为 0.68，位于体心的原子与位于顶角上的八个原子相切，而八个顶角原子并不相切。面心立方结构和密排六方结构的致密度均为 0.74，密排面上的每个原子都与最邻近的原子相切。因此，面心立方结构金属和密排六方结构金属具有最密集的结构。

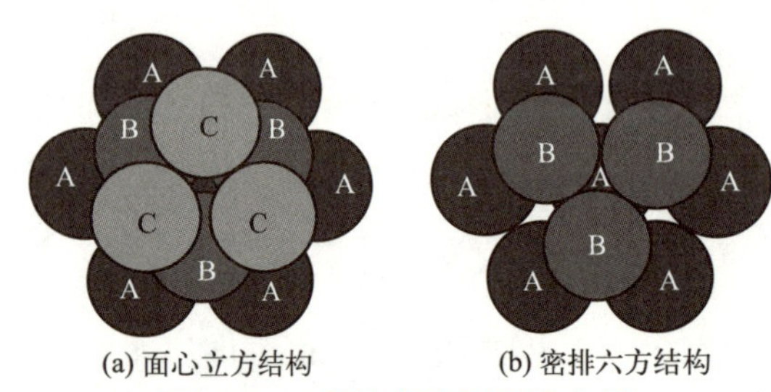

图 2.6.2 晶体的原子堆垛方式

虽然面心立方晶体与密排六方晶体结构不同，但配位数和致密度相同，为弄清原因，必须研究晶体中的原子堆垛方式。面心立方晶体与密排六方晶体的最密排面原子排列情况完全相同，但原子堆垛方式不同，如图 2.6.2 所示。面心立方结构的原子堆垛顺序是 ABCABC…，密排六方结构的原子堆垛顺序是 ABAB…或者 ACAC…。

【实验设备和实验材料】

带孔的钢球、连接钢球的金属杆、常见的晶体结构模型等。

【实验方法及步骤】

（1）根据面心立方结构、体心立方结构和密排六方结构的晶胞参数，以带孔的钢球为原子，用金属杆连接钢球，构建三种晶体结构。

（2）在构建的面心立方结构和体心立方结构上确定（100）晶面、（110）晶面、（111）晶面、（112）晶面和［100］晶向、［110］晶向、［111］晶向、［112］晶向。

（3）按照最密排面的原子堆垛顺序，堆垛出面心立方结构和密排六方结构。

【思考题】

（1）对于面心立方、体心立方和密排六方三种晶体结构，为什么面心立方结构和密排六方结构最密集？

（2）面心立方结构的原子密排面和原子密排方向分别是什么？

（3）密排六方结构的原子密排面和原子密排方向分别是什么？

实验七　氯化铵晶体结晶过程观察及组织描述实验

【实验目的】

1. 通过观察盐类的结晶过程及结晶后的组织特征，了解金属的结晶过程，加深理解金属的凝固理论。

2. 通过观察盐类在不同条件下的结晶过程，了解不同条件对金属结晶过程的影响。

3. 加深理解晶粒细化的方法及原理。

【实验原理】

金属由液态转变为固态的过程称为凝固，若凝固后的固态具有晶体结构，则这一转变过程称为结晶。由于金属不透明且结晶温度较高，因此无法直接观察其结晶过程。盐类具有晶体结构，其溶液的结晶过程与金属的非常相似，区别仅在于盐类是在室温下依靠溶剂蒸发使溶液过饱和而结晶的，而金属主要依靠过冷结晶。另外，由于盐类的结晶速率较低，便于观察，因此常通过观察过饱和透明盐类溶液结晶时的形核及长大过程［在显微镜（甚至放大镜、投影仪、肉眼等）下即可观察］，了解金属的结晶过程。

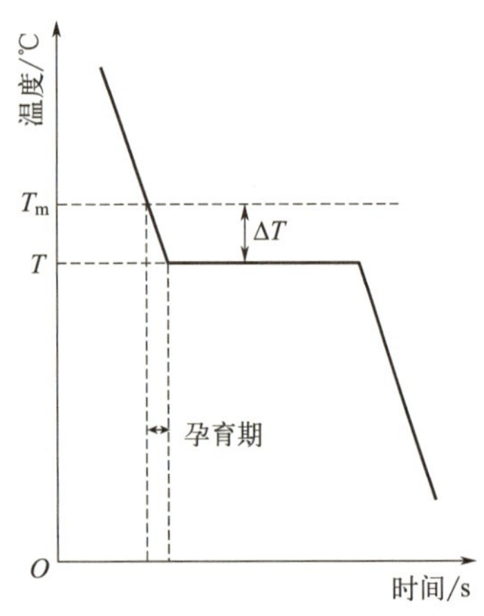

T_m—理论结晶温度；T—实际结晶温度；ΔT—过冷度。

图 2.7.1　纯金属的冷却曲线

如图 2.7.1 所示，液态金属在结晶之前温度连续下降，当温度降到 T_m 时不立即结晶，而是降到 T_m 以下的某温度 T 后结晶，这一现象称为过冷。金属的理论结晶温度 T_m 与实际结晶温度 T 之差称为过冷度 ΔT。过冷度越大，实际结晶温度越低。金属结晶必须有一定的过冷度，过冷度为结晶提供相变驱动力。纯金属结晶时的过冷是热过冷，合金结晶时的过冷是成分过冷。

无论是金属材料还是非金属材料，结晶过程都遵循相同的规律，即形核和长大两个过程。其中，形核又分为均匀形核（自发形核/均质形核）和非均匀形核（非自发形核/异质形核）。实际上，因为液体中不可避免地存在杂质和外表面，所以其形核方式主要是非均匀形核。

在玻璃片上滴加接近饱和的氯化铵溶液，并将其放在显微镜下观察结晶过程。随着液体自然蒸发和温度降低，氯化铵溶液逐渐饱和，结晶开始。该结晶过程同样包括形核和长大两个过程，如图 2.7.2 所示。将 31%氯化铵过饱和溶液（40℃溶解度）加热到 40℃以上，使其全部溶解。在冷却过程中，氯化铵溶液首先发生形核，然后晶核长大。随着溶液蒸发及温度降低，首先在液体的边缘、靠近容器壁或异质处形成细小的等轴晶核，然后形成以晶核为中心向各方向生长的枝晶组织。随着结晶的不断进行，在溶液中逐渐形成不同位向的等轴晶。当溶液蒸发或温度降低较快时，不同位向的等轴晶迅速向四周生长并相互接触，结晶结束。

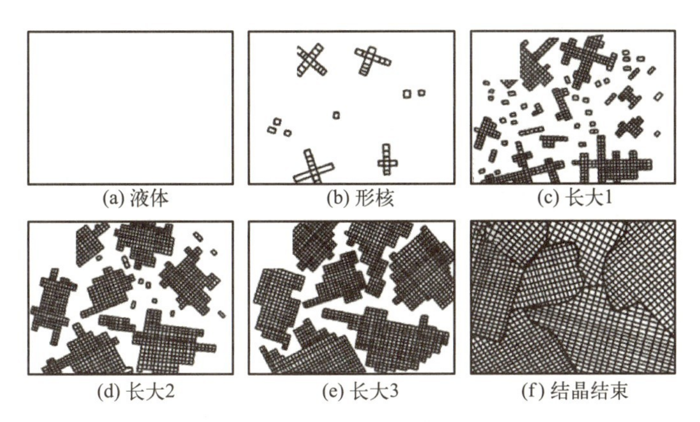

图 2.7.2 结晶过程

图 2.7.3 所示为氯化铵溶液结晶后的枝晶组织。高温时的饱和氯化铵溶液在温度降低到室温时会发生形核。形核位置一般在氯化铵溶液的边缘，随着温度继续降低，晶核逐渐以枝晶的形式向溶液中心生长，最后枝晶长满溶液，结晶结束。因此，在溶液中发达的枝晶整体上是指向中心的。

大过冷度下氯化铵溶液结晶后的枝晶组织如图 2.7.4 所示。当过冷度较大时，氯化铵溶液边缘的形核速率高且晶核较多。随着温度的降低，大量细小的晶核快速长大并快速长出枝晶。不同晶粒的枝晶在生长过程中存在竞争，晶体学取向不择优的晶粒逐渐被淘汰；晶体学取向择优的晶粒存活，并且逐渐向溶液中心生长。由于过冷度较大，因此溶液中的晶粒增加，晶粒尺寸减小。

图 2.7.3 氯化铵溶液结晶后的枝晶组织

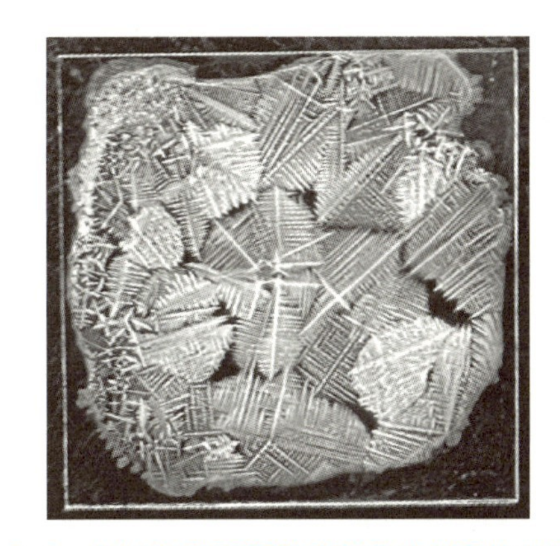

图 2.7.4 大过冷度下氯化铵溶液结晶后的枝晶组织

铸锭组织一般由三个晶区组成，即表层细晶区、中心等轴晶区以及这两个晶区之间的柱状晶区，如图 2.7.5 所示。由于表层细晶区是很薄的一层，因此铸锭组织以柱状晶区和中心等轴晶区为主。如果控制凝固条件，就可以得到只有两个甚至一个晶区的铸锭组织。

晶粒尺寸对金属材料的机械性能有很大影响。一般情况下，晶粒尺寸越小，材料的机械性能越好。根据结晶时的形核和长大规律，在工业生产中常采用增大过冷度、添加形核剂、振动或搅拌三种方法细化晶粒。

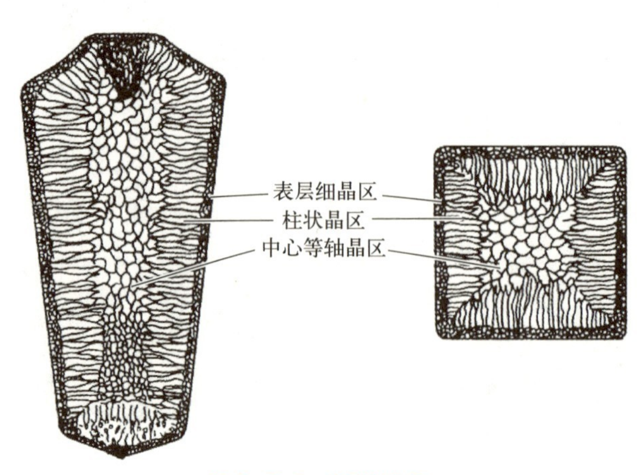

图 2.7.5 铸锭组织

增大过冷度 ΔT，形核率 N 和晶体长大速率 v_g 都随之增大，但是形核率 N 的增大速率大于晶体长大速率 v_g 的增大速率。根据约翰逊-梅尔（Johson - Mehl）方程

$$P(t)=k\left(\frac{N}{v_g}\right)^{\frac{3}{4}}$$

式中，$P(t)$ 为 t 时间内形成的晶核数；k 为常数；N 为形核率；v_g 为晶体长大速率。可得到增大过冷度将导致晶粒细化的结论。当氯化铵溶液结晶时，一种情况是将表面有氯化铵溶液的玻璃片放置在冰水表面，另一种情况是将表面有氯化铵溶液的玻璃片放置在室温下。对比两种情况，发现放置在冰水表面的溶液先结晶且结晶速率较高，结晶结束后的晶粒也较细小。

添加形核剂，加入固态金属作为晶核；或虽未能作为晶核，但能与液态金属中的某些元素相互作用而产生晶核或有效形核质点，促进形成大量非均匀晶核来细化晶粒。氯化铵溶液结晶时，在形核之前，可将少量氯化铵粉末撒入溶液。对比撒入氯化铵粉末和未撒入氯化铵粉末的结晶过程，发现撒入氯化铵粉末的溶液先结晶，并且结晶结束后的晶粒更细小。

对即将凝固的金属熔体施加振动或搅拌，一方面依靠外界输入的能量促使晶核提前形成；另一方面使生长中的晶粒破碎，破碎的枝晶片段提供晶核，使晶核增加，从而达到细化晶粒的目的。氯化铵溶液结晶时，溶液中已经形核且晶核长大一段时间后，可用玻璃棒搅拌或振动溶液，使生长的枝晶破碎而形成新的晶核。对比施加搅拌或振动的溶液和未施加搅拌或振动的溶液的结晶过程，发现前者结晶结束后的晶粒更细小。

【实验设备和实验材料】

光学显微镜、分析天平、水浴加热箱、温度计、吹风机、玻璃片、培养皿、吸管、玻璃棒、烧杯、量筒、氯化铵粉末、蒸馏水、冰水、酒精等。

【实验方法及步骤】

1. 配制合适浓度的氯化铵溶液

氯化铵在不同温度下的溶解度见表 2.7.1。当氯化铵浓度高于该温度下的溶解度时发生结晶。

表 2.7.1 氯化铵在不同温度下的溶解度

温度/℃	0	10	20	30	40	50	60	70	80	90	100
溶解度/(g/100g 水)	29.4	33.3	37.2	41.4	45.8	50.4	55.2	60.2	65.6	71.3	77.3

根据表 2.7.1，在夏天选择 40℃的溶解度配制氯化铵溶液。用分析天平称量 22.9g 氯化铵，再量取 50mL 蒸馏水，将两者加入 100mL 烧杯，并将烧杯放入水浴加热箱，使氯化铵在 40℃以上高温下迅速溶解，配制氯化铵溶液。在冬天选择 30℃的溶解度配置氯化铵溶液。

2. 清洗实验耗材

首先用水清洗所有实验耗材（玻璃片、培养皿、烧杯、玻璃棒、吸管等），然后用酒精清洗，最后用吹风机吹干，保证所有实验耗材的表面干净、无杂质。

3. 观察结晶过程

(1) 用吸管吸满氯化铵溶液，在玻璃片上滴几滴氯化铵溶液，快速用吸管将溶液铺平，使溶液尽量薄，观察结晶过程。记录晶核出现时间和结晶结束时间，拍下晶核出现和结晶即将结束整个过程中的多张组织照片。

(2) 将玻璃片放置在装满冰水的培养皿上方，在玻璃片上滴满氯化铵溶液，快速用吸管将溶液铺平，使溶液尽量薄，观察结晶过程。记录晶核出现时间和结晶结束时间，拍下晶核出现和结晶即将结束整个过程中的多张组织照片。

(3) 用吸管吸满氯化铵溶液，在玻璃片上滴几滴氯化铵溶液，快速用吸管将溶液尽量铺平，使溶液尽量薄，然后在玻璃片上分散地撒几粒氯化铵粉末，观察结晶过程。记录晶核出现时间和结晶结束时间，拍下晶核出现和结晶即将结束整个过程中的多张组织照片。

(4) 用吸管吸满氯化铵溶液，在玻璃片上滴几滴氯化铵溶液，快速用吸管将溶液尽量铺平，使溶液尽量薄，在溶液中已经形核且晶核生长一段时间后，可用玻璃棒搅拌或振动溶液，使生长的枝晶破碎而形成新的晶核，观察结晶过程。记录晶核出现时间和结晶结束时间，拍下晶核出现和结晶即将结束整个过程中的多张组织照片。

【注意事项】

(1) 保证所有实验耗材的表面干净、无杂质。若实验耗材表面有杂质，则容易导致结晶过程的非均匀形核，晶粒尺寸特别小，无法观察到明显的枝晶组织。

(2) 保证烧杯中的氯化铵溶液不结晶，实验过程中的水浴温度要一直高于 40℃，若水浴温度偏低，则应立即更换温度更高的水浴，防止氯化铵溶液结晶。

(3) 保证在滴加氯化铵溶液的过程中吸管内壁和外壁不结晶。若吸管内壁和外壁出现结晶，则应将吸管放入氯化铵溶液中反复吸取和挤出，使结晶的氯化铵重新溶解。

(4) 在四个实验中滴加的氯化铵溶液体积应相等，以对比增大过冷度、添加形核剂、施加搅拌或振动对正常结晶过程的影响。

【思考题】

(1) 均匀形核和非均匀形核的区别是什么？

(2) 为什么玻璃片上的氯化铵溶液不宜太多？

(3) 为什么配制氯化铵溶液时使用蒸馏水，而不使用自来水？

第三章

成分分析检测实验

实验一　化学分析法成分分析

〔拓展视频〕

〔拓展视频〕

〔拓展视频〕

〔拓展视频〕

〔拓展视频〕

【实验目的】

1\. 理解滴定分析法和重量分析法的基本原理。

2\. 掌握酸碱滴定法、氧化还原滴定法、络合滴定法和沉淀滴定法的成分分析流程。

3\. 掌握重量分析法的成分分析流程。

【实验原理】

以物质的化学反应为基础的分析称为化学分析。化学分析又称经典分析，其历史悠久，是分析化学的基础。化学分析是绝对定量的，根据样品的量、反应产物的量或消耗试剂的量及反应的化学计量关系，通过计算得到待测组分的量。化学分析法的特点有高灵敏度（单分子或单原子检测），高选择性（复杂体系），原位、活体、实时、无损分析，自动化、智能化、微型化、图像化，高通量，高分析速度。

化学分析法的主要发展趋势如图 3.1.1 所示。

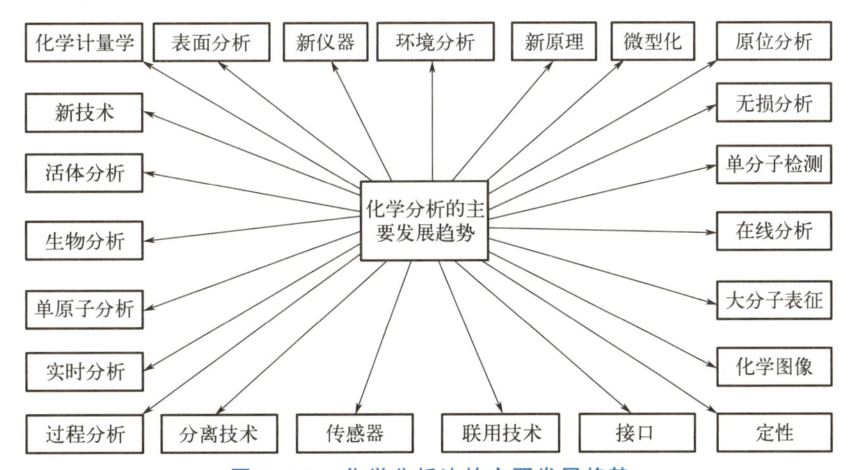

图 3.1.1　化学分析法的主要发展趋势

化学分析根据操作方法的不同分为滴定分析法和重量分析法。

1. 滴定分析法

滴定分析法的原理是将一种已知标准浓度的试剂溶液（标准溶液）添加到被测物质的溶液中，或者将被测物质的溶液滴加到标准溶液中，直到试剂与被测物质按照化学计量关系定量反应，然后根据试剂溶液的浓度和用量计算被测物质的含量。

滴定分析法又称容量分析法。通常将已知准确浓度的试剂溶液称为滴定剂，把滴定剂从滴定管滴加到被测物质溶液中的过程称为滴定，加入的标准溶液与被测物质定量反应完全时，反应达到化学计量点（stoichiometric point），简称计量点，以 sp 表示。一般依据指示剂的变色来确定化学计量点，在滴定过程中指示剂改变颜色的一点称为滴定终点（end poit），简称终点，以 ep 表示。滴定终点与化学计量点不一定恰好吻合，由此造成的分析误差称为终点误差，以 E_t 表示。

滴定的化学反应应该具备以下条件：反应必须按方程式定量完成，通常要求在 99.9% 以上，这是定量计算的基础；反应能够迅速完成（有时可加热或用催化剂加速反应）；共存物质不干扰主要反应或用适当的方法消除干扰；有比较简便的方法确定计量点（指示滴定终点）或选择合适的指示剂。

溶液有四大平衡：酸碱（电离）平衡、氧化还原平衡、络合（配位）平衡、沉淀溶解平衡。根据反应类型的不同，滴定分析法可分为酸碱滴定法、氧化还原滴定法、络合滴定法和沉淀滴定法四种。

（1）酸碱滴定法。

〔拓展视频〕

酸碱滴定法用于测量酸碱度和酸碱含量。酸碱滴定法以酸碱中和反应为原理，利用酸性标定物滴定碱性待测物或利用碱性标定物滴定酸性待测物，最后以酸碱指示剂（如酚酞等）的变化确定滴定终点，通过加入标定物的数量确定待测物的含量。

〔拓展视频〕

在酸碱滴定中，溶液的 pH 如何随着标准物质的滴入而改变，如何选择指示剂确定滴定终点并使其充分接近化学计量点，从而获得尽量准确的测定结果是至关重要的。根据酸碱平衡原理，以溶液的 pH 为纵坐标，以滴入滴定剂的物质的量或体积为横坐标，绘制滴定曲线，滴定曲线能展示滴定过程中 pH 的变化规律。

下面以强酸滴定强碱为例，介绍酸碱滴定的过程。

用 0.1mol/L 的 NaOH 强碱溶液滴定 20.00mL 的 0.1mol/L 的 HCl 强酸溶液。强酸溶液和强碱溶液的消耗情况以及 pH 见表 3.1.1。NaOH 强碱滴定 HCl 强酸的滴定曲线如图 3.1.2 所示。当滴定分数 a = 1.000（化学计量点处）时，对应的 pH 为 7.00。当滴定分数 a=0.999 和 a=1.001 时，pH 分别为 4.30 和 9.70，pH=4.30～9.70 称为该滴定曲线的突跃范围。指示剂的 pKa（解离常数）应落在突跃范围内。从理论上讲，指示剂的 pKa 距化学计量点 sp(pH=7.00) 越近越好。但实际上，由于与测定无关的 CO_2 在 pH≥5.00 时参与滴定反应，因此滴定最好在 pH<5.00 时结束。另外，滴定的突跃范围与被滴定物质及标准物质的浓度有关。当被滴定物质与标准物质的浓度都增大 10 倍时，滴定的突跃范围增加 2 个 pH 单位。

表 3.1.1 强酸溶液和强碱溶液的消耗情况及 pH

NaOH/mL	滴定分数 a	HCl 剩余/mL	NaOH 过量/mL	pH	$[H^+]$ 计算
0.00	0.000	20.00	—	1.00	滴定前：$[H^+]=C_{HCl}$
18.00	0.900	2.00	—	2.28	sp 前：$[H^+]=C_{HCl剩余}$
19.8	0.990	0.20	—	3.00	
19.98	0.999	0.02	—	4.30	
20.00	1.000	0.00	—	7.00	sp 处：$[H^+]=[OH^-]=10^{-7.00}$

续表

NaOH/mL	滴定分数 *a*	HCl 剩余/mL	NaOH 过量/mL	pH	[H^+] 计算
20.02	1.001	—	0.02	9.70	sp 后：[OH^-] $=C_{NaOH过量}$
20.20	1.010	—	0.20	10.70	
22.00	1.100	—	2.00	11.68	
40.00	2.000	—	20.00	12.52	

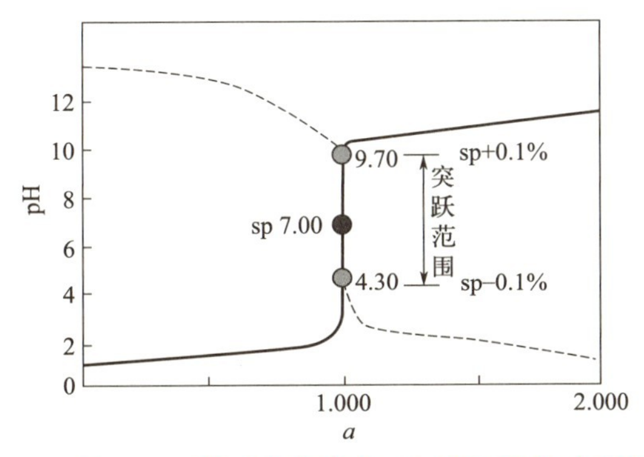

图 3.1.2 用 NaOH 强碱溶液滴定 HCl 强酸溶液的滴定曲线

(2) 氧化还原滴定法。

〔拓展视频〕

氧化还原滴定法用于测定具有氧化性或还原性的物质。氧化还原滴定法是以溶液中氧化剂和还原剂之间的电子转移为基础的滴定分析方法。氧化还原滴定法应用非常广泛，它不仅可用于无机分析，而且可用于有机分析。许多具有氧化性或还原性的有机化合物可以用氧化还原滴定法测定。但是，氧化还原反应的机理比较复杂，有些反应常伴有副反应，因而没有确定的计量关系。另外，一些氧化还原反应理论上可以进行，但反应速率低，只有加快反应才能用于滴定。因此，在氧化还原滴定法中，控制反应条件是十分必要的。

在氧化还原滴定过程中，除用电位法确定滴定终点外，还可利用某些物质在化学计量点附近的颜色变化来指示滴定终点。指示剂分为自身指示剂、显色指示剂、本身发生氧化还原反应的指示剂。

① 自身指示剂。

有些标准溶液或被滴定物质本身有足够深的颜色，如果反应后变为无色或浅色物质，那么滴定时不必加指示剂，其本身就可起指示剂的作用。例如在高锰酸钾法中，MnO_4^- 本身呈紫红色，可用于滴定无色或浅色的还原剂溶液。在氧化还原滴定过程中，MnO_4^- 被还原为无色的 Mn^{2+}，滴定到化学计量点时，只要 MnO_4^- 稍微过量就会使溶液呈粉红色，表示到达滴定终点。

② 显色指示剂。

有的物质本身不具有氧化性或还原性，但它能与氧化剂或还原剂反应而呈特殊的颜色，因而可用于指示滴定终点。例如可溶性淀粉与痕量碘反应后呈深蓝色，当碘被还原成碘离子时，深蓝色消失。因此，在碘量法中，通常用淀粉溶液做指示剂。

③ 本身发生氧化还原反应的指示剂。

本身发生氧化还原反应的指示剂的氧化态和还原态具有不同的颜色，在氧化还原滴定过程中，指示剂由氧化态变为还原态或由还原态变为氧化态，根据颜色的突变指示滴定终点。例如用 $K_2Cr_2O_7$ 溶液滴定 Fe^{2+} 时，常用二苯胺磺酸钠做指示剂。因为二苯胺磺酸钠的氧化态呈紫红色，还原态无色，所以滴定到化学计量点时，只要稍过量的 $K_2Cr_2O_7$ 就能使二苯胺磺酸钠溶液呈紫红色，以指示滴定终点。

常用氧化还原指示剂的颜色变化及条件电势见表 3.1.2。选择指示剂时，应使指示剂的条件电势尽量与反应的化学计量点电势一致，以减小终点误差。

表 3.1.2　常用氧化还原指示剂的颜色变化及条件电势

指示剂	氧化态颜色	还原态颜色	条件电势 E/V
酚藏花红	红色	无色	0.28
靛蓝四磺酸盐	蓝色	无色	0.36
亚甲蓝	蓝色	无色	0.53
二苯胺	紫色	无色	0.75
乙氧基苯胺	黄色	红色	0.76
二苯胺磺酸钠	紫红色	无色	0.85
邻氨基苯甲酸	紫红色	无色	0.89
嘧啶合铁	浅蓝色	红色	1.15
硝基邻二氮菲亚铁络合物	浅蓝色	紫红色	1.25

下面以用 $Ce(SO_4)_2$ 溶液滴定 Fe^{2+} 溶液为例，介绍氧化还原滴定过程。

在 1mol/L 的 H_2SO_4 溶液中，用 0.1000mol/L 的 $Ce(SO_4)_2$ 滴定 20.00mL 的 0.1000mol/L 的 Fe^{2+} 溶液。$Ce(SO_4)_2$ 溶液的消耗情况及条件电势见表 3.1.3。用 $Ce(SO_4)_2$ 溶液滴定 Fe^{2+} 溶液的滴定曲线如图 3.1.3 所示。若有关电对均为可逆的，则滴定分数 a=0.500 处的电势就是还原剂的条件电势 $E_{Fe^{3+}/Fe^{2+}}$，滴定分数 a=2.000 处的电势就是氧化剂的条件电势 $E_{Ce^{4+}/Ce^{3+}}$；当滴定分数 a=1.000（化学计量点处）时，对应的条件电势 E=1.06。当滴定分数 a=0.999 和 a=1.001 时，计算的条件电势 E 分别为 0.86 和 1.26，E=0.86～1.26 称为该滴定曲线的突跃范围。

表 3.1.3　$Ce(SO_4)_2$ 溶液的消耗情况及条件电势

<table>
<tr><th>滴入 $Ce(SO_4)_2$ 溶液体积 V/mL</th><th>滴定分数 a</th><th>条件电势 E/V</th><th>说明</th></tr>
<tr><td>0.00</td><td>0.000</td><td></td><td>无法计算</td></tr>
<tr><td>1.00</td><td>0.050</td><td>0.60</td><td rowspan="4">$E=E_{Fe^{3+}/Fe^{2+}}$
$=0.68+0.059\lg C_{Fe^{3+}}/C_{Fe^{2+}}$</td></tr>
<tr><td>10.00</td><td>0.500</td><td>0.68</td></tr>
<tr><td>12.00</td><td>0.600</td><td>0.69</td></tr>
<tr><td>19.80</td><td>0.990</td><td>0.80</td></tr>
</table>

续表

滴入 $Ce(SO_4)_2$ 溶液体积 V/mL	滴定分数 a	条件电势 E/V	说明
19.98	0.999	0.86	$-0.1\%E=E^{\Theta'}_{Fe^{3+}/Fe^{2+}}+0.059\times3$
20.00	1.000	1.06	$E_{sp}=(E^{\Theta'}_{Fe^{3+}/Fe^{2+}}+E^{\Theta'}_{Ce^{4+}/Ce^{3+}})/2$
22.02	1.001	1.26	$0.1\%E=E^{\Theta'}_{Ce^{4+}/Ce^{3+}}-0.059\times3$
30.00	1.500	1.42	$E=E_{Ce^{4+}/Ce^{3+}}$ $=1.44+0.059\lg C_{Ce^{4+}}/C_{Ce^{3+}}$
40.00	2.000	1.44	

注：E_{sp} 为化学计量点对应的条件电势，$E^{\Theta'}$ 为标准电极电势。

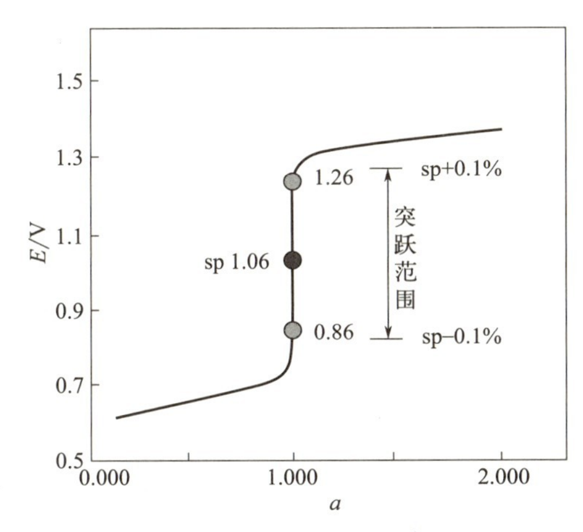

图 3.1.3 用 $Ce(SO_4)_2$ 溶液滴定 Fe^{2+} 溶液的滴定曲线

该滴定体系两电对的电子转移数相等（均为 1），化学计量点正好在突跃范围的中点。若两电对的电子转移数不相等，则化学计量点不在突跃范围的中点，而是偏向电子转移数大的电对一方。采用电势法测得滴定曲线后，通常以滴定曲线中突跃范围的中点为滴定终点，这与化学计量点电势不一定相符，应该注意。

（3）络合滴定法。

络合滴定法用于测定金属离子的含量。络合滴定法是以络合反应（形成配合物）为基础的滴定分析方法。因为络合反应也是路易斯酸碱反应，所以络合滴定法与酸碱滴定法有许多相似之处，但更复杂。络合反应广泛用于分析化学的分离与测定，如通过乙二胺四乙酸（ethylenediaminetetra-acetic acid，EDTA）与金属离子发生显色反应确定金属离子的含量。由于许多显色剂、萃取剂、沉淀剂、掩蔽剂等都是络合剂，因此，有关络合反应的理论和实践知识是分析化学的重要内容。

〔拓展视频〕

〔拓展视频〕

在络合滴定中，常用的络合物有简单络合物（氰量法和汞量法）、螯合物（OO 型螯合剂、NN 型螯合剂、NO 型螯合剂、含硫螯合剂）和 EDTA。

在络合滴定中，通常利用一种能与金属离子反应生成有色络合物的显色剂指示滴定过程中金属离子浓度的变化，这种显色剂称为金属离子指示剂，简称金属指示剂。金属指示剂

In 与被滴定金属离子 M 反应，形成一种与指示剂本身颜色不同的络合物 MIn，反应式如下。

$$\underset{\text{颜色甲}}{M + In} \rightleftharpoons \underset{\text{颜色乙}}{MIn}$$

滴入 EDTA 后，金属离子逐步被络合。当接近化学计量点时，与指示剂络合的金属离子（MIn）被 EDTA 夺出，释放金属指示剂（In），引起溶液颜色的变化，反应式如下。

$$\underset{\text{颜色乙}}{MIn} + Y \rightleftharpoons MY + \underset{\text{颜色甲}}{In}$$

金属离子的显色剂很多，但只有部分能用作金属指示剂。常用的金属指示剂见表 3.1.4。一般来说，金属指示剂应具备下列条件：络合物（MIn）与金属指示剂（In）的颜色显著不同；显色反应灵敏且迅速，具有良好的变色可逆性；络合物的稳定性适当，既要有足够的稳定性又要比该金属离子的 EDTA 络合物的稳定性低；金属指示剂比较稳定，便于储藏和使用。

表 3.1.4　常用的金属指示剂

金属指示剂	pH	颜色变化		直接滴定离子
		金属指示剂 In	络合物 MIn	
铬黑 T	8～10	蓝色	红色	Mg^{2+}，Zn^{2+}，Pb^{2+}
二甲酚橙	<6	黄色	红色	Bi^{3+}，Pb^{2+}，Zn^{2+}，Th^{4+}
酸性铬蓝 K	8～13	蓝色	红色	Ca^{2+}，Mg^{2+}，Zn^{2+}，Mn^{2+}
磺基水杨酸	1.5～2.5	无色	紫红色	Fe^{3+}
钙指示剂	12～13	蓝色	红色	Ca^{2+}
1-(2-吡啶偶氮)-2-萘酚	2～12	黄色	红色	Cu^{2+}，Co^{2+}，Ni^{2+}

例如，用 0.010mol/L 的 EDTA 滴定 0.010mol/L 的某金属离子 M 溶液，$\lg K'_{MY}$分别为 4、6、8、10、12、14，通过计算得到相应的络合滴定曲线，如图 3.1.4 所示。当 $\lg K'_{MY}=10$ 时，金属离子 M 的浓度为 $10^{-4}\sim10^{-1}$mol/L，分别用相等浓度的 EDTA 滴定，得到的络合滴定曲线如图 3.1.5 所示。

由图 3.1.4 和图 3.1.5 可知，影响络合滴定突跃范围的主要因素是 $\lg K'_{MY}$和金属离子 M 的浓度，具体分析如下。

① $\lg K'_{MY}$对突跃范围的影响。由图 3.1.4 可以看出，$\lg K'_{MY}$越大，突跃范围越大。

② 金属离子 M 的浓度对突跃范围的影响。由图 3.1.5 可以看出，金属离子 M 的浓度越大，滴定曲线的起点越低，突跃范围越大。

〔拓展视频〕

(4) 沉淀滴定法。

沉淀滴定法用于测定卤素和银的含量。沉淀滴定法是以沉淀反应为基础的滴定分析方法，又称银量法（以硝酸银溶液为滴定液，测定能与 Ag^+ 反应生成难溶性沉淀的一种容量分析法）。虽然可定量进行的沉淀反应很多，但由于缺乏合适的金属指示剂，因此用于沉淀滴定的反应并不多，目前比较有实际意义的是沉淀滴定法。沉淀滴定法主要用于测定 Cl^-、Br^-、I^-、Ag^+、SCN^- 等。根据金属指示剂的不同，按创立者的名字命名，银量法可分为莫尔（Mohr）法、沃尔哈德（Volhard）法和法扬斯（Fajans）法。

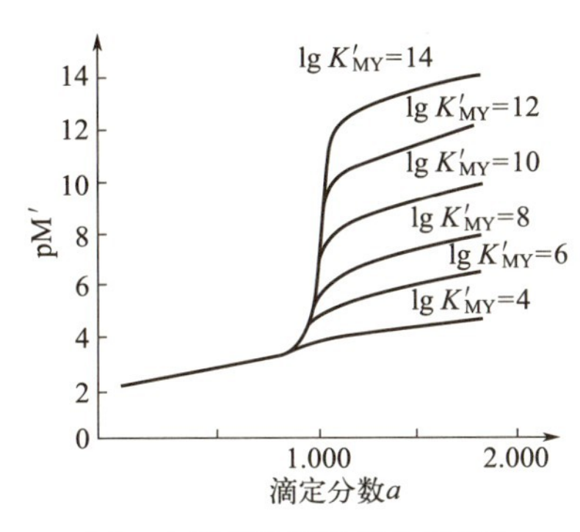

pM′—金属离子 M 浓度的负对数。

图 3.1.4 不同 $\lg K'_{MY}$ 时的络合滴定曲线

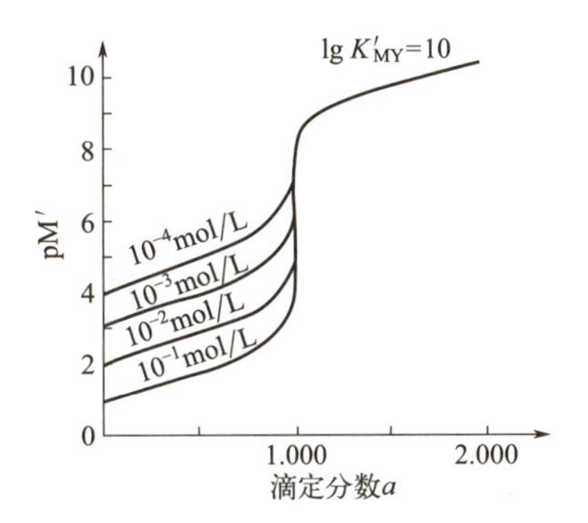

pM′—金属离子 M 浓度的负对数。

图 3.1.5 不同浓度的 EDTA 与金属离子 M 溶液的络合滴定曲线

① 莫尔法。

用铬酸钾（K_2CrO_4）做金属指示剂的沉淀滴定法称为莫尔法。在含有 Cl^- 的中性溶液中，以 K_2CrO_4 为金属指示剂，用 $AgNO_3$ 标准溶液滴定。AgCl 的溶解度比 Ag_2CrO_4 小，根据分步沉淀原理，溶液中首先析出 AgCl 沉淀。AgCl 定量沉淀后，过量的 $AgNO_3$ 与 CrO_4^{2-} 反应生成砖红色的 Ag_2CrO_4 沉淀，即到达滴定终点。滴定反应和金属指示剂的反应分别如下。

$$Ag^+ + Cl^- \rightleftharpoons AgCl\downarrow \text{（白色）}$$

$$2Ag^+ + CrO_4^{2-} \rightleftharpoons Ag_2CrO_4\downarrow \text{（砖红色）}$$

在莫尔法中，金属指示剂的用量和溶液的酸度是两个主要问题。

若金属指示剂 K_2CrO_4 的浓度过高，则滴定终点过早出现，且因溶液颜色过深而影响观察滴定终点；若金属指示剂 K_2CrO_4 的浓度过低，则滴定终点过迟出现，从而影响滴定的准确度。实验证明，应该控制 K_2CrO_4 的浓度为 5.0×10^{-3} mol/L。

应在中性溶液或弱碱性溶液中采用莫尔法。如果在酸性溶液中，CrO_4^{2-} 就转化为 $Cr_2O_7^{2-}$，溶液中 CrO_4^{2-} 的浓度减小，指示滴定终点的 Ag_2CrO_4 沉淀过迟出现，甚至难以出现；如果溶液的碱性太强，就会析出 AgO 沉淀。通常莫尔法要求 pH＝6.5～10.5。

② 沃尔哈德法。

用铁铵矾［$NH_4Fe(SO_4)_2$］做金属指示剂的沉淀滴定法称为沃尔哈德法。沃尔哈德法又可以分为直接滴定法和返滴定法。

a. 直接滴定法滴定 Ag^+。

在含有 Ag^+ 的酸性溶液中，以 $NH_4Fe(SO_4)_2$ 为金属指示剂，用 NH_4SCN、KSCN 或 NaSCN 的标准溶液滴定。溶液中首先析出 AgSCN 沉淀，Ag^+ 定量沉淀后，过量的 SCN^- 与 Fe^{3+} 反应生成红色络合物，即到达滴定终点。滴定反应和金属指示剂的反应分别如下。

$$Ag^+ + SCN^- \rightleftharpoons AgSCN\downarrow \text{（白色）}$$

$$Fe^{3+}+3SCN^- \rightleftharpoons Fe(SCN)_3\downarrow \text{（红色）}$$

滴定时，一般控制溶液的酸度为0.1～1mol/L。若酸度过低，则Fe^{3+}易水解。到达滴定终点时，一般控制Fe^{3+}的浓度为0.015mol/L。在滴定过程中，不断形成AgSCN沉淀，由于它具有强烈的吸附作用，因此部分Ag^+被吸附在AgSCN表面，往往产生滴定终点出现过早的现象，使滴定结果偏低。滴定时，必须充分振动溶液，使被吸附的Ag^+及时释放。

b. 返滴定法测定卤素离子。

在含有卤素离子的HNO_3溶液中，首先加入过量的$AgNO_3$标准溶液，然后以$NH_4Fe(SO_4)_2$为金属指示剂，用NH_4SCN标准溶液返滴定过量的$AgNO_3$。由于滴定是在HNO_3溶液中进行的，因此该方法的要求较高。但是由于AgCl的溶解度比AgSCN大，因此到达滴定终点后，过量的SCN^-将与AgCl发生置换反应，使AgCl沉淀转化为溶解度更小的AgSCN沉淀。

③ 法扬斯法。

用吸附指示剂指示滴定终点的沉淀滴定法称为法扬斯法。

胶状沉淀具有强烈的吸附作用，能选择性地吸附溶液中的离子，首先是构晶离子。例如AgCl沉淀，若溶液中的Cl^-过量，则沉淀表面吸附Cl^-，使胶粒带负电荷。吸附层中的Cl^-又吸附溶液中的阳离子（抗衡离子）而组成扩散层（吸附层中也有少量抗衡离子）。若溶液中的Ag^+过量，则沉淀表面吸附Ag^+，使胶粒带正电荷，而溶液中的阴离子作为抗衡离子，主要存在于扩散层中。

吸附指示剂是一类有机染料，它被吸附在胶粒表面后，可能因形成某种化合物而使指示剂分子结构变化，从而引起颜色的变化。在沉淀滴定法中，可利用它的这种性质确定滴定终点。吸附指示剂可以分为两类：一类是酸性染料，如荧光黄及其衍生物，它们是有机弱酸，解离出指示剂阴离子；另一类是碱性染料，如甲基紫、罗丹明6G等，解离出指示剂阳离子。

2. 重量分析法

根据物质的化学性质选择合适的化学反应，将被测组分转化为一种组成固定的沉淀或气体形式，经过钝化、干燥、灼烧或吸收剂吸收等一系列处理后精确称量，求出被测组分的含量的分析法称为重量分析法。

在重量分析法中，一般获得的称量形式与被测组分的形式不同，被测组分的摩尔质量$M_{试样}$与称量形式的摩尔质量$M_{称量}$之比称为换算因数（又称重量分析因数），用F表示，F满足如下关系式。

$$F=\frac{M_{称量}}{M_{试样}}$$

若已知被测组分的质量$m_{试样}$，称量形式的质量$m_{称量}$，则被测组分的质量分数满足以下关系式。

$$w=\frac{m_{称量}}{m_{试样}}F\times100\%$$

重量分析法可以分为沉淀法、气化法和电解法。

（1）沉淀法。

沉淀法是重量分析法中应用较广泛的方法。其原理是以沉淀反应为基础，首先将被测组分转化成难溶化合物沉淀；然后将沉淀洗涤、过滤、烘干或灼烧；最后称量沉淀的质量，根据沉淀的质量计算出被测组分的含量。

例如，测定溶液中 SO_4^{2-} 的含量时，首先加入过量 $BaCl_2$ 作为沉淀剂，使 SO_4^{2-} 全部沉淀为 $BaSO_4$；然后将 $BaSO_4$ 沉淀洗涤、过滤、灼烧；最后称重，从而计算出 SO_4^{2-} 的含量。

$$SO_4^{2-} + BaCl_2 \longrightarrow 2Cl^- + BaSO_4 \xrightarrow{\text{洗涤}} \xrightarrow{\text{过滤}} \xrightarrow{800℃\text{干燥}} BaSO_4$$

式中，SO_4^{2-} 溶液为试样；$BaCl_2$ 为沉淀剂；最终的 $BaSO_4$ 为称量形式。

例如，测定溶液中 Mg^{2+} 的含量时，首先加入过量 $(NH_4)_2HPO_4$ 作为沉淀剂，使 Mg^{2+} 全部沉淀为 $Mg_2P_2O_7$；然后将 $Mg_2P_2O_7$ 沉淀洗涤、过滤、灼烧；最后称重，从而计算出 Mg^{2+} 的含量。

$$Mg^{2+} + (NH_4)_2HPO_4 \longrightarrow 2NH_4^+ + MgNH_4PO_4 \cdot 6H_2O \xrightarrow{\text{洗涤}} \xrightarrow{\text{过滤}} \xrightarrow{1100℃\text{干燥}} Mg_2P_2O_7$$

式中，Mg^{2+} 溶液为试样；$(NH_4)_2HPO_4$ 为沉淀剂；最终的 $Mg_2P_2O_7$ 为称量形式。

（2）汽化法。

汽化法的原理是通过加热或在试样中加入一种适当的试剂与试样反应，使被测组分转化成挥发性产物并以气体形式排出，然后根据试样的失重计算该组分的含量；或选择一种吸收剂吸收排出的气体产物，根据吸收剂增大的质量计算该组分的含量。例如，测定某纯净化合物结晶水的含量时，可以加热并烘干试样至恒重，使结晶水全部汽化逸出，试样减小的质量就等于结晶水的含量。又如，测定某试样中 CO_2 的含量时，可以设法使 CO_2 全部逸出，用碱石灰做吸收剂吸收 CO_2，然后根据吸收前后碱石灰的质量之差计算 CO_2 的含量。

（3）电解法。

电解法又称电重量法。电解法利用电解原理，以电子为沉淀剂，使金属离子在电极上还原析出，然后称量，求得其含量。例如，要测定某试样中 Cu^{2+} 的含量，可以通过电解使试样中的 Cu^{2+} 全部在阴极析出，电解前后阴极的质量之差就等于试样中 Cu^{2+} 的质量。

重量分析法中的全部数据都是直接由分析天平称量得到的，不需要像滴定分析法一样与基准物质或标准溶液比较，也不需要用容量器皿测定的体积数据，因而没有这些方面的误差。因此，对于高含量组分的测定，重量分析法具有准确度较高的优点，测定的相对误差一般不大于 0.1%。重量分析法的缺点是操作烦琐，耗时较长，对低含量组分的测定误差较大。

【实验设备和实验材料】

分析天平、水浴加热箱、温度计、吹风机、滴定管、试管、试管架、吸管、玻璃棒、烧杯、量筒、容量瓶、蒸馏水、冰水、酒精、酒精灯、化学试剂、被测试样等。

【实验方法及步骤】

（1）测定钢试样中 P 的含量。称取钢试样 1.000g 并溶解，将其中的磷沉淀为磷钼酸铵。用 0.100mol/L 的 NaOH 20.00mL 溶解沉淀，过量的 NaOH 用 0.200mol/L 的 HNO_3 7.50mL 滴定至酚酞刚好褪色。根据实验内容与被测组分的特点，从四种滴定方法中选择一种合适的滴定方法，计算钢中 P 和 P_2O_5 的质量分数。

（2）测定铅锡合金中 Pb 和 Sn 的含量。称取铅锡合金 0.200g，用 HCl 将其溶解后，准确地加入 50.00mL 的 0.030mol/L EDTA 和 50.00mL 水，加热煮沸 2min 并冷却，用六亚甲基四胺将溶液 pH 调至 5.5，加入少量邻二氮菲，以二甲酚橙为指示剂，用 0.030mol/L 的 Pb^{2+} 标准溶液滴定，用量为 3.00mL。然后加入足量的 NH_4F 并加热至 40℃左右，再用上述 Pb^{2+} 标准溶液滴定，用量为 35.00mL。根据实验内容与被测组分的特点，从四种滴定方法中选择一种合适的滴定方法，计算试样中 Pb 和 Sn 的含量。

（3）测定某试样中 Mn 和 V 的含量。称取试样 1.000g 并溶解，将其还原为 Mn^{2+} 和 VO^{2+}，用 0.020mol/L 的 $KMnO_4$ 标准溶液滴定，用量为 2.50mL。加入焦磷酸（使 Mn^{3+} 形成稳定的焦磷酸络合物），继续用上述 $KMnO_4$ 标准溶液滴定生成的 Mn^{2+} 和原有的 Mn^{2+} 到 Mn^{3+}，用量为 4.00mL。根据实验内容与被测组分的特点，从四种滴定方法中选择一种合适的滴定方法，计算试样中 Mn 和 V 的质量分数。

（4）称取纯 Fe_2O_3 和 Al_2O_3 的混合物 0.5622g，在加热状态下通入 H_2，将 Fe_2O_3 还原为 Fe，此时混合物中的 Al_2O_3 不发生变化。冷却后，称量该混合物质量为 0.4582g。根据实验内容与被测组分的特点，从四种滴定方法中选择一种合适的滴定方法，计算试样中 Fe 和 Al 的质量分数。

【注意事项】

（1）根据被测组分的特点，从四种滴定方法中选择一种合适的滴定方法。如果选择的滴定方法不合适，那么最终计算出的质量分数误差较大。

（2）在滴定过程中，滴定速率不能太高。如果滴定速率太高，那么容易超过滴定终点，导致实验误差较大。

【思考题】

（1）分析影响酸碱滴定法准确度的因素。

（2）分析影响氧化还原滴定法准确度的因素。

（3）分析影响络合滴定法准确度的因素。

（4）分析影响沉淀滴定法准确度的因素。

实验二 色谱法成分分析

【实验目的】

1. 了解色谱法的基本原理。
2. 掌握吸附色谱法、分配色谱法、离子交换色谱法和凝胶色谱法的基本原理。
3. 了解吸附色谱法、分配色谱法、离子交换色谱法和凝胶色谱法的异同点。
4. 掌握根据被测组分的特征选择合适的色谱法分析成分。

【实验原理】

色谱法又称层析法，是一种分离和分析方法，在分析化学、有机化学、生物化学等领域有着非常广泛的应用。色谱法是利用不同组分在不同相态的选择性分配，以流动相对固定相中的混合物进行洗脱，混合物中不同的组分会以不同的速度沿固定相移动，最终达到分离效果的方法。

色谱法的本质是被测组分分子在固定相和流动相之间分配平衡的过程，不同的组分在两相之间的分配不同，使其随流动相的运动速度不同。随着流动相的运动，混合物中的不同组分在固定相分离。根据物质的分离机制，色谱法可以分为吸附色谱法、分配色谱法、离子交换色谱法、凝胶色谱法等；根据操作形式，色谱法可以分为纸平面色谱法、薄层色谱法、纸色谱和柱色谱法；根据流动相状态，色谱法可以分为液相色谱法、气相色谱法和超临界流体色谱法。

1. 吸附色谱法

吸附色谱法（adsorption chromatography，AC）又称液-固色谱法，其原理是以固体吸附剂为固定相，利用被测组分在固定相表面吸附能力的差异而实现分离。吸附色谱法按操作方式可分为吸附柱色谱法（column chromatography，CC）和薄层色谱法（thin layer chromatogram，TLC）。

吸附色谱法的分离过程比较复杂，遵循如下顺序：吸附→解吸→再吸附→反复多次洗脱→被测组分分配系数不同→差速迁移→分离。分配系数是指在一定温度下处于平衡状态时，被测组分在流动相中的浓度和在固定相中的浓度之比。分配系数越大，在流动相中的浓度越高，即吸附能力弱的组分先流出，吸附能力强的组分后流出。

吸附色谱法分离如图 3.2.1 所示，由于被测组分的分配系数不同，因此在流动相中的吸附能力不同，不同的被测组分按顺序流出，从而测定不同组分。

吸附色谱法包括吸附剂、流动相和被分离物质三要素。选择色谱分离条件时，必须综合考虑这三要素。

（1）吸附剂。

吸附剂的吸附机理是物理吸附，即吸附剂通过分子间作用力（固体表面的作用力、氢键络合、静电引力）吸附成分。

吸附剂的基本要求如下：不与被测组分发生化学反应；颗粒均匀；在各溶剂中均不溶解；

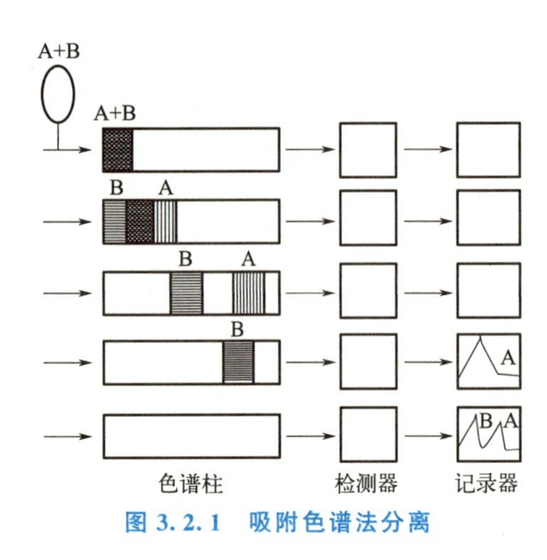

图 3.2.1 吸附色谱法分离

具有较高的表面积和适宜的活性。

吸附剂的种类如下：①亲水性吸附剂，如氧化铝、硅胶、聚酰胺、氧化镁、硅酸镁、碳酸钙、硅藻土等；②亲脂性吸附剂，如活性炭。

(2) 流动相。

流动相在薄层色谱法、聚碳酸酯中称为展开剂，在吸附柱色谱法中称为洗脱剂。流动相是由一种或多种溶剂组成的溶剂系统。流动相的极性越强，解吸附能力（展开能力或洗脱能力）越强。

(3) 被分离物质。

对于极性被分离物质而言，被分离成分的极性越强，吸附能力越强，越难洗脱；被分离成分的极性越弱，吸附能力越弱，越易洗脱。

根据被分离物质的极性，吸附剂和流动相的选择原则见表 3.2.1。

表 3.2.1 吸附剂和流动相的选择原则

被分离物质	吸附剂	流动相
极性强	活性弱	极性强
极性弱	活性强	极性弱

吸附色谱法可用于鉴定医药品种，如医药品种成分分析、中成药鉴别和质量标准研究、纯度检查、稳定性考察和药物代谢以及合成工艺监控分析、生化和抗生素研究等领域；可用于生物分子的分离纯化，如以羟基磷灰石填充色谱柱的分离效率较高，并能使生物分子保持较高的活性，广泛用于生物分子的分离纯化；还有其他方面应用，如流动吸附色谱法测定固体比表面积，在催化剂、吸附剂、贵金属浆料、载体（又称支持剂、担体）、耐火材料及天然岩石的研究中是一种测定比表面积的较优方法。

2. 分配色谱法

分配色谱法（partition chromatography，PC）的原理是利用固定相与流动相之间被分离组分溶解度的差异实现分离。分配色谱法的固定相一般为液相的溶剂，依靠涂布、键合、吸附等手段分布于色谱柱或者载体表面。分配色谱法的本质是组分分子在固定相和流动相之间不断达到溶解平衡的过程。由于各组分在固定相（液体）和流动相（液体）中的分配系数不同，因此，当流动相流经固定相时，各组分在两相之间连续不断地分配，易溶于流动相中的组分移动得快，易溶于固定相中的组分移动得慢。

分配色谱法的狭义分配系数 K 的表达式如下。

$$K=\frac{C_s}{C_m}=\frac{X_s/V_s}{X_m/V_m}$$

式中，C_s 为组分分子在固定相中的浓度；C_m 为组分分子在流动相中的浓度；X_s 为组分分子在固定相中的质量；X_m 为组分分子在流动相中的质量；V_s 为固定相的体积；V_m 为流动相的体积。

分配色谱法的狭义分配系数 K 与组分的性质、流动相的性质、固定相的性质、柱温有关。组分分子在流动相和固定相之间的分配如图 3.2.2 所示。

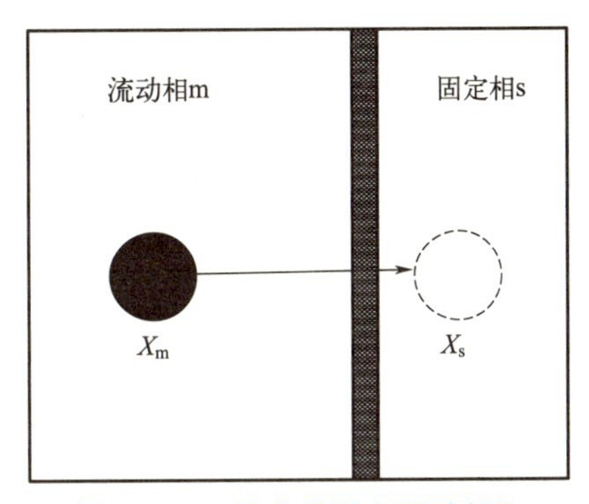

图 3.2.2 组分分子在流动相和固定相之间的分配

载体在分配色谱法中只起支持固定相的作用，对被分离组分无吸附作用。对载体的要求是具有惰性、不具有吸附能力、能吸留较大量固定相、纯净、颗粒尺寸均匀等。常用载体有硅胶、硅藻土和纤维素。硅胶的优点是吸水量大，可吸收自身质量的50%的水分，而不显湿状；缺点是规格不同，不易重现结果。硅藻土是常用载体，可吸收相当于自身质量的100%的水分，但几乎不起吸附作用。纤维素是分配色谱法常用的载体。此外，还有淀粉及有机载体（微孔聚乙烯粉）。

选择固定相和流动相时，要根据被分离物质中各组分在两相中的溶解度之比（分配系数）确定，即在流动相中加入其他溶剂，以改变各组分被分离的情况与洗脱速率。

采用不同的方法，选择的固定相不同。对于正相分配色谱法，固定相（水、缓冲溶液、稀硫酸、甲醇、甲酰胺、丙二醇等强极性溶液）及其混合液等按一定比例与载体混合均匀后，填装于色谱柱，用被固定相饱和的有机溶剂做洗脱剂实现分离。极性强的亲水性成分移动慢而后流出，极性弱的疏水性成分移动快而先流出。对于反相分配色谱法，常用硅油、液体石蜡等极性较弱的有机溶剂作为固定相，而以水、水溶液或与水混合的有机溶剂作为流动相。此时，被分离组分的移动情况与正相分配色谱法相反，即极性强的组分先流出，极性弱的组分后流出。

同理，采用不同的方法，选择的流动相不同。正相色谱法常用的流动相有石油醚、醇类、酮类、酯类、卤代烷及苯等。反相色谱法常用的流动相有水、水溶液、低级醇类等。

3. 离子交换色谱法

离子交换色谱法（ion exchange chromatography，IEC）广泛用于各学科领域，主要用于分离氨基酸、多肽及蛋白质，也可用于分离核酸、核苷酸及其他带电荷的生物分子。离子交换色谱法是发展较早的色谱法。20 世纪 30 年代，人工合成离子交换树脂的出现对离子交换法的发展有重要意义，基于苯乙烯-二乙烯苯的离子交换树脂至今仍是应用广泛的一类离子交换树脂，但它不适用于生物大分子（如蛋白质、核酸、多糖等）的分离，原因如下：①树脂交联度太大而颗粒内网孔较小，蛋白质分子无法到达颗粒内部，只能吸附在表面，造成有效交换容量很小；②树脂表面的电荷密度过大，使蛋白质在其上吸附得过于牢固，只有在较极端的条件才能洗脱，但易造成蛋白质变性；③树脂的骨架具有疏水性，一旦与蛋白质发生疏水相互作用就容易造成蛋白质变性。

20 世纪 50 年代中期，索伯（Sober）和彼得森（Peterson）合成了羧甲基纤维素（carboxy methyl cellulose，CMC）和二乙氨乙基纤维素（diethy laminoethyl cellulose，DEAE－cellulose），这是两种具有亲水性、大孔型离子交换剂。其因具有亲水性而减小了离子交换剂与蛋白质之间静电作用以外的作用力；因具有大孔型结构使蛋白质能进入网孔而提高了有效交换容量，纤维素上较少的离子基团有利于蛋白质的洗脱，因此这两种离子交换剂得到了极广泛的应用。此后，多种色谱介质特别是颗粒型介质（如葡聚糖凝胶、琼脂糖凝胶、聚丙烯酰胺凝胶以及一些人工合成的亲水性聚合物等）合成成功。以这些介质为骨架，结合带电基团衍生而成的离子交换剂层出不穷，极大地推动了离子交换技术在生化分离领域的发展和应用。

采用离子交换色谱法分离生物分子的基础是被分离物质在特定条件下与离子交换剂带相反电荷，从而能够与之竞争结合，而不同的分子在此条件下带电荷的种类、数量及分布不同，表现出与离子交换剂结合强度上的差异，在离子交换色谱法中按结合力由小到大的顺序被洗脱而实现分离。

离子交换色谱法的原理如图 3.2.3 所示。在上样阶段［图 3.2.3(a)］，离子交换剂与平衡离子结合。在吸附阶段［图 3.2.3(b)］，混合样品中的分子与离子交换剂结合。在开始解吸阶段［图 3.2.3(c)］，杂质分子与离子交换剂的结合较弱而先被洗脱，目标分子仍处于吸附状态。在完全解吸阶段［图 3.2.3(d)］，目标分子被洗脱。在再生阶段［图 3.2.3(e)］，用起始缓冲液重新平衡色谱柱，以备下次使用。蛋白质、多肽、核酸、聚核苷酸、多糖和其他带电生物分子正是通过离子交换剂实现了分离纯化，即带负电荷的溶质可被阴离子交换剂交换，带正电荷的溶质可被阳离子交换剂交换。

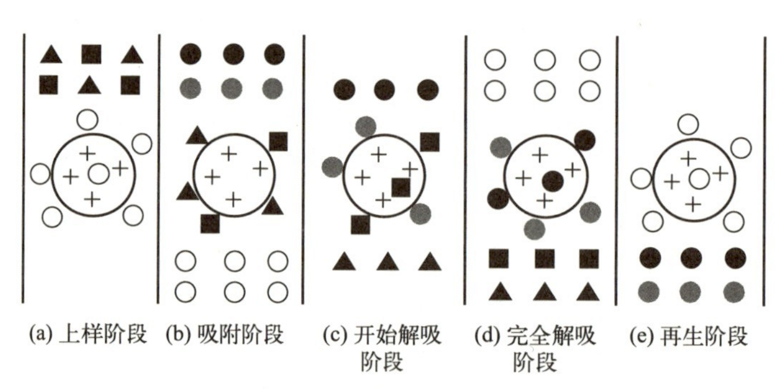

○一起始缓冲液中的离子；●一梯度缓冲液中的离子；●一极限缓冲液中的离子；
■一待分离的目标分子；▲一需除去的杂质。

图 3.2.3　离子交换色谱的原理

离子交换剂由不溶性高分子基质、荷电功能基团和与功能基团电性相反的反离子组成。在水溶液中，与功能基团带相反电荷的离子（包括缓冲液中的离子、蛋白质形成的离子）依靠静电引力吸附在其表面。因此，离子与离子交换剂结合时存在竞争关系。离子交换过程（以阳离子交换树脂为例）如图 3.2.4 所示。

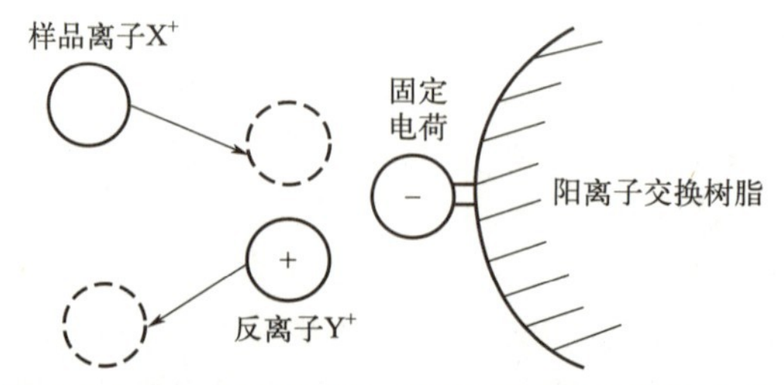

图 3.2.4　离子交换过程（以阳离子交换树脂为例）

无机离子与交换剂的结合能力与离子所带电荷成正比，与该离子形成的水合离子半径成反比。也就是说，离子的价态越高，结合能力越强；价态相同时，原子序数越高，结合能力越强。在阳离子交换剂上，常见离子的结合能力顺序为 $Li^+ < Na^+ < K^+ < Rb^+ < Cs^+$，$Mg^{2+} < Ca^{2+} < Sr^{2+} < Ba^{2+}$，$Na^+ < Ca^{2+} < Al^{3+} < Ti^{4+}$。在阴离子交换剂上，常见离子的结合能力顺序为 $F^- < Cl^- < Br^- < I^-$。

目的物与离子交换剂的结合能力首先取决于溶液 pH，它决定了目的物的带电状态；其次取决于溶液中离子的种类和离子强度。在起始条件下，溶液中的离子强度较低。加样后，目的物与交换剂的结合能力更强，能取代离子而吸附到交换剂上。洗脱时，往往通过提高溶液的离子强度来提高离子的竞争性结合能力，使得样品从交换剂上解吸，这就是离子交换色谱法的本质。

虽然目的物与离子交换剂主要依靠相反电荷之间的离子键结合，但在该过程中可能存在其他作用力，如疏水相互作用和氢键。疏水相互作用主要出现在使用带非极性骨架的离子交换剂时，如离子交换树脂特别是聚苯乙烯树脂的骨架具有较强的疏水性，能与目的物分子中的一些疏水性氨基酸残基通过疏水相互作用结合。

离子交换剂是离子交换色谱法的基础，其决定了分离过程的分辨率，还决定了分离的规模和成本。现代离子交换技术的进步得益于优质高效离子交换剂的研制和应用。离子交换剂由水不溶性基质和共价结合在基质上的带电功能基团组成，带电功能基团上还结合了可移动的与带电功能基团带相反电荷的反离子（又称平衡离子）。反离子可被带相同电荷的其他离子取代而发生可逆的离子交换，在此过程中基质的性质不改变。离子交换剂中的带电功能基团分为带电酸性功能基团和带电碱性功能基团两类，其中带电酸性功能基团的离子交换剂在工作 pH 范围内解离出质子而带有负电荷，能够结合溶液中带正电荷的离子（阳离子），因此被称为阳离子交换剂；带电碱性功能基团的离子交换剂在工作 pH 范围内结合质子而带有正电荷，能够结合溶液中带负电荷的离子（阴离子），因此被称为阴离子交换剂。

离子交换色谱法包含确定离子交换色谱条件，准备离子交换剂，加样，洗脱，收集和处理样品，离子交换剂的再生、清洗、消毒和储存，离子交换剂的规模化七个流程。

（1）确定离子交换色谱条件。

离子交换色谱条件主要包括离子交换剂的选择、色谱柱的尺寸、起始缓冲液的种类、pH 和离子强度、洗脱缓冲液的 pH 和离子强度等。

（2）准备离子交换剂。

选择离子交换剂后，在分离色谱前，必须准备好离子交换剂，包括离子交换剂的预溶胀和清洗、装柱以及用起始缓冲液平衡色谱柱，直至流出液的 pH 和离子强度与起始缓冲液一致。

（3）加样。

色谱柱和样品都准备好以后，将样品加到色谱柱上端，使样品溶液进入柱床，目的物吸附完成，并用起始缓冲液清洗掉不发生吸附的杂质。

（4）洗脱。

在多数情况下，完成加样后，大部分杂质已经被从色谱柱中洗去，形成穿透峰，即样品已实现部分分离。然后改变洗脱条件，使起始条件下发生吸附的目的物从离子交换剂上解吸而洗脱。控制洗脱条件变化的程度可以实现不同组分在不同时间解吸，从而进一步分离吸附在色谱柱上的杂质。

（5）收集和处理样品。

通常色谱柱的下端连接紫外吸收检测器，用于检测蛋白质、核酸类组分的洗脱过程。紫外吸收检测器连接分步收集器，用来收集色谱柱下端流出的洗脱液。人们通过测定洗脱液在280nm处的吸光度判断组分被洗脱的时间以及各洗脱峰分别收集在哪几支试管中。分步收集后，需要通过测定目的物的活性或其他性质来判定目标分子。

（6）离子交换剂的再生、清洗、消毒和储存。

每次色谱分离后，还有一些结合比较牢固的物质残留在离子交换剂上，如变性蛋白、脂类等，它们会干扰正常的吸附，并可能污染样品，甚至堵塞色谱柱。因此，每次使用后，应彻底清洗色谱柱中的结合物质，恢复色谱介质的原始功能。

（7）离子交换剂的规模化。

离子交换剂具有很高的样品吸附容量，不但在实验室分离中应用广泛，而且适合规模化地纯化蛋白质。离子交换剂还具有从稀溶液中浓缩蛋白质的能力，适合从大体积样品（如发酵液）中纯化蛋白质。一般对于实验室等小规模制备，一根体积为500mL的色谱柱即可基本满足需要；而在工业化应用中，色谱柱的体积为100～200L。

4. 凝胶色谱法

凝胶色谱法（gel chromatography，GC）是基于分子尺寸不同实现分离的方法，又称凝胶过滤法、凝胶渗透过滤法、分子筛过滤法、阻滞扩散层析法、排阻层析法。凝胶色谱法的原理比较特殊，类似于分子筛。被分离组分进入凝胶色谱后，根据分子量的不同，进入或者不进入固定相凝胶的孔隙，不能进入凝胶孔隙的分子很快随流动相洗脱，而能够进入凝胶孔隙的分子需要更长时间的冲洗流出固定相，从而实现根据分子量差异分离。调整固定相凝胶的交联度，可以调整凝胶孔隙；改变流动相的溶剂组成，可以改变固定相凝胶的溶胀状态，进而改变凝胶孔隙，获得不同的分离效果。

由于凝胶色谱法不受样品极性的影响，因此对于色谱用户来说，这是一种非常有效的解决色谱柱不能分离的样品的方法，尤其是对于脂肪类、蛋白质及色素类大分子干扰物。这些干扰物对色谱柱的进样口来说非常危险，且在生物源样品中的含量较高，因此在进行试样分析之前进行凝胶色谱净化显得非常有必要。

凝胶色谱法的操作简便、进样量小、数据可靠、重现性好、自动化程度高，主要应用于聚合物（如聚合物分子量及其分布）的测定、聚合物支化度的测定、聚合物分级及其结构分析、高聚物中微量添加剂的分析、高聚物绝对分子量的测定。

理想的凝胶过滤介质具有高的物理强度及化学稳定性，耐高温和高压，耐强酸和强碱，具有高化学惰性，内孔径分布范围小，颗粒尺寸均匀。常用的凝胶过滤介质有葡聚糖凝胶、琼脂糖凝胶、聚丙烯酰胺凝胶等。

（1）葡聚糖凝胶。

葡聚糖凝胶是应用广泛的一类凝胶，由葡聚糖（Dextran）交联得到。交联剂在原料总量中的占比称为交联度。交联度越大，网状结构越紧密，吸水量越小，吸水后的体积膨胀量越小；反之，交联度越小，网状结构越疏松，吸水量越大，吸水后的体积膨胀量越大。

（2）琼脂糖凝胶。

琼脂糖凝胶来源于一种海藻多糖琼脂，它是一种天然凝胶，不是通过共价交联得到的，而是通过氢键交联得到的。它与葡聚糖凝胶不同，孔隙度是通过改变琼脂糖浓度达到的。琼脂糖凝胶的化学稳定性不如葡聚糖凝胶。用琼脂糖凝胶进行分离操作的适宜工作条件为 pH＝4.5～9.0，温度 0～40℃。由于琼脂糖凝胶对硼酸盐有吸附作用，因此不能用作硼酸缓冲液。

（3）聚丙烯酰胺凝胶。

聚丙烯酰胺凝胶是一种人工合成凝胶。它是以丙烯酰胺为单位，由 N,N′-甲叉双丙烯酰胺交联得到的。聚丙烯酰胺凝胶的优点是稳定性比葡聚糖凝胶好，洗脱时不会有凝胶物质被洗脱下来，在 pH＝2～11 下稳定；缺点是不耐酸，遇酸时酰胺键水解成羧基，使凝胶带有一定的离子交换基团。

每根色谱柱都有一定的相对分子质量分离范围和渗透极限。色谱柱有使用上限和使用下限，使用上限是聚合物最小的分子的尺寸比色谱柱中最大的凝胶的尺寸大，此时高聚物无法进入凝胶颗粒孔径，全部从凝胶颗粒外部流过，无法达到分离不同相对分子质量的高聚物的目的，且可能堵塞凝胶孔，影响色谱柱的分离效果，降低其使用寿命；使用下限是聚合物中最大尺寸的分子链比凝胶孔的最小孔径小，此时也无法达到分离不同相对分子质量的目的。因此，使用凝胶色谱仪测定相对分子质量时，必须选择与聚合物相对分子质量范围匹配的色谱柱。

凝胶色谱的应用如下。

① 同时测定高分子与低分子。

由于高分子和低分子的流体力学体积相差较大，因而可以采用凝胶色谱法同时测定，而不必进行预先分离。一般在高分子材料的凝胶色谱中可以同时看到 A 区域、B 区域、C 区域，如图 3.2.5 所示。其中，A 区域为高分子；B 区域为添加剂和齐聚物；C 区域为未反应的单体和低分子的污染物（如水）。

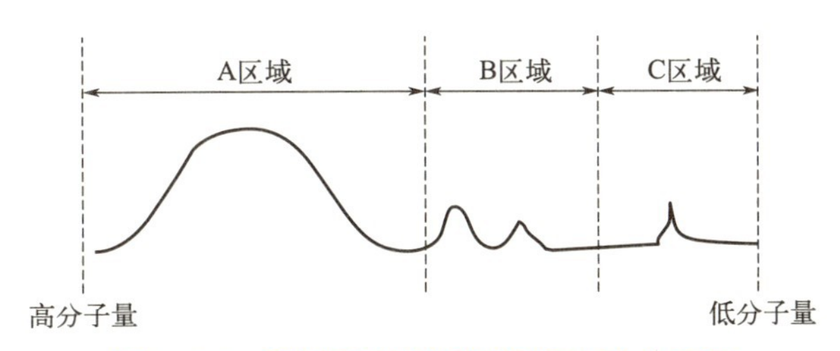

图 3.2.5 高分子材料凝胶色谱的三个区域

普通双酚 A 型环氧树脂的分子量范围很大，采用凝胶色谱法能快速、可靠地鉴别不同类型环氧树脂的分子量特性。低分子量、中分子量、高分子量双酚 A 型环氧树脂的凝胶色谱如图 3.2.6 所示，图中数字代表不同的聚合度 n，树脂和齐聚物的峰形特征可用作指纹图，以区别不同厂家和批号的产品。色谱条件如下：四根微粒凝胶柱（ϕ7.7mm×250mm），孔径分别为 5nm、10nm、50nm 和 100nm，颗粒直径为 10μm；在 280nm 下进行 UV 检测；流动相为四氢呋喃，流动速率为 1mL/min；柱温为 50℃；样品量为 10μL 0.2%～0.5%的双酚 A 型环氧树脂溶液。

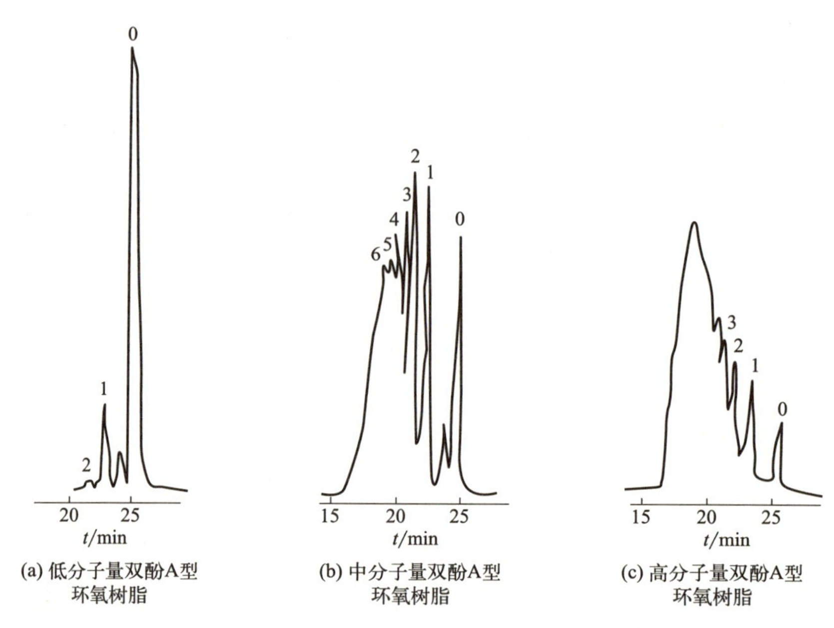

(a) 低分子量双酚A型环氧树脂

(b) 中分子量双酚A型环氧树脂

(c) 高分子量双酚A型环氧树脂

图 3.2.6 低分子量、中分子量和高分子量双酚 A 型环氧树脂的凝胶色谱

② 在高分子材料生产过程中检测。

采用凝胶色谱法可以分析丁苯橡胶在塑炼时分子量分布的变化。在塑炼过程中定时取样分析，经不同时间塑炼后的丁苯橡胶的凝胶色谱如图 3.2.7 所示。图中 6 条曲线的塑炼时间不同，0 表示 0min，1 表示 4min，2 表示 5min，3 表示 25min，4 表示 120min，5 表示 180min。随着时间的增加，高分子量组分裂解增加，凝胶色谱曲线向低分子量方向移动。经过 25min 以后，高分子量组分几乎完全消失。如果塑炼的目的是消除该组分，那么 25min 足够。凝胶色谱法可以帮助工作人员确定塑炼时间。

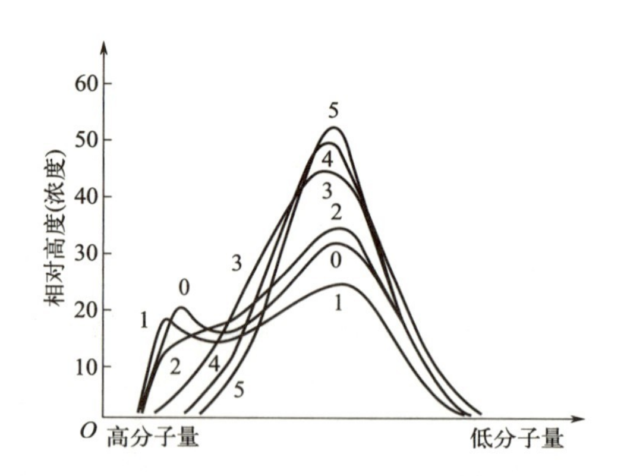

图 3.2.7 经不同时间塑炼后的丁苯橡胶的凝胶色谱

吸附色谱法、分配色谱法、离子交换色谱法和凝胶色谱法的对比见表 3.2.2。

表 3.2.2 四种色谱法的对比

方法	吸附色谱法	分配色谱法	离子交换色谱法	凝胶色谱法
分离机制	被测组分对固定相表面吸附中心吸附能力的差别；吸附系数的差别	被测组分在固定相或流动相中溶解度的差别；固定相与流动相分配系数的差别	被测组分离子交换能力的差别；选择性系数的差别	被测组分分子的线团尺寸；渗透系数
分离过程	流动相通过吸附剂时，流动相分子被吸附剂表面的活性中心吸附。被测组分分子被流动相携带经过固定相时与活性中心发生作用，流动相组分分子 X_m 与吸附在吸附剂表面的 n 个流动相分子 Y_a 相置换，组分分子被吸附，用 X_a 表示	基本原理与液液萃取相同，不同的是这种分配平衡是在相对移动的固定相与流动相间进行的，可重复多次	以阳离子交换树脂为例，离子交换树脂表面的负离子为不可交换离子，正离子为可交换离子。当流动相携带组分正离子出现时与正离子发生交换反应，通式为 $R-B+A \rightleftharpoons R-A+B$	分离机制与前三种完全不同，只取决于凝胶孔径与被测组分线团尺寸的关系
类型	气-固吸附、液-固吸附	气-液分配、液-液分配	阳离子交换色谱法、阴离子交换色谱法	凝胶渗透色谱法，凝胶过滤色谱法
公式	吸附系数 $K_a=\frac{[X_a]}{[X_m]}=\frac{X_a/S_a}{X_m/V_m}$ 其中，X_m 为流动相组分分子；X_a 为被吸附的组分分子；S_a 为吸附剂的表面积；V_m 为流动相的体积。 $t_R=t_0\left(1+K_a\frac{S_a}{V_m}\right)$ 其中，t_R 为组分保留时间；t_0 为组分在流动相中的迁移时间。 吸附系数与吸附剂的活性、组分的性质和流动相有关	狭义分配系数 $K=\frac{C_s}{C_m}=\frac{X_s/V_s}{X_m/V_m}$ 液-液：主要与流动相性质（种类和极性）有关； 气-液：与固定相极性和柱温有关	离子交换反应选择性系数 $K_{A/B}=\frac{[R-A]\ /\ [A]}{[R-B]\ /\ [B]}=\frac{K_A}{K_B}$ 其中，$[R-A]$和$[R-B]$为 A、B 在树脂中的浓度；[A]、[B] 分别为 A、B 在流动相中的浓度。 衡量离子对树脂亲和能力相对大小的度量。越大说明 A 的交换能力越大，越易保留	渗透系数 $K_P=\frac{[X_s]}{[X_m]}$ 其中，X_m 与 X_s 分别为孔外流动相中与凝胶孔穴中的溶质分子。 渗透系数只取决于溶质分子的线团尺寸和凝胶孔径
固定相	多为吸附剂	涂渍在惰性载体颗粒上的薄层液体	离子交换剂	多孔凝胶

续表

方法	吸附色谱法	分配色谱法	离子交换色谱法	凝胶色谱法
流动相	气-固：气体。 液-固：有机溶剂	气-液：气体，常为氢气和氮气。 液-液：与固定相不相容的液体。 正相色谱：流动相极性弱于固定相。 反相色谱：流动相极性强于固定相	通常是含盐的缓冲水溶液。为了适应不同的分离需要，有时添加适量的有机溶剂（如甲醇、乙腈、四氢呋喃等），以提高试样的溶解性能，从而提高选择性，改善分离	水溶性试样：水溶液。 非水溶性试样：四氢呋喃、三氯甲烷、甲苯和二甲基甲酰胺
洗脱顺序或影响保留行为的因素	洗脱能力由流动相极性决定，强极性流动相占据吸附中心的能力强、洗脱能力强，使组分 K_a 值小，保留时间短。 洗脱能力用溶剂强度定量表示，溶剂强度越大，洗脱能力越强	正相：极性弱的先被洗脱，极性强的后被洗脱。 反相：与正相相反	受被分离离子、离子交换剂、流动相性质的影响。 被分离离子：价态高的离子选择性系数大。同价阳离子在酸性阳离子交换剂上的选择系数随水合离子半径的增大而减小。离子保留还受流动相组成和 pH 的影响，交换能力强，选择性系数大的离子组成流动相有较强的洗脱能力	渗透系数小或溶质分子线团尺寸（相对分子质量）大的组分，保留体积小，先被洗脱

【实验设备和实验材料】

色谱分析仪、分析天平、吹风机、玻璃片、培养皿、吸管、玻璃棒、烧杯、量筒、蒸馏水、酒精、大孔型树脂、被测组分（如玉米蛋白粉中的叶黄素、氨基酸、多肽蛋白质、核酸、核苷酸、聚氨酯）等。

【实验方法及步骤】

（1）从准备的多种待测物中选择一种被测组分。

（2）分析选择的被测组分的特征。

（3）根据选择的被测组分的特征，从四种分析方法中选择一种方法进行成分分析。

（4）介绍成分分析的过程，写出相应的计算或测量步骤。

【注意事项】

（1）实验前，检查管线是否泄漏，可使用肥皂沫滴到接口处检查。

（2）手不要拿注射器的针头和有样品部位。吸样时要慢，快速排出后慢吸，反复几次。进样要快（但不宜特快），每次进样都保持相同速率，当针尖到达汽化室中部时开始注射样品。

（3）为了防止色谱柱有气泡，首先用适当的溶剂拌匀硅胶，然后填入色谱柱，最后加压用淋洗液“走柱子”，这样色谱柱比较结实、没有气泡。

（4）一般色谱柱不能反冲，只有生产者指明色谱柱可以反冲时才可以反冲除去留在柱头的杂质；否则反冲会迅速降低效果。

（5）选择适宜的流动相，以避免固定相破坏。有时可以在进样器前连接一个预柱。当分析柱是键合硅胶时，预柱为硅胶，可使流动相在进入分析柱之前被硅胶“饱和”，避免分析柱中的硅胶基质被溶解。

【思考题】

（1）在离子交换色谱法中，如何选择离子交换树脂？

（2）凝胶色谱法主要用于什么材料的相对分子质量分布分析及分离？

（3）采用硅胶吸附色谱法分离一组极性不同的混合物时，极性强的物质先洗脱还是后洗脱？

（4）什么是正相分配色谱法和反相分配色谱法？

实验三　光化学分析法成分分析

【实验目的】

1. 了解光化学分析的基本原理。
2. 了解光谱法和非光谱法的主要分析方法。
3. 掌握原子吸收光谱法、原子发射光谱法、原子荧光分析法、红外光谱法、分光光度法和旋光法的基本原理。
4. 掌握根据被测组分的特征选择合适的方法测定成分。

【实验原理】

光化学分析法是基于能量作用于物质后，根据物质发射、吸收电磁辐射以及物质与电磁辐射的相互作用进行分析的化学分析方法。光化学分析法主要可分为光谱法和非光谱法两大类。

（1）光谱法。

光谱法是基于辐射能与物质相互作用时，分子发生能级跃迁而产生的发射、吸收或散射辐射的波长和强度进行分析的方法。光谱法种类很多，但其共同特点可归纳如下。

优点：灵敏度较高（相对灵敏度或绝对灵敏度达 10^{-9}g 或 10^{-15}g）；分析快；试样用量少，适合微量分析和超微量分析；可同时测定多元素；可进行长距离遥控分析；可进行特征分析，如微观分析、存在状态及结构分析等。

缺点：不能测定许多非金属元素和超铀元素；难以完全避免基体效应的干扰；准确度有待提高；需要标准样品；仪器相对昂贵。

根据分析原理，光谱法可分为发射光谱分析与吸收光谱分析；根据被测组分的形态，光谱法可分为原子光谱分析与分子光谱分析。光谱法的被测组分是原子的称为原子光谱法，被测组分是分子的称为分子光谱法。光谱法主要有原子吸收光谱法、原子发射光谱法、原子荧光光谱法、红外光谱法等。

（2）非光谱法。

非光谱法不涉及物质内部能级跃迁，仅测量电磁辐射某些基本性质（如反射、折射、干涉、衍射和偏振等）的变化。非光谱法主要有分光光度法和旋光法等。

1. 原子吸收光谱法

原子吸收光谱法（atomic absorption spectrometry，AAS）又称原子分光光度法，是利用气态原子吸收一定波长的光辐射，使原子中外层的电子从基态跃迁到激发态的现象建立的。由于原子中电子的能级不同，将有选择性地共振吸收一定波长的辐射光，这个共振吸收波长恰好等于该原子受激发后发射光谱的波长，因此可作为元素定性的依据，吸收辐射的强度可作为定量的依据。它符合朗伯-比尔（Lambert - Beer）定律：

$$A=\lg\frac{I_0}{I}=\lg\frac{1}{T}=KcL$$

式中，A 为吸光度；I_0 为入射光强度；I 为出射光强度；T 为透光度；K 为摩尔吸收系数；c 为吸光物质的浓度；L 为光程长。

任何元素的原子都是由原子核和绕核运动的电子组成的，原子核外电子按能量分层分布而形成不同的能级。因此，一个原子核可以具有多种能级状态。能量最低的能级状态称为基态能级（$E_0=0$），其余能级称为激发态能级，能级最低的激发态称为第一激发态。在正常情况下，原子处于基态能级，核外电子在各自能量最低的轨道上运动。如果将一定外界能量（如光能）提供给该基态原子，当外界光能 E 恰好等于该基态原子中基态能级和某较高能级之间的能级差时，该原子就吸收这一特征波长的光，核外电子由基态跃迁到相应的激发态。原来提供能量的光经分光后，谱线中缺少一些特征光谱线，从而产生原子吸收光谱。

由于原子能级是量子化的，因此原子对辐射的吸收都是有选择性的。由于各元素的原子结构和外层电子的排布不同，元素从基态跃迁至第一激发态吸收的能量不同，因而各元素的共振吸收线具有不同的特征。

（1）原子吸收光谱轮廓。

原子吸收光谱线有相当小的频率范围或波长范围，即有一定的宽度。一束频率不同、强度为 I_0 的平行光通过厚度为 l 的原子蒸气，部分光被吸收，透过光的强度 I_v 服从吸收定律：

$$I_\nu=I_0\exp(-K_\nu l)$$

式中，K_ν 为基态原子对频率为 v 的光的吸收系数。

不同元素原子吸收不同频率的光，入射光强度（I_0）对吸收光频率（ν）作图，如图 3.3.1 所示。

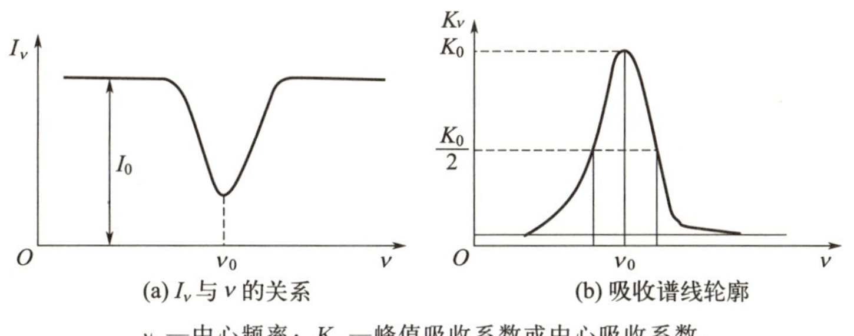

ν_0—中心频率；K_0—峰值吸收系数或中心吸收系数。

图 3.3.1 原子吸收谱线的轮廓

由图可知，在中心频率 ν_0 处入射光强度最小，即吸收最多。若将峰值吸收系数（K_0）对吸收光频率（ν）作图，则所得曲线为吸收谱线轮廓。原子吸收谱线轮廓由原子吸收谱线的中心频率（或中心波长）和半宽度表征。中心频率由原子能级决定。半宽度是指在中心频率位置、吸收系数极大值一半处，谱线轮廓上两点之间频率或波长的距离。谱线具有一定的宽度主要有两方面因素：一是由原子性质决定的，如自然宽度；二是由外界影响引起的，如热变宽、碰撞变宽等。

（2）原子吸收光谱的测量。

① 积分吸收。

在吸收谱线轮廓内，吸收系数的积分称为积分吸收系数，它表示吸收的全部能量。从理论上可以得出，积分吸收系数与原子蒸气中吸收辐射的原子数成正比，数学表达式如下。

$$\int K_\nu \mathrm{d}_\nu = \pi e^2 N_0 f/(mc)$$

式中，e 为电子电荷；m 为电子质量；c 为光速；N_0 为单位体积内的基态原子数；f 振子强度，即能被入射辐射激发的每个原子的平均电子数，其值正比于原子对特定波长辐射的吸收概率。

该式表明：积分吸收系数与单位原子蒸气中吸收辐射的基态原子数呈简单的线性关系，这是原子吸收光谱法的重要理论依据。

若能测定积分吸收系数，则可求出原子浓度。但是，测定谱线宽度仅为 10^{-3}nm 的积分吸收系数，需要使用分辨率非常高的单色器，在技术上很难实现。

② 峰值吸收。

一般用测定峰值吸收系数的方法代替测定积分吸收系数的方法。如果采用入射线半宽度比吸收线半宽度小得多的锐线光源，并且入射线的中心与吸收线中心一致（图 3.3.2）就不需要使用高分辨率的单色器，而只要将其与其他谱线分离就能测出峰值吸收系数。

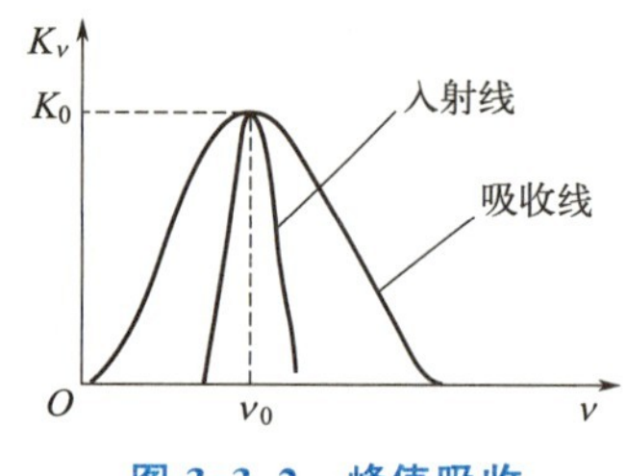

图 3.3.2 峰值吸收

在一般原子吸收测量条件下，原子吸收轮廓取决于热变宽宽度，峰值吸收系数 K_0 的数学表达式如下。

$$K_0 = \frac{2}{\Delta v_D}\sqrt{\lg\frac{2}{\pi}} \cdot \frac{\pi e^2}{mc} \cdot N_0 f$$

式中，Δv_D 为多普勒宽度。

可以看出，峰值吸收系数与原子浓度成正比，只要能测出 K_0 就可得出 N_0。

③ 锐线光源。

锐线光源是发射线半宽度远小于吸收线半宽度的光源，如空心阴极灯。使用锐线光源时，光源发射线半宽度很小，并且发射线与吸收线的中心频率一致。此时发射线的轮廓可看作一个很窄的矩形，即峰值吸收系数 K_0 在此轮廓内不随频率 ν 改变，吸收只限于发射线轮廓内。这样，根据一定的 K_0 即可测出一定的原子浓度。

④ 实际测量。

在实际工作中，测量原子吸收值的原理是将一定入射光强度 I_0 的单色光通过原子蒸气，然后测出被吸收后的出射光强度 I。该吸收过程遵循朗伯-比尔定律：

$$I = I_0 \exp(-KNL)$$

式中，I 为被吸收后的出射光强度；K 为摩尔吸收系数；N 为自由原子总数（基态原子数）；L 为吸收层厚度。

2. 原子发射光谱法

原子发射光谱法（atomic emission spectrometry，AES）是依据各种元素的原子或离子，在热激发或电激发下发射特征的电磁辐射而对元素进行定性分析与定量分析的方法。它是光谱学中较古老的一个分支，可同时检测一个样品中的多种元素。

原子发射光谱法的基本原理是各物质组成元素的原子的原子核外围绕不断运动的电

子，电子在一定的能级上，具有一定的能量。整个原子在一定的运动状态下也在一定的能级上，具有一定的能量。在一般情况下，大多数原子处于基态。基态原子在激发光源（外界能量）的作用下获得足够的能量，其外层电子跃迁到较高能级状态，即激发态，这个过程称为激发。处于激发态的原子是很不稳定的，在极短时间（10s）内，外层电子便跃迁回基态或其他较低能态而释放多余能量。释放能量的方式可以是通过与其他粒子的碰撞传递能量，这是无辐射跃迁；也可以是以一定波长的电磁波形式辐射，其释放的能量及辐射线的波长（频率）要符合波尔提出的能量守恒定律。原子发射光谱法的原理如图 3.3.3 所示。

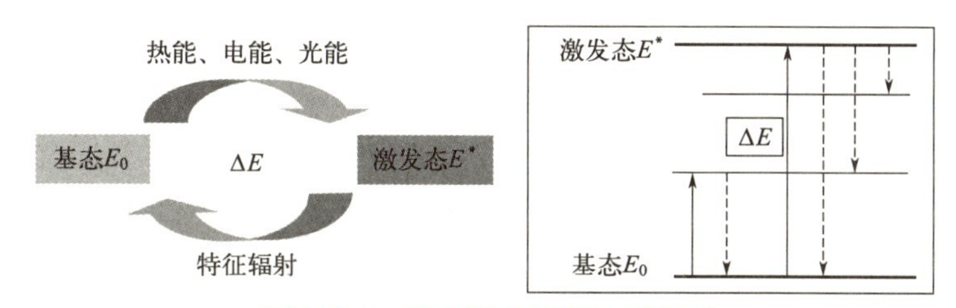

图 3.3.3　原子发射光谱法的原理

原子发射光谱仪有多种，如火焰发射光谱、微波等离子体光谱仪、电感耦合等离子体光谱仪、光电光谱仪、摄谱仪等。原子发射光谱仪通常由光源、分光系统和检测器三部分构成，如图 3.3.4 所示。

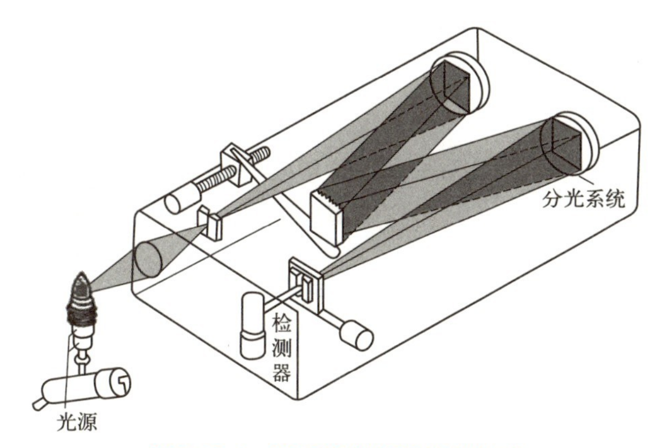

图 3.3.4　原子发射光谱仪的构成

原子发射光谱可用于定性分析和定量分析。

（1）光谱定性分析。

不同元素的原子结构不同，在激发光源的作用下，得到不同特征的光谱。进行光谱定性分析时，不要求鉴别元素的每条谱线，一般只要在试样光谱中找出 2～3 条待测元素的灵敏线就可以确定试样中存在该元素。光谱定性分析的依据是元素不同→电子结构不同→光谱不同→特征光谱。

按照分析目的和要求的不同，光谱定性分析可分为指定元素分析和全部组分元素分析。常用的确认谱线方法有标准光谱图比较法和标准试样光谱比较法。

① 标准光谱图比较法。

标准光谱图比较法较常用，其以铁谱为标准（波长标尺）。标准光谱图（图 3.3.5）是在相同条件下，在铁光谱上方准确绘制 68 种元素的逐条谱线并放大 20 倍的图片，其中铁谱起到标尺的作用。

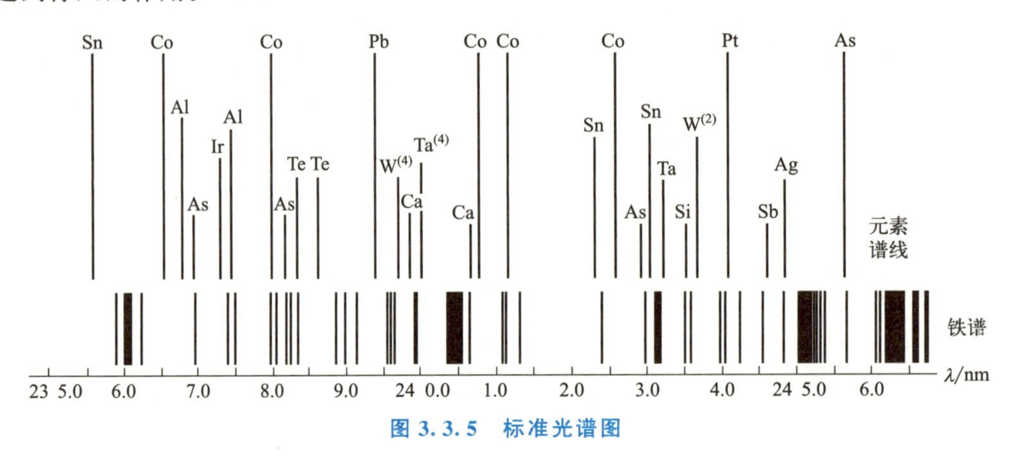

图 3.3.5 标准光谱图

② 标准试样光谱比较法。

标准试样光谱比较法的原理是将要检出元素的纯物质与试样并列摄谱于同一感光板上，如图 3.3.6 所示。若两者谱线出现在同一波长位置，则说明某元素的某条谱线存在。

图 3.3.6 标准试样光谱比较法的原理

(2) 光谱定量分析。

光谱定量分析的原理是测定一系列不同含量的待测元素标准光谱系列，在完全相同的条件下（同时摄谱）测定试样中待测元素光谱，选择灵敏线，比较标准谱图与试样谱图中灵敏线的黑度，从而确定含量范围。

原子发射光谱分析法的优点：可同时测定多元素，各元素同时发射各自特征光谱；分析快，不需要处理试样，可同时对十几种元素进行定量分析（光电直读仪）；选择性高，各元素具有不同的特征光谱；检出限较低；准确度较高。其缺点是不能检测非金属元素、检测灵敏度低。

3. 原子荧光光谱法

原子荧光光谱法（atomic fluorescent spectrometry，AFS）是以原子在辐射能激发下发射的荧光强度进行定量分析的光谱分析法。其使用仪器与原子吸收光谱法相近。原子荧光光谱法具有很高的灵敏度，校正曲线的线性范围大，能同时测定多种元素。原子荧光光谱是介于原子发射光谱和原子吸收光谱之间的光谱分析技术。

原子荧光光谱法的基本原理是通过测量被测元素的原子蒸气在一定波长的辐射能激发下发射的荧光强度进行定量分析。原子荧光的波长在紫外、可见光区。气态自由原子吸收特征波长的辐射后，原子的外层电子从基态或低能级态跃迁到高能级态，约 10^{-8}s 后，又跃迁至基态或低能级态，同时发射荧光。若原子荧光的波长与吸收线波长相同，则称为共振荧光；若不同，则称为非共振荧光。共振荧光强度大，在分析中应用最多。在一定条件下，共振荧光强度与试样中某元素浓度成正比，可以通过测试共振荧光强度确定被测元素含量。

原子荧光光谱法具有如下特点：属于光致发光；二次发光；激发光源停止后，荧光立即消失；发射的荧光强度与照射光强度有关；不同元素的荧光波长不同；浓度很低时，强度与蒸气中该元素的密度成正比，可作为定量依据（适用于微量分析或痕量分析）。

原子荧光的产生类型有共振荧光、非共振荧光与敏化荧光，其中共振荧光强度最大。

（1）共振荧光。

① 共振荧光。气态原子吸收共振线被激发后，激发态原子发射与共振线波长相同的荧光，如图 3.3.7 中的 A 和 C。

② 热共振荧光。若原子受热激发处于亚稳态，则吸收辐射进一步激发，然后发射相同波长的共振荧光，如图 3.3.7 中的 B 和 D。

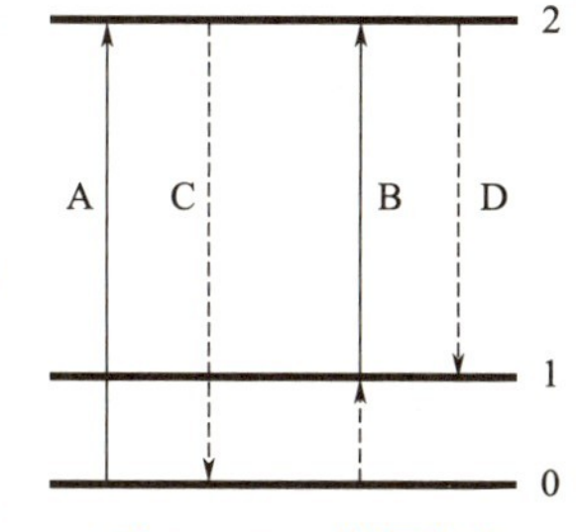

图 3.3.7　共振荧光

（2）非共振荧光。

当荧光与激发光的波长不同时，产生非共振荧光。非共振荧光分为直跃线荧光（斯托克斯原子荧光）、阶跃线荧光和反斯托克斯原子荧光三种。

① 直跃线荧光。跃迁回高于基态的亚稳态时发射的荧光称为直跃线荧光，如图 3.3.8 所示的 A 和 C、B 和 D。直跃线荧光波长大于激发光波长（荧光能量间隔小于激发线能量间隔）。

② 阶跃线荧光。光照激发，非辐射方式释放部分能量后，发射荧光返回基态，如图 3.3.9 中的 A 和 C。阶跃线荧光波长大于激发光波长（荧光能量间隔小于激发线能量间隔）。非辐射方式释放能量时，经过碰撞、放热、光照激发、再热激发返回高于基态的能级，发射荧光，如图 3.3.9 中的 B 和 D。

③ 反斯托克斯原子荧光。反斯托克斯原子荧光波长小于激发光波长；先热激发再光照激发（或反之），发射荧光后直接返回基态，如图 3.3.10 所示的 A 和 C、B 和 D。例如铟原子，先热激发再吸收光跃迁 451.13nm，发射荧光 410.18nm。

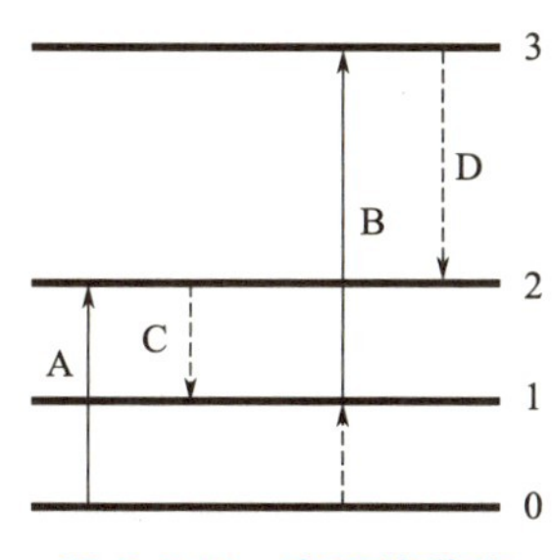

图 3.3.8　直跃线荧光

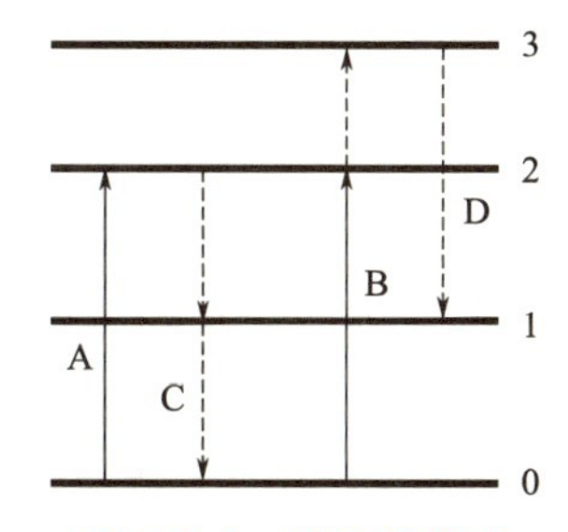

图 3.3.9　阶跃线荧光

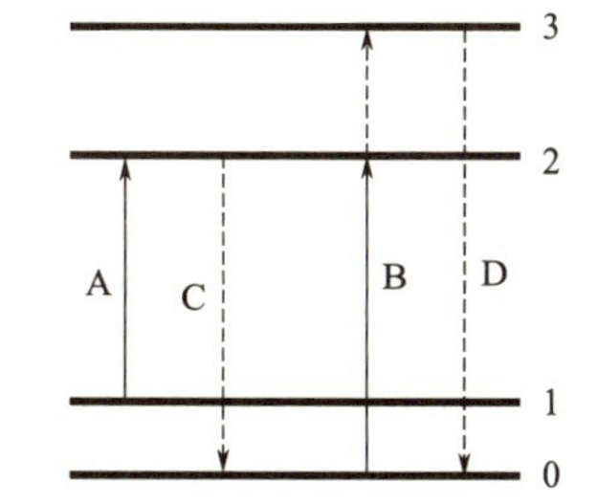

图 3.3.10　反斯托克斯原子荧光

（3）敏化荧光。

敏化荧光的原理是受光激发的原子与另一种原子碰撞时，把激发能传递给另一个原子使其激发，后者发射荧光。火焰原子化中观察不到敏化荧光，非火焰原子化中可观察到敏化荧光。

4. 红外光谱法

红外光谱法（infrared spectrometry，IR）又称红外分光光度分析法，其原理是根据不同物质有选择性地吸收红外光区的电磁辐射进行结构分析，是对吸收红外光的化合物进行定量分析和定性分析的方法。物质是由不断振动的原子构成的，这些原子的振动频率与红外光的振动频率相当。用红外光照射有机物时，分子吸收红外光会发生振动能级跃迁，不同化学键或官能团的吸收频率不同，有机物分子只吸收与其分子振动、转动频率一致的红外光谱，得到的吸收光谱通常称为红外吸收光谱，简称红外光谱。分析红外光谱，可对物质进行定性分析。各物质的含量也将反映在红外光谱上，可根据峰位置、吸收强度进行定量分析。

红外光谱是由分子的振动—转动能级跃迁引起的，一般发生在 625～4000cm^{-1} 区域，根据分子能选择性地吸收某些波长的红外线，引起分子中振动能级和转动能级的跃迁，检测红外光吸收情况可得到物质的红外光谱，又称分子振动光谱或振转光谱。

当一束连续变化的各种波长的红外光照射试样时，其中一部分被吸收，被吸收的这部分光能转变为分子的振动能量和转动能量；另一部分光透过，若用单色器对透过的光进行色散，则可以得到一条带暗条的谱带。若以波长 λ(μm) 或波数 $\bar{v}$(cm^{-1}) 为横坐标、以透过率 T(%) 为纵坐标记录该谱带，则得到该试样的红外光谱，从而获得红外振动信息。苯酚的红外光谱如图 3.3.11 所示。

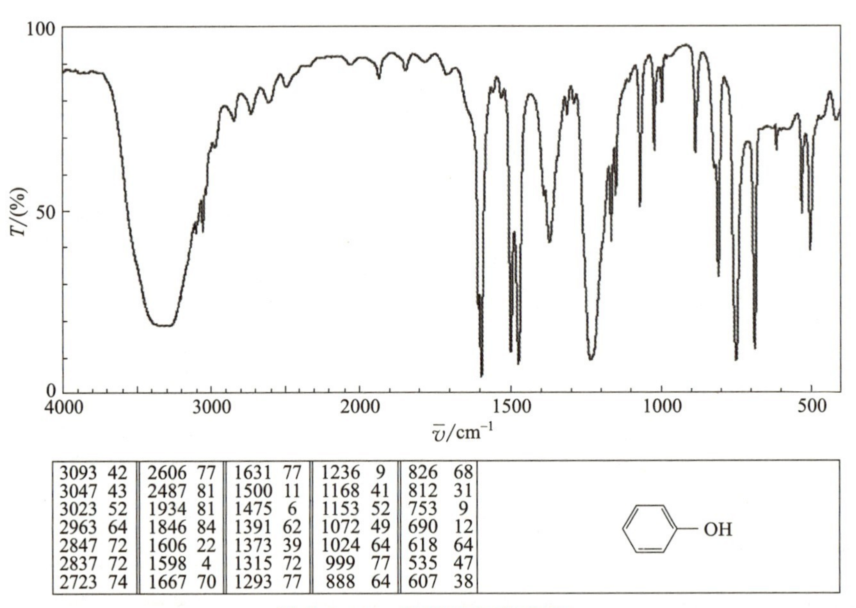

3093	42	2606	77	1631	77	1236	9	826	68
3047	43	2487	81	1500	11	1168	41	812	31
3023	52	1934	81	1475	6	1153	52	753	9
2963	64	1846	84	1391	62	1072	49	690	12
2847	72	1606	22	1373	39	1024	64	618	64
2837	72	1598	4	1315	72	999	77	535	47
2723	74	1667	70	1293	77	888	64	607	38

图 3.3.11　苯酚的红外光谱

红外光谱的主要参数有峰位、峰强和峰形。这三个参数是确定分子结构的重要信息。

(1) 峰位。化学键的力常数 k 越大，原子折合质量 μ 越小，键的振动频率 ν 越高，吸收峰出现在高波数区（短波长区）；反之，吸收峰出现在低波数区（高波长区）。

(2) 峰强。瞬间偶基距变化越大，吸收峰越强；键两端原子电负性相差越大（极性越强），吸收峰越强。

(3) 峰形。键两端原子电负性相差大的伸缩振动吸收峰形较宽，如 O—H、N—H 等氢键的伸缩振动峰宽，C═O 伸缩振动具有中等宽度，而 C—C 振动峰型较窄。

红外光区分为近红外区、中红外区和远红外区，见表 3.3.1。

表 3.3.1 红外光区的划分

区域名称	波长 λ/μm	波数 $\bar{v}$/cm^{-1}	能级跃迁类型
近红外区（泛频区）	0.75～2.50	4000～13158	O—H、N—H、C—H 键的倍频吸收
中红外区（基本振动区）	2.50～25.00	400～4000	分子振动，伴随转动
远红外区（分子转动区）	25.00～300.00	10～400	分子转动

表 3.3.1 中的波长 λ 与波数 $\bar{v}$ 满足如下关系式。

$$\bar{v}=\frac{10^{-4}}{\lambda}$$

中红外区是研究和应用最多的区域，一般说的红外光谱就是指中红外区的红外光谱。

在红外光谱分析中，通常一个基团有多个振动方式，同时产生多个谱峰（基团特征峰及指纹峰），各谱峰相互依存、相互佐证。只有通过一系列谱峰才能准确确定一个基团的存在。部分原子团的特征振动频率见表 3.3.2。

表 3.3.2 部分原子团的特征振动频率

原子团	特征振动频率/cm^{-1}	原子团	特征振动频率/cm^{-1}
H—O—	3500～3700	H—N＜	3300～3500
H—C≡C—	3300～3400	＞C═C＜ (H)	3000～3100
H—C 芳香族	3050～3100	H—C—C—	2800～3000
H—S—	2550～2650	N≡C—	2200～2300
—C≡C—	2170～2270	N═O	1900～1500
C═C＜	1700～1850	—N═C＜	1610～1690
＞C═C＜	1550～1650	S═C＜	1500～1600
F—C—	1100～1300	Cl—C—	700～800
Br—C—	500～600	I—C—	400～500

红外光谱解析示例如下。

(1) 红外光谱的解析步骤。

检查红外谱是否符合要求；了解试样来源、试样的物理化学性质、其他分析数据及纯度；排除可能出现的假谱带；若已知分子式，则先算出分子的不饱和度；确定分子所含基团及化学键的类型，按“先官能团区后指纹区，先强峰后次强峰和弱峰，先否定后肯定”的原则分析光谱；根据推定的化合物结构式，与标准光谱对照。

(2) 标准红外光谱及检索。

① 萨德勒（Sadtler）红外光谱图集。萨德勒红外光谱图集分为化合物标准谱图和商品谱图两大类。

② 其他标准红外光谱资料。还常用 API 光谱（主要是烃类的光谱，也有少量氧、氮、硫衍生物、某些金属有机化合物的光谱）；科布伦茨（Coblentz）学会红外光谱图集。

(3) 谱图解析实例。

不饱和度 μ 的经验公式如下。

$$\mu=1+n_4+\frac{n_3-n_1}{2}$$

式中，n_1、n_3、n_4 分别为分子式中一价原子、三价原子、四价原子的数目。

分子式满足 C_nH_{2n+2} 为饱和。双键（如 C═C、C═O 等）和饱和环状结构的不饱和度 $\mu=1$；三键（如 C≡C、C≡N 等）结构的不饱和度 $\mu=2$；苯环的不饱和度 $\mu=4$（一个环和三个双键）。例如，对于 C_8H_8O，不饱和度 $\mu=1+8+\frac{0-8}{2}=5$；对于 $C_7H_6O_2$，不饱和度 $\mu=1+7+\frac{0-6}{2}=5$。

【例 3.3.1】 分子式为 $C_4H_6O_2$，红外光谱如图 3.3.12 所示，推测其结构。

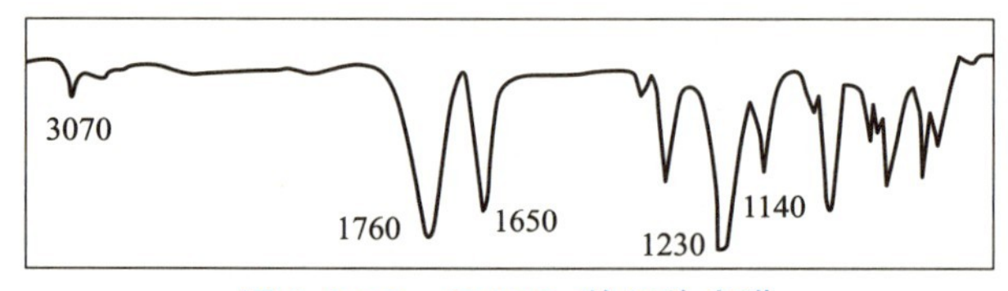

图 3.3.12 $C_4H_6O_2$ 的红外光谱

解： $\mu=1+4+1/2(0-6)=2$，可能含 C═C、C═O。

(1) 3070cm^{-1} 对应的—C—H，结合 1650cm^{-1} 对应的 C═C，表明化合物中存在烯基。

(2) 1650cm^{-1} 对应的 C═C，谱带强度较大，表明双键与极性基团相连。

(3) 谱带位置在正常范围，表明双键不与不饱和基团相连。

(4) 结合 1230cm^{-1} 的 C—O—C 及 1140cm^{-1} 存在 COOR 基，1760cm^{-1} 比一般酯向高波数位移，存在诱导效应。

综上所述，此光谱的结构应该是 $CH_2{=}CH{-}O{-}\overset{\overset{\displaystyle O}{\|}}{C}{-}CH_3$。

5. 分光光度法

分光光度法（spectrophotometry）是通过测定被测物质在特定波长处或一定波长范围内光的吸光度或发光强度，对该物质进行定性分析和定量分析的方法。

分光光度法的基本原理是在分光光度计测试中，将不同波长的光连续照射到一定浓度的试样溶液，得到与不同波长对应的吸收强度；再以波长（λ）为横坐标、以吸收强度（A）为纵坐标，绘制该物质的吸收光谱曲线，利用该曲线对物质进行定性分析和定量分析。用紫外光光源测定无色物质的方法称为紫外分光光度法；用可见光光源测定有色物质的方法称为可见分光光度法；用红外光光源测定有色物质的方法称为红外分光光度法。

光是一种电磁波。根据波长的不同，光学光谱可分为紫外光区（10～400nm）、可见光区（400～750nm）、红外光区（750nm～1000μm）。白光为复合光，可分为红色、橙色、黄色、绿色、青色、蓝色、紫色七种颜色的光，如图3.3.13所示。若两种适当颜色的单色光按一定强度比例混合后成为一种白光，则这两种单色光称为互补色光。

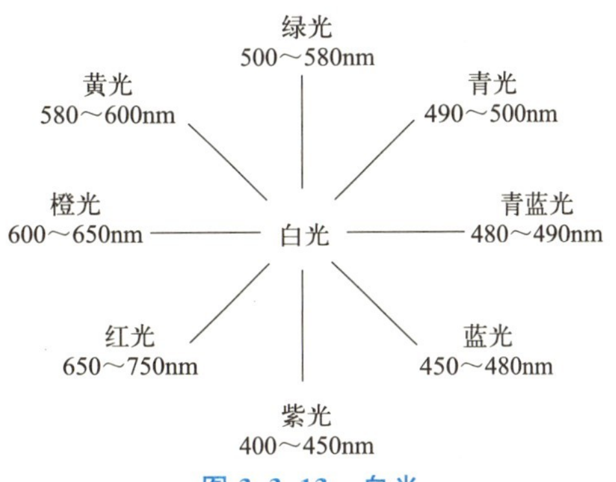

图 3.3.13 白光

当一束白光通过某溶液时，溶液选择性地吸收可见光域中某波段的光而使溶液呈不同颜色，与吸收光颜色互补。例如，硫酸铜水溶液呈蓝色是因为吸收白光中的黄色而呈其补色；高锰酸钾水溶液呈紫色是因为吸收白光中的绿色而呈其补色。若物质吸收白光中所有颜色的光则呈黑色；若反射所有颜色的光则呈白色；若透过所有颜色的光则呈无色。

物质的分子内部具有一系列不连续的特征能级，包括电子能级、振动能级和转动能级，这些能级都是量子化的。其中，电子能级又可分为基态和能量较高的激发态。一般物质的分子都处于能量最低、最稳定的基态。用光照射某物质后，如果光具有的能量恰好与物质分子的某能级差相等，这一波长的光就被吸收，从而使物质发生能级跃迁。分子能级及相应能级跃迁示意图如图3.3.14所示。由于不同物质的结构不同，因此能级不同，对光的选择性吸收也不同。

让不同波长的单色光依次照射某吸光物质，并测量该物质在每处对光的吸收程度（吸光度），以波长λ为横坐标、以吸光度A为纵坐标作图，得到一条吸光度随波长变化的曲线，称为吸收曲线。从吸收曲线可以看到，物质往往对某波长的光有最大吸收，称A_{max}处的λ为λ_{max}（最大吸收波长）。高锰酸钾溶液的吸收曲线如图3.3.15所示，高锰酸钾的$\lambda_{max}=525nm$，其与高锰酸钾溶液的浓度无关。根据吸收曲线可以进行定性分析和定量分析。λ_{max}和曲线的形状由物质的结构决定，可用于定性分析；物质的浓度不同，吸光度A不同，可用于定量分析。

分光光度法的灵敏度较高，可不经富集直接测定含量低至$5\times10^{-5}\%$的微量组分。一般情况下，测定浓度的下限为0.1～1.0μg/g，相当于含量为0.0001%～0.001%的微量组分。若采用高灵敏度的显色试剂或事先将被测组分富集，则甚至可能测定含量低至$10^{-7}\%\sim10^{-6}\%$的微量组分。

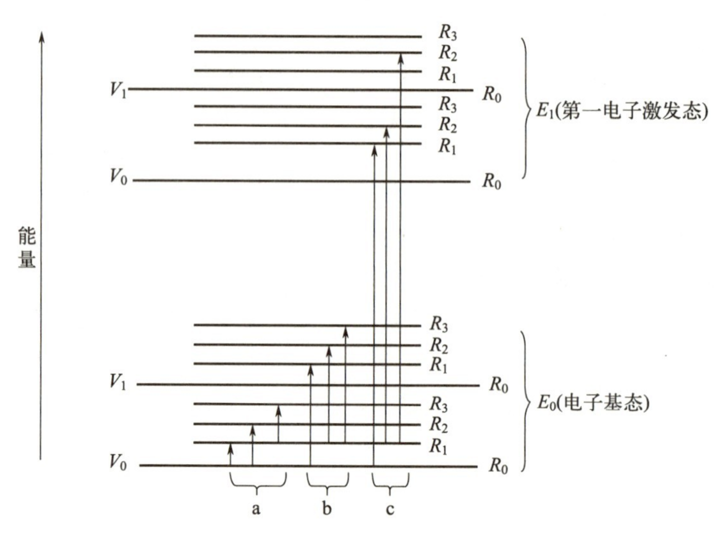

E—电子能级；V—振动能级；R—转动能级；a—转动跃迁；
b—振动—转动跃迁；c—电子—振动—转动跃迁。

图 3.3.14　分子能级及相应能级跃迁示意图

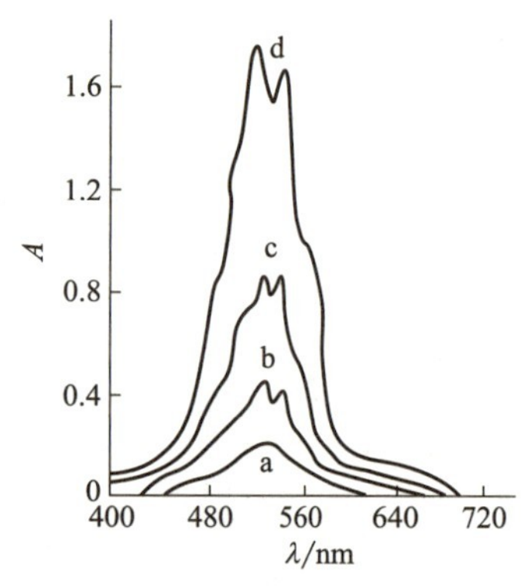

高锰酸钾含量：a<b<c<d

图 3.3.15　高锰酸钾溶液的吸收曲线

虽然分光光度法的准确度比重量分析法和滴定分析法低得多（通常分光光度法的相对误差为 2%～5%），但已经能满足一般微量组分的测定要求。差示分光光度法的相对误差甚至可达 0.5%，接近重量分析法和滴定分析法的误差水平。相反，采用重量分析法和滴定分析法难以测定这些微量组分。

分光光度分析技术比较成熟，仪器相对廉价，操作简便、易行，广泛用于工业生产、农业生产、生物医学、临床、环保等领域。几乎所有金属元素和众多有机化合物都可用分光光度法测定。

6. 旋光法

只在一个平面振动的光称为平面偏振光，简称偏振光。物质能使偏振光的振动平面旋转的性质称为旋光性或光学活性。能把偏振光的振动平面向右旋转的称为具有右旋性，以（+）表示；能把偏振光的振动平面向左旋转的称为具有左旋性，以（−）表示。蔗糖与葡萄糖是右旋性物质，果糖是左旋性物质。具有旋光性的物质称为旋光性物质或光学活性物质。旋光性物质使偏振光的振动平面旋转的角度称为旋光度（用 α 表示）。许多有机化合物，尤其是生物体内的大部分天然产物（如氨基酸、生物碱和碳水化合物等）都具有旋光性。这是由于它们的分子结构具有手征性。

旋光法（polarimetry）是利用物质的旋光性测定溶液浓度的方法。因此，旋光度的测定对研究这些有机化合物的分子结构有重要作用。此外，旋光度的测定对确定某些有机反应的机理也是很有意义的。

旋光法的基本原理是将试样在指定溶剂中配制成一定浓度的溶液，采用旋光计测得试样的旋光度并计算出比旋光度，然后将其与标准值比较，或用不同浓度的溶液制出标准曲线（工作曲线），求出含量。

比旋光度：平面偏振光透过长度为1dm的盛液管（每1mL溶液含有1g旋光性物质），在一定波长与温度下测得的旋光度，用$|\alpha|_D^t$表示。

旋光度不仅与化学结构有关，还与测定时溶液的浓度、液层的厚度、温度、光的波长以及溶剂有关，满足如下关系式。

$$|\alpha|_D^t=\frac{100\alpha}{LC}$$

式中，D为钠光谱的D线；t为温度；α为旋光度；L为测定管的长度；C为每100mL溶液含被测物质的质量（按干燥品或无水物计算）。

旋光仪是测量物质旋光度的仪器。旋光仪的基本部件包括单色光源、起偏镜、试样管、检偏镜等。旋光仪的基本原理是在起偏镜与检偏镜之间放入旋光物质之前，若起偏镜与检偏镜允许通过的偏振光方向相同，则在检偏镜后面观察的视野是明亮的；若在起偏镜与检偏镜之间放入旋光物质，则受物质的旋光作用，原来由起偏镜出来的偏振光方向旋转了角度α，在检偏镜后面观察时，视野变暗。若把检偏镜旋转某个角度而恢复原来的亮度，则检偏镜旋转的角度及方向即被测试样的旋光度α。旋光度测定示意图如图3.3.16所示。

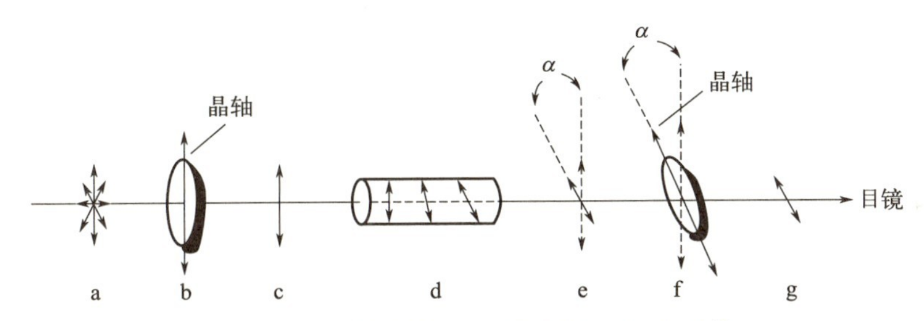

a—光源；b—起偏镜；c—偏振光；d—样品管；
e—旋转后的偏振光；f—检偏镜；g—通过检偏镜的偏振光。

图3.3.16 旋光度测定示意图

在旋光度测定过程中偏振光振动示意图如图3.3.17所示。OO轴线是起偏镜1的偏振轴，PP轴线是起偏镜2的偏振轴。光源发射的光线经过起偏镜产生的偏振光在OO平面内振动[图3.3.17(a)]；通过磁旋线圈后的偏振光振动面以β角摆动[图3.3.17(b)]；通过试样后的偏振光振动面旋转α_1[图3.3.17(c)]；仪器示数平衡后偏振镜1反向转过α_1，补偿了试样的旋光度[图3.3.17(d)]。

光线从光源起经过起偏镜，再经过盛有旋光性物质的试样管时，因物质具有旋光性而使光线不能通过试样管的第二个棱镜，只有旋转检偏镜才能通过。因此，要调节检偏镜进行配光，标尺盘上移动的角度表示试样管第二个棱镜的转动角度，即该物质在此浓度下的旋光度。

下面测定布洛芬的旋光度。

（1）溶液配制。

称取0.4g布洛芬固体并倒入广口瓶，用量筒量取30mL乙醇并倒入广口瓶。由于布洛芬在乙醇中的溶解度较小，因此配制布洛芬溶液的浓度应适当。

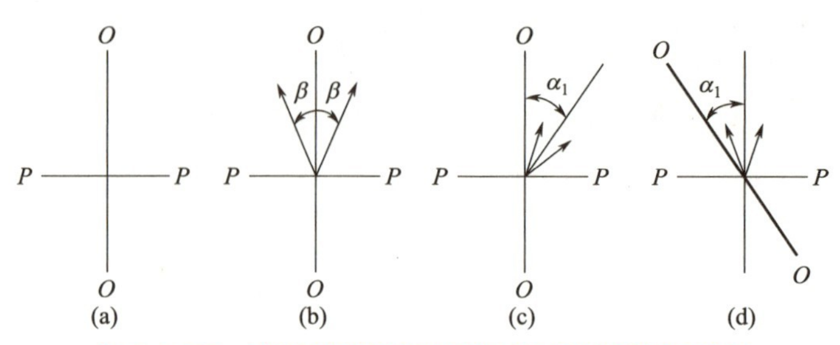

图 3.3.17 在旋光度测定过程中偏振光振动示意图

（2）试样管的清洗及填充。

将试样管一端的螺母旋下，取下玻璃盖片，用去离子水清洗试样管；用试样溶液润洗试样管两次；用滴管注入被测溶液至管口，并使溶液的液面凸出管口。将玻璃盖片沿管口方向盖上，使多余溶液被挤压溢出，管内不留气泡，拧上螺母。若管内有气泡，则需重新装填。装好后，将试样管外部擦拭干净。

（3）仪器零点的校正。

接通电源并打开光源开关，5～10min 后，钠光灯发光正常（黄光），开始测定。通常在正式测定前需校正仪器的零点，即将充满蒸馏水或被测试样的溶剂的试样管放入试样室，旋转粗调钮和微调钮至目镜视野中三分视场的明暗程度完全一致（较暗），再按游标尺原理记下读数，如此重复测定五次，取其平均值为仪器的零点值。

（4）试样旋光度的测定。

调节检偏器，使视场最暗。放入被测溶液，受旋光性的作用，视场由暗变亮。旋转检偏器，使视场重新变暗，转过的角度就是旋转角。实验测得的旋光度为 57.5°。

【实验设备和实验材料】

光谱分析仪器、玻璃盖片、培养皿、吸管、玻璃棒、烧杯、量筒、蒸馏水、酒精、被测组分［蔗糖溶液、葡萄糖溶液、果糖溶液、尿样（测试铜含量）、$C_7H_5O_2Na$ 固体、C_8H_8O 液体、镍基高温合金、镁合金、铝合金等］。

【实验方法及步骤】

（1）从准备的多种被测组分中，选择一种被测组分。

（2）分析选择的被测组分特征。

（3）根据选择的被测组分特征，从六种分析方法中选择一种并进行成分分析。

（4）介绍成分分析的过程，写出相应的计算或测量步骤。

【注意事项】

（1）用吸收光谱法进行成分分析时，测定溶液应经过过滤或彻底澄清，防止堵塞雾化器。当金属雾化器的进样毛细管堵塞时，可用软细金属丝疏通。当玻璃雾化器的进样毛细管堵塞时，可用洗耳球从前端吹出堵塞物；也可以用洗耳球从进样端抽气，同时从喷嘴处吹水，洗出堵塞物。

（2）用原子发射光谱法进行成分分析时，若器皿被污染则需用王水认真洗涤，特别是处理过含金量高的试样的器皿，应重点用王水清洗。在操作过程中避免使用含铬、铁等元素的金属工具，防止这些元素干扰测定。

(3) 用原子荧光光谱法进行成分分析时，保证实验所用水、酸、还原剂硼氢化钾及实验过程中使用的其他试剂不含被测元素和干扰元素。仪器中的透镜应保持清洁，若发现不洁净，则可用脱脂棉蘸乙醇和乙醚的混合液（30%乙醇和70%乙醚）拧干后擦拭。

(4) 红外光谱测定常用的试样制备方法是溴化钾（KBr）压片法，为减小对测定的影响，KBr应为光学试剂级，至少为分析纯级。使用前，应适当研细（200目以下），并在120℃以上至少烘干4h后置干燥器中备用。若发现结块则应重新干燥。制备好的空KBr片应透明，与空气相比，透光率应在75%以上。测定用试样应干燥，否则应在研细后置于红外灯下烘干几分钟。试样研好并在模具中装好后，应与真空泵相连后至少抽真空2min，以使试样中的水分进一步被抽走，然后加压到0.8～1.0GPa并维持2～5min。不抽真空将影响压片的透明度。

(5) 用分光光度法进行成分分析时，空白溶液与被测溶液必须澄清。若浑浊则应预先过滤并弃用初滤液。测定时，采用石英吸收池。在规定的吸收峰波长±2nm以内测试几个点的吸收度，吸收峰波长应在各品种项下规定的波长±2nm以内；否则应考虑该试样的真伪、纯度以及仪器波长的准确度，并以吸收度最大的波长为测定波长。取洁净的吸收池时，应拿毛玻璃两面，切忌用手拿捏透光面，以免沾上油污。使用后，应立即用水冲洗干净，必要时用1∶1盐酸浸泡，然后用蒸馏水冲洗干净。

(6) 用旋光法进行成分分析时，每次测定前都应用溶剂做空白校正，测定后再校正1次，以确定测定时零点有无变动。若第2次校正时发现零点有变动，则应重新测定旋光度。配制溶液及测定时，应调节温度至20℃±0.5℃（或各品种项下规定的温度）。被测溶液应充分溶解且澄清。

【思考题】

(1) 用吸收光谱法进行成分分析时，燃烧器缝口积存盐类会使火焰分叉，影响测定结果，此时应该如何处理？

(2) 用原子发射光谱法进行成分分析时，用过的烧杯、坩埚、方瓷皿、表面皿等被污染时应该如何处理？

(3) 用原子荧光光谱法进行成分分析，不慎遇到含量极高的干扰元素（特别是Hg）时，管路系统会受到严重污染，此时应该如何处理？

(4) 用红外光谱法进行成分分析时，采用溴化钾压片法，为什么压片厚度应小于0.5mm？

(5) 用分光光度法进行成分分析时，为什么测定被测物质的吸收度后应先减去空白读数，再计算含量？

(6) 用旋光法进行成分分析时，为什么表示物质的比旋光度时应注明测定条件？

实验四　电化学分析法成分分析

【实验目的】

1. 了解常用的电化学分析法。

2. 掌握电位分析法、电解分析法、电导分析法、库仑分析法和极谱分析法的基本原理。

3. 掌握根据被测物的特征选择合适的电化学分析法测定成分。

【实验原理】

电化学分析法（electroanalytical chemistry）是应用电化学原理和技术，根据物质的电化学性质测定物质组成及含量的分析方法。电化学分析法的原理是将试样溶液以适当的形式作为化学电池的一部分，根据被测组分的电化学性质，通过测量某种电参量得到分析结果。如今，一般使用电化学工作站对试样进行测定。直接测定电流、电位、电导、电量等物理量，在溶液中有电流或无电流流动的情况下研究、确定参与反应的化学物质的量。电化学分析法与其他分析方法相比仪器简单、灵敏度和准确度高、分析速度高，特别是测定过程的电信号易与计算机联用，可实现自动化分析、连续分析。电化学分析方法已成为生产和科研中广泛应用的分析方法。

根据测量的电化学参数的不同，电化学分析法可分为电位分析法、电解分析法、电导分析法、库仑分析法和极谱分析法。

1. 电位分析法

电位分析法（potentiometric analysis）的实质是通过在零电流条件下测定两电极间的电位差（电池电动势）进行分析。通常，指示电极、参比电极和被测溶液构成原电池，如图 3.4.1 所示。若指示电极选择玻璃电极（Ag－AgCl）并做负极，参比电极选择饱和甘汞电极（Hg_2Cl_2－Hg)并做正极，则原电池组成的表示形式为（－)Ag｜AgCl｜内充液｜膜｜被测溶液 ¦¦ KCl(饱和)｜Hg_2Cl_2｜Hg(＋)。

电位分析法可分为直接电位法和电位滴定法。

（1）直接电位法。

选择合适的指示电极与参比电极，将其浸入待测溶液组成原电池，通过测量原电池的电动势，根据能斯特方程求出被测组分活（浓）度的方法称为直接电位法。

根据能斯特方程，氧化还原体系 Ox（氧化物）$+ne^- \rightleftharpoons$ Red（还原物）的电动势 E 满足如下数学表达式。

$$E = E^{\ominus}_{Ox/Red} + \frac{RT}{nF} \ln \frac{a_{Ox}}{a_{Red}}$$

金属电极 $M - ne^- \rightleftharpoons M^{n+}$ 的电动势

$$E=E^{\ominus}_{M^{n+}/M}+\frac{RT}{nF}\ln a_{M^{n+}}$$

两式中,E 为电动势；$E^{\ominus}$ 为标准电极电势；R 为气体常数，$R=8.314\text{J}/(\text{mol}\cdot\text{K})$；$T$ 为温度；n 为电极反应中的电子转移数；F 为法拉第常数，$F=(96485.3383\pm0.0083)$ C/mol；a 为浓度。

（2）电位滴定法。

通过观察滴定过程中电势的突然变化确定滴定终点的方法称为电位滴定法。电位滴定法的基本原理是在被测物质的溶液中插入合适的指示电极和参比电极而组成原电池，随着标准溶液的加入，被测离子的浓度不断降低，指示电极的电势发生变化。在化学计量点附近，被测离子的浓度发生滴定突跃，指示电极的电势也发生相应的突跃，测量电动势的突跃即可确定滴定终点。电位滴定装置如图 3.4.2 所示。

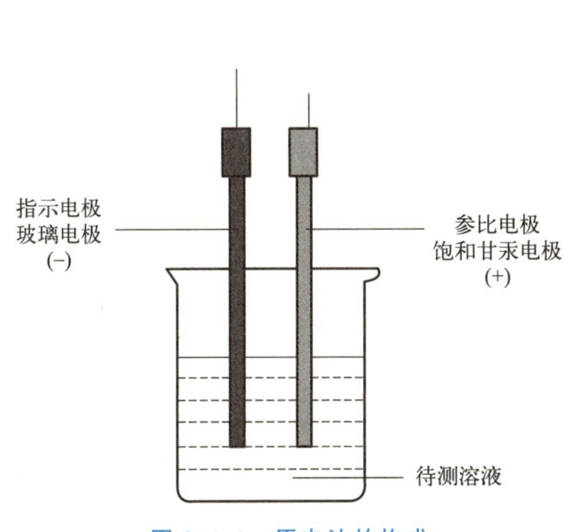

图 3.4.1 原电池的构成

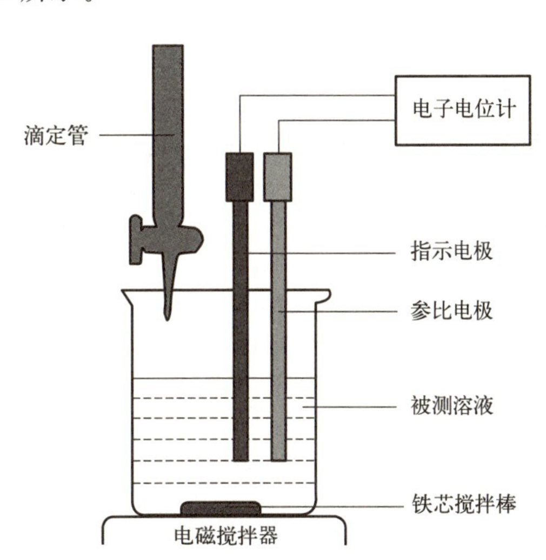

图 3.4.2 电位滴定装置

在电位滴定过程中，记录每次滴定时的滴定剂用量（V）和相应的电动势（E）并作图，可得到滴定曲线。通常采用 $E-V$ 曲线法、$\Delta E/\Delta V-V$ 曲线法和 $\Delta E^2/\Delta V^2-V$ 曲线法三种方法确定电势滴定终点。

① $E-V$ 曲线法。

以加入滴定剂的体积（V）为横坐标、以电动势（E）为纵坐标绘制 $E-V$ 曲线，如图 3.4.3 所示。曲线上的转折点为化学计量点。该方法简单，但准确性稍差。

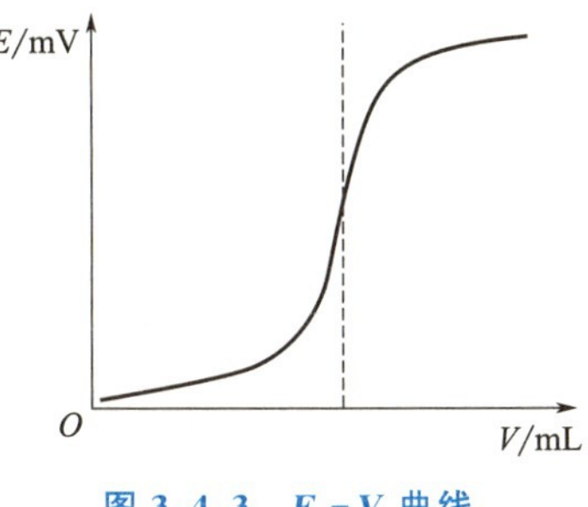

图 3.4.3 $E-V$ 曲线

② $\Delta E/\Delta V-V$ 曲线法。

以加入滴定剂的体积（V）为横坐标、以 $\Delta E/\Delta V$（E 的变化值与相应的加入滴定剂的体积增量的比）为纵坐标绘制 $\Delta E/\Delta V-V$ 曲线，如图 3.4.4 所示曲线上的极值点为化学计量点，该点对应 $E-V$ 曲线中的转折点。由于在计量点处变化较大，因而滴定准确；但数据处理及作图麻烦。

③ $\Delta E^2/\Delta V^2-V$ 曲线法。

以加入滴定剂的体积（V）为横坐标、以 $\Delta E^2/\Delta V^2$ 为纵坐标绘制 $\Delta E^2/\Delta V^2-V$ 曲线，如图 3.4.5 所示。曲线上由极大正值到极大负值与横坐标相交处对应的 V 点为化学剂量点，该点对应 $E-V$ 曲线中的转折点和 $\Delta E/\Delta V-V$ 曲线中的极值点。

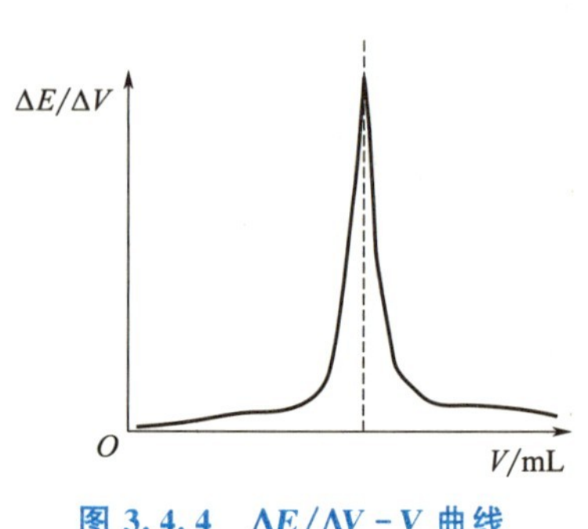

图 3.4.4　$\Delta E/\Delta V-V$ 曲线

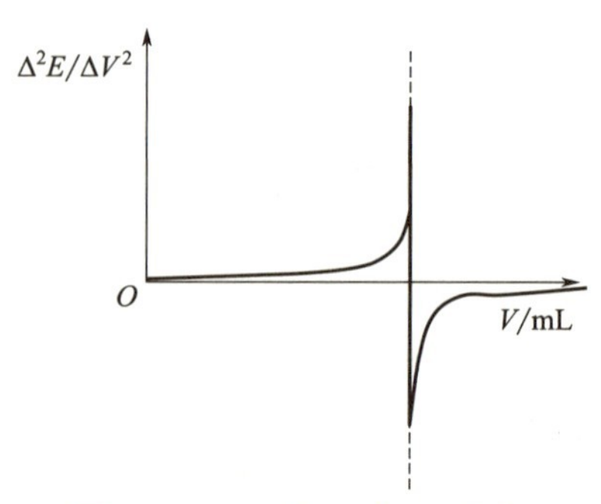

图 3.4.5　$\Delta E^2/\Delta V^2-V$ 曲线

电位滴定法常用的电极见表 3.4.1。

表 3.4.1　电位滴定法常用的电极

滴定方法	参比电极	指示电极
水溶液酸碱滴定	饱和甘汞电极	玻璃电极
非水溶液酸碱滴定	饱和甘汞电极	玻璃电极
氧化还原滴定	饱和甘汞电极	铂电极（或金电极、汞电极）
水溶液银量法	饱和甘汞电极	银电极、银-硝酸钾盐桥电极
配位滴定	饱和甘汞电极	根据被测离子选择电极

2. 电解分析法

电解分析法（eectrolytic analysis）又称电重量分析法，是建立在电解基础上，通过称量沉积于电极表面的沉积物质量测定溶液中被测离子含量的电化学分析法。

电解是在电解池中进行的，外加电源的正极和负极分别与电解池的阳极和阴极相连。在电解过程中，在阳极发生氧化反应，在阴极发生还原反应。当实际施加于两极的电压大于理论分解电压、超电压和电解回路的电压降之和时，电解过程持续、稳定进行，被测离子以一定组成的金属形态在阴极析出或以一定组成的氧化物形态在阳极析出。电解分析法按电解过程的不同分为恒电流电解分析法、控制阴极电位电解分析法、内电解分析法和汞阴极电解分析法。

【例 3.4.1】 电解硫酸铜溶液，逐渐增大电压至一定值后，在电解池内与电源负极相连的阴极开始产生 Cu 沉淀，同时在与电源正极相连的阳极开始产生气体。

【解】 电解池中发生如下反应。

阴极反应：$Cu^{2+}+2e^{-}=Cu$

阳极反应：$2H_2O=O_2+4H^{+}+4e^{-}$

电池反应：$2Cu^{2+}+2H_2O=2Cu+O_2+4H^+$

$$E(Cu/Cu^{2+})=0.337+\frac{0.059}{2}\lg[Cu^{2+}]\approx 0.307(V)$$

$$E(O_2/H_2O)=1.229+\frac{0.059}{4}\lg\frac{[O_2][H^+]}{[H_2O]}\approx 1.22(V)$$

电池电动势：$E=0.307-1.22=-0.91(V)$。当外加电压超过 0.91V 时，阴极开始析出 Cu 沉淀。

3. 电导分析法

在外电场作用下，电解质溶液中的正、负离子以相反方向移动的现象称为电导。电导分析法（conductometric analysis）是通过测量溶液电导分析被测物质含量的电化学分析方法。其基本原理是将被测溶液放在由固定面积、固定距离的两个铂电极构成的电导池中，测量溶液电导，从而计算被测物质的含量。

电导分析法的特点：仪器及操作简单；易实现自动分析；选择性差，应用有限；溶液电导不是某个离子的特性，而是溶液中所有离子单独电导的总和，只能测量离子的总量，而不能鉴别和测定某离子及其含量。

电导分析法的应用：监测水的纯度（测定水体中的总盐量）；监测大气中的有害气体（如 SO_2、CO_2 和 HF 等）；测定某些物理化学常数；对生产中的某些中间流程进行控制及自动分析；等等。

测量溶液电导就是测量电阻。电导分析法的测量装置包括电导池和电导仪。测量时，应以交流电为电源，不能使用直流电。直流电通过电解质溶液时会发生电解，使溶液中组分的浓度改变，溶液电导随之改变；同时，由于两极上有电极反应而产生反电动势，影响测量。一般使用频率为 50Hz 的交流电，测量低电阻溶液时，为防止出现极化现象，宜采用频率为 1000～2500Hz 的高频电源。

4. 库仑分析法

库仑分析法（coulometry analysis）是以测量电解过程中被测物质在电极上发生电化学反应消耗的电量来进行定量分析的电化学分析法。

库仑分析法的理论基础是法拉第电解定律。库仑分析法对试样溶液进行电解，但不需要称量电极上析出物的质量，而是通过测量电解过程中消耗的电量，由法拉第电解定律计算出分析结果。因此，采用库仑分析法时必须保证电极反应专一、电流效率为 100%，否则不能应用此方法。

库仑分析法的优点：灵敏度高，准确度好，测定 10^{-12}～10^{-10}mol/L 物质的误差约为 1%；不需要标准物质和配制标准溶液，可以用作标定的基准分析方法；对一些易挥发、不稳定的物质［如卤素、Cu（+1 价）、Ti（+3 价）等］，也可作为电生滴定剂用于容量分析，扩大了容量分析的范围；易实现自动化。

库伦分析法广泛用于有机物测定、钢铁快速分析和环境监测，也可用于测量参与电极反应的电子数。

在电解池的两个电极加直流电压，受外加电压的作用，电极上发生氧化还原反应（电极反应），同时有电流流过，这一过程称为电解。电解示意如图 3.4.6 所示，负极为阴极（发

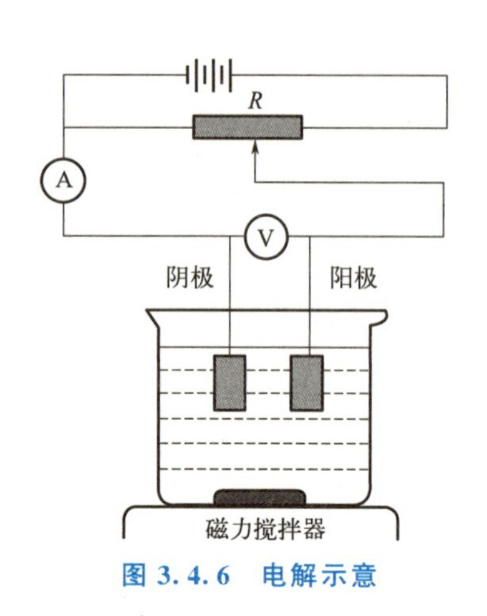

图 3.4.6　电解示意

生还原反应)，正极为阳极（发生氧化反应)。

【例 3.4.2】 在含有 0.1mol/L $CuSO_4$ 的 0.1mol/L H_2SO_4 溶液中浸入两个铂电极，电极通过导线分别与直流电源的正极和负极连接。如果在两个电极上加足够大的电压就会发生电解，试写出正、负极上的电极反应和整个电解反应。如果通过电解池的电流为 0.5A，电流效率为 100%，通电 24.12min 后，在阳极和阴极上得到产物的质量分别是多少?

【解】

负极反应：$Cu^{2+}+2e^- = Cu$

$$m_{Cu}=\frac{0.5\times60\times24.12}{2\times96487}\times63.5\approx0.238(g)$$

正极反应：$2H_2O = O_2+4H^++4e^-$

$$m_{O_2}=\frac{0.5\times60\times24.12}{4\times96487}\times32\approx0.06(g)$$

电解反应：$2Cu^{2+}+2H_2O = 2Cu+O_2+4H^+$

库伦分析法根据电解方式分为控制电位库仑分析法和恒电流库仑滴定法。

(1) 控制电位库仑分析法。

控制电位库仑分析法又称恒电位库仑分析法，其原理是在电解过程中，将工作电极的电位控制在被测物质析出电位上，使被测物质以 100%的电流效率电解，被测物质的浓度不断降低，电流随之减小，当电解电流趋于零时被测物质电解完全，停止电解。控制电位库仑分析法的测量装置如图 3.4.7 所示。

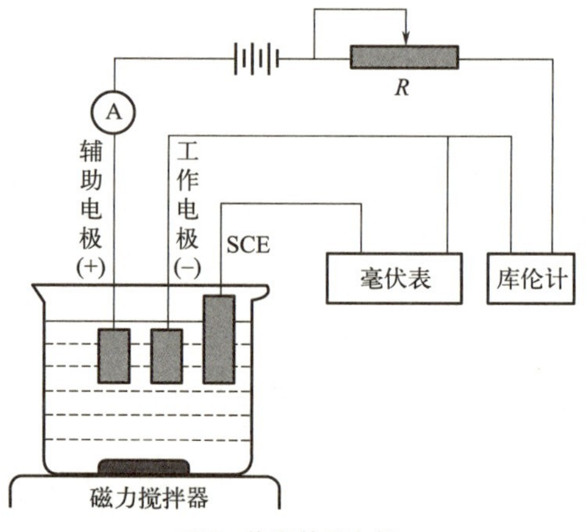

SCE—饱和甘汞电极。

图 3.4.7　控制电位库仑分析法的测量装置

控制电位库仑分析法的特点：可以测定电解产物不是固态物质或不易称量的反应，如利用 H_3AsO_3 在铂电极（阳极）上氧化成砷酸 H_3AsO_3 的反应测定砷；无须基准物，准确度高，误差为 0.1%～0.5%；灵敏度高。

控制电位库仑分析法的应用：用于测定氢、氧、卤素等非金属元素，锂、钠、铜、银、金、铂等金属元素，以及镅和稀土元素等；用于有机物及生化分析，如测定三氯乙酸、血清中的尿酸等。

(2) 恒电流库仑滴定法。

恒电流库仑滴定法简称库仑滴定法。以恒定的电流通过电解池，在工作电极上产生一种能够与溶液中待测组分反应的滴定剂，称为电生滴定剂。可以用加入指示剂或电化学方法指示滴定终点。准确测量通过电解池的电流强度和从电解到电生滴定剂与待测物质完全反应（反应终点）的时间，利用法拉第电解定律求出物质含量。

库仑滴定分析与一般滴定分析的不同点：在库仑滴定分析中滴定剂是电解产生的，而不是由滴定管加入的；计量标准量为时间及电流，而不是一般滴定分析的标准溶液的浓度及体积。

恒电流库仑滴定法的测量装置如图 3.4.8 所示。指示滴定终点系统用于指示滴定终点，其具体装置应根据滴定终点指示方法确定，可以用指示剂指示，也可以用电位法或电流法等电化学方法指示。使用电化学法指示滴定终点时，电解池内还要安装指示电极，这种方法的特点是易实现自动化。

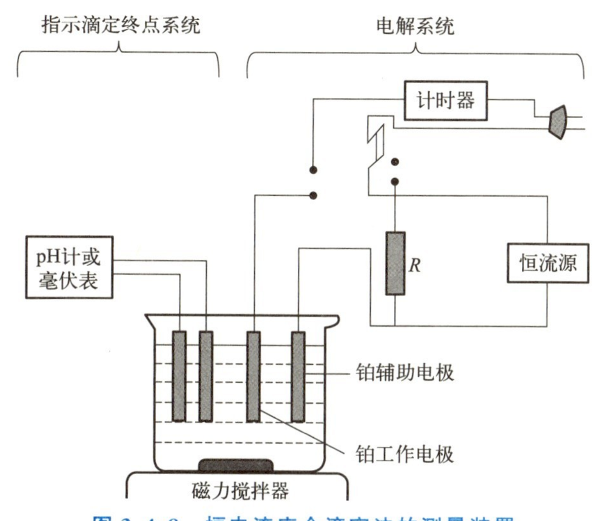

图 3.4.8 恒电流库仑滴定法的测量装置

恒电流库仑滴定法的优点如下。

① 在现代技术条件下，可以准确计量电流和时间，只要电流效率及终点控制好，方法的准确度、精密度就会很高，一般相对误差为 0.2%，甚至可以达到 0.01%。因此，恒电流库仑滴定法可以作为标准方法或仲裁分析法。

② 有些物质（如 Cu^{+}、Cr^{2+}、Sn^{2+}、Cl_2、Br_2 等）不稳定或难以保持一定浓度，在一般滴定分析中不能配制成标准溶液，而在库仑滴定分析中可以产生电生滴定剂。

③ 灵敏度高，取样少。检出限为 10^{-7}mol/L，既能测定常量物质又能测定痕量物质。

④ 易实现自动检测，可进行动态的流程控制分析。

恒电流库仑滴定法的缺点是选择性不够好，不适合分析复杂组分。

恒电流库仑滴定法的应用：对于可以用一般滴定分析的滴定（如酸碱滴定、氧化还原滴定、沉淀滴定、配位滴定等）测定的物质，均可用恒电流库仑滴定法测定。

5. 极谱分析法

极谱分析法（polarographic analysis）属于伏安分析法，它以滴汞电极为工作电极，使用滴汞电极的伏安法通常称为极谱分析法。

滴汞电极具有如下特点。

（1）电极毛细管口处的汞滴很小，易形成浓差极化。

（2）汞滴不断滴落，电极表面不断更新，重复性好。受汞滴周期性滴落的影响，汞滴面积变化，使电流呈快速锯齿状变化。

（3）氢在汞上的超电位较大。

(4) 金属与汞生成汞齐，降低其析出电位，也可分析碱金属和碱土金属。

极谱分析是应用浓差极化现象测量溶液中待测离子浓度的。在电流密度较大、不搅拌或搅拌不充分的条件下，由于电解反应电极表面周围的离子浓度迅速降低，溶液本体中的离子来不及扩散到电极表面进行补充，因此电极表面附近的离子浓度降低。电极附近待测离子浓度降低而使电极电位偏离原来的平衡电位的现象称为极化现象。由电解时电极表面浓度差异引起的极化现象称为浓差极化。

当外加电压较大时，电极表面周围的待测离子浓度降为零，电流不会随外加电压的变化而变化，而完全由待测离子从溶液本体向电极表面的扩散速度决定，并达到一个极限值，称为极限电流。此时有电流-离子浓度的关系，这就是极谱分析的依据。

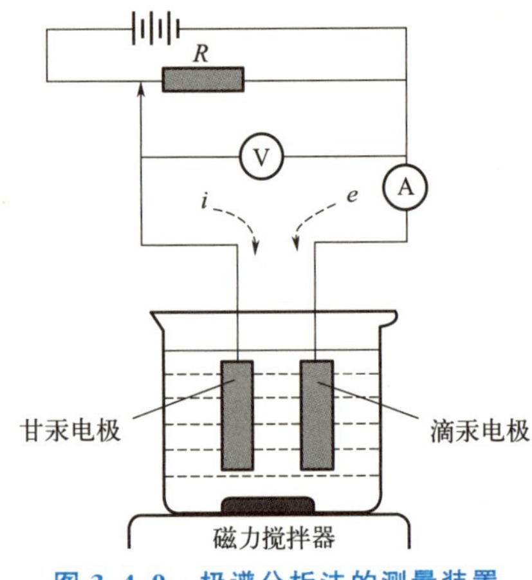

图 3.4.9　极谱分析法的测量装置

极谱分析法的测量装置如图 3.4.9 所示。在极谱分析中，以大面积的饱和甘汞电极为阳极，其电极电位在电解过程中保持恒定。只要氯离子浓度不变，电极电位就不变。饱和甘汞电极不会出现浓差极化现象，它是去极化电极。

$$\varphi_{Hg/HgCl}=\varphi^{-}_{Hg/HgCl}-0.0591\lg[Cl^{-}]\quad(25℃)$$

以滴汞电极为阴极（工作电极），其电位完全由外加电压控制。

由电路关系得

$$U_{外}=\varphi_{a}-\varphi_{c}+iR$$

式中，$U_{外}$为外加电压；φ_{a}为阳极电位；φ_{c}为阴极电位；i为电流；R为电阻。

因极谱分析中的电流很小，故可忽略iR项，得

$$U_{外}=\varphi_{a}-\varphi_{c}$$

因φ_{a}电位恒定，故可作为参比标准，规定为$\varphi_{a}=0$，则有

$$U_{外}=-\varphi_{c}$$

极谱分析中的电流-电压曲线（又称极谱波）是极谱分析中的定性和定量依据。极谱曲线（以铅为例）如图 3.4.10 所示。

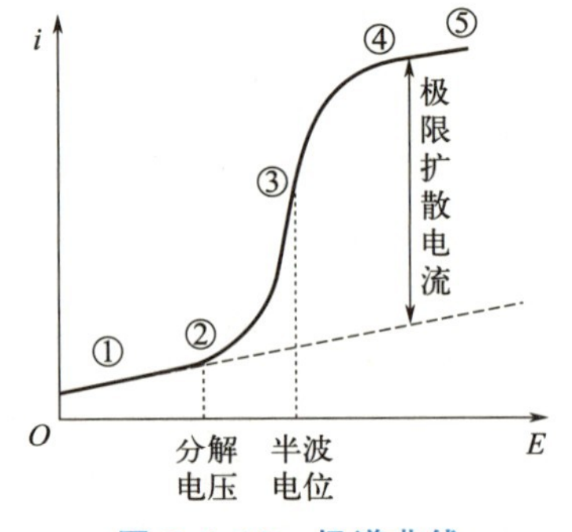

图 3.4.10　极谱曲线（以铅为例）

(1) 当外加电压U小于待测离子 Pb 分解电压时，不发生电解反应，只有微弱电流（残余电流）通过，如图 3.4.10 中①～②段。

(2) 当外加电压U增大到 Pb 的分解电压时，发生电解反应，电解池开始有微小电流通过，如图 3.4.10 中②点。

(3) 当外加电压U继续增大时，电解反应加剧，电解池中的电流也加剧，如图 3.4.10 中②～④段。此时，滴汞电极汞滴周围的Pb^{2+}浓度迅速下降且低于溶液本体中的Pb^{2+}浓度，溶液本体中的Pb^{2+}向电极表面扩散，电解反应继续进行。这种Pb^{2+}不断扩散、不断电解形成的电流称为扩散电流。在溶液本体与电极表面之间形成扩散层，设扩散层内电极表面的Pb^{2+}浓度为C_0，扩散层外与溶液本体中的Pb^{2+}浓度相同且为C，则扩散电流$i_{扩散}=K(C-C_0)$。

(4) 当外加电压 U 增大到一定值时，C_0 非常小，相对 C 而言可忽略，电流完全被溶液中被测离子浓度控制，如图 3.4.10 中的④～⑤段，极限扩散电流 $i_d = KC$。可见，极限电流与溶液中的被测离子浓度成正比，这是极谱分析的定量基础。由于极谱曲线上的极限电流不完全由浓差极化而得，还包括残余电流（i_r），因此极限电流减去残余电流得到极限扩散电流（i_d）。

极谱曲线上扩散电流为极限扩散电流一半时的滴汞电极电位为半波电位。当溶液的组成和温度一定时，每种物质的半波电位都一定，不随浓度的变化而变化，这是极谱分析的定性基础。极谱曲线的形成条件如下。

(1) 被测物质的浓度要小，以快速形成浓度梯度。

(2) 溶液保持静止，使扩散层厚度稳定，被测物质仅依靠扩散到达电极表面。

(3) 电解液含有较大量惰性电解质（支持电解质），使待测离子在电场作用力下的迁移速率最低。

(4) 使用两个性能不同的电极。极化电极的电位随外加电压变化，以保证在电极表面形成浓差极化。

【实验设备和实验材料】

电化学工作站、三电极系统、计算机、导线、被测试剂（含 Cl^- 试液、多种高纯金属、水、牛奶、鸡蛋、油、塑料、维生素 C 药片、金属锌、钢铁、铝镁合金、矿石等）、吹风机、天平、吸管、玻璃棒、烧杯、量筒、蒸馏水、酒精等。

【实验方法及步骤】

(1) 用电位分析法测定含 Cl^- 试液。以银电极为指示电极，饱和甘汞电极为参比电极，用 0.1000mol/L 的 $AgNO_3$ 标准溶液滴定含 Cl^- 试液。

(2) 用电解分析法测定多种高纯金属（如锌、铜、镍、锡、铅、铜、铋、锑、汞、银等）的含量。

(3) 用电导分析法测定水体中的总盐量、检验牛奶掺假、检验鸡蛋的新鲜度或者快速检测地沟油。

(4) 用库仑分析法测定塑料中的水分或者维生素 C 药片中的抗坏血酸含量。

(5) 用极谱分析法测定金属锌中的微量 Cu、Pb、Cd、Pb、Cd 或钢铁中的微量 Cu、Ni、Co、Mn、Cr，铝镁合金中的微量 Cu、Pb、Cd、Zn、Mn，矿石中的微量 Cu、Pb、Cd、Zn、W、Mo、V、Se、Te 等。

【注意事项】

(1) 用电位分析法进行成分分析时，已知电极作为指示电极或参比电极不是绝对的。同一个电极在一些测定中可能作为指示电极，在另一些测定中也可能作为参比电极。从理论上讲，只要在测定过程中该电极的电位与被测物质的含量存在确定的函数关系就可作为指示电极，只要该电极的电位与被测物质的含量没有关系并保持常数就可作为参比电极。

(2) 用电解分析法进行成分分析时，当电解电流降低到恒定的背景电流值时，说明某被测物质已经完全从溶液中析出。

(3) 用电导分析法进行成分分析时，电极一定、温度一定的电解质溶液，电导与电解质溶液浓度成正比，即 $G=KC$，这是电导分析的理论基础。但 $G=KC$ 仅适用于稀溶液。在浓溶液中，受离子间相互作用的影响，电解质溶液的电离度小于100%，G 与 C 不呈线性关系。

（4）用库仑分析法进行成分分析时，需注意在滴定过程中溶液中的电对是否可逆、到达终点后电对是否可逆、电流在终点后的变化情况不同。

（5）用极谱分析法分析成分时，被测物质的浓度要小，以快速形成浓度梯度。此外，溶液要保持静止，使扩散层厚度稳定，被测物质仅依靠扩散到达电极表面。

【思考题】

（1）用电位分析法进行成分分析时，如何选择合适的指示电极和参比电极？

（2）用电解分析法进行成分分析时，为什么理论分解电压小于实际分解电压？

（3）用电导分析法进行成分分析时，为什么测量时应以交流电为电源，而不能使用直流电？

（4）用库仑分析法进行成分分析时，电解的终点如何作出正确指示？

（5）用极谱分析法进行成分分析时，为什么使用一支极化电极和另一支去极化电极作为工作电极？

实验五　电子探针 X 射线成分分析

【实验目的】

1. 了解电子探针成分分析的工作原理。
2. 掌握电子探针对被测试样的要求
3. 掌握电子探针的点分析、线分析及面分析。

【实验原理】

1. 电子探针的工作原理

电子探针显微分析（electron probe micro analysis，EPMA）的原理是利用电子轰击试样产生 X 射线，根据 X 射线中谱线的波长和强度鉴别存在的元素并计算出其含量。除专门的电子探针外，大部分电子探针谱仪都作为附件安装在扫描电镜或透射电镜上，与电镜组成一个多功能仪器，以满足微区形貌、晶体结构及化学组成同时分析的需要。

电子探针的应用非常广泛，特别是在材料显微结构—工艺—性能关系的研究中，电子探针起到重要作用。电子探针显微分析具有以下特点。

（1）显微结构分析。电子探针的工作原理是利用 0.1～1μm 的高能电子束激发试样，通过电子与试样的相互作用产生的特征 X 射线、二次电子、吸收电子、背散射电子及阴极荧光等信息，以分析试样的微区内（μm 范围内）成分、形貌和化学结合状态等特征。

电子探针成分分析的空间分辨率（微区成分分析的最小区域）是几个立方微米范围，电子探针成分分析能将微区化学成分与显微结构对应，是一种显微结构的分析。而一般化学分析、X 射线荧光分析及光谱分析等用于分析试样较大范围内的平均化学组成，无法与显微结构对应，无法研究材料显微结构与材料性能的关系。

（2）元素分析范围广。电子探针分析的元素范围一般从硼（B）到铀（U），虽然锂（Li）和铍（Be）能产生 X 射线，但产生的特征 X 射线波长太大，通常无法检测。少数电子探针用一种皂化膜为衍射晶体检测 Be 元素。

（3）定量分析准确度高。电子探针是微区元素定量分析较准确的仪器。电子探针的检测极限（能检测到的元素最低浓度）为 0.01%～0.05%，不同测量条件和不同元素有不同的检测极限，主元素定量分析的相对误差为 1%～3%。对于原子序数大于 11 的元素，当含量超过 10%时相对误差通常小于 2%。

（4）不损坏试样，分析快。现在电子探针均与计算机联机，可以连续自动采用多种方法分析，并自动进行数据处理和数据分析。在电子探针分析过程中，一般不会损坏试样。分析试样后，可以完好保存或继续进行其他方面的分析和测试，这对文物、古陶瓷、古硬币及犯罪证据等的稀有试样分析尤为重要。

（5）微区离子迁移研究。多年来，采用电子探针的入射电子束注入试样方法诱发离子迁移，以研究固体中微区离子迁移动力学、离子迁移机理、离子迁移种类、离子迁移的非均匀性及固体电解质离子迁移损坏过程等，取得了许多成果。

电子探针的构造与扫描电镜相似，只是增加了接收记录 X 射线的谱仪。电子探针使用的 X 射线谱仪有波谱仪和能谱仪。

（1）电子探针的工作原理。

电子探针利用被聚焦 0.1～1μm 的高能电子束轰击试样表面，X 射线波谱仪或能谱仪检测从试样表面有限深度和侧向扩展的微区体积内产生的特征 X 射线的波长及强度，得到 1μm^3 微区的定性或定量的化学成分。

（2）检测特征 X 射线。

一般采用 X 射线谱仪（波谱仪或能谱仪）检测特征 X 射线的波长和强度。

① 波谱仪。

波谱仪依据“不同元素的特征 X 射线具有不同波长”的特点分析试样成分。若试样含有多种元素，则高能电子束入射试样会激发不同波长的特征 X 射线。波谱仪通过晶体衍射分光的原理实现对不同波长 X 射线的分散展谱、鉴别与测量。

在波谱仪中，使用弯晶对 X 射线分谱。因此，恰当地选用弯晶比较重要。晶体展谱遵循布拉格方程 $2d\sin\theta=\lambda$。显然，对于不同波长的特征 X 射线，需要选用与其波长相当的分光晶体。对波长为 0.05～10nm 的 X 射线，需要使用多块晶体展谱。波谱仪的结构如图 3.5.1 所示。

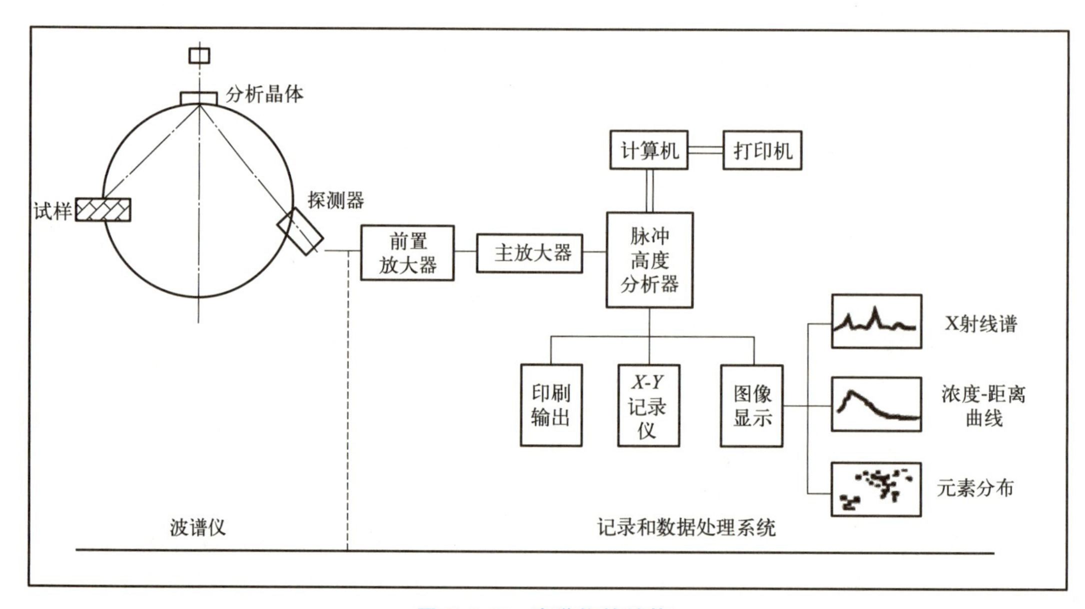

图 3.5.1　波谱仪的结构

② 能谱仪。

能谱仪的能量分辨率比波谱仪低。能谱仪和波谱仪的比较如图 3.5.2 所示。可以看出，能谱仪给出的波峰比较宽，容易重叠。在一般情况下，能谱仪硅（锂）检测器的能量分辨率约为 160eV，而波谱仪检测器的能量分辨率为 5～10eV。

波谱仪和能谱仪的主要性能比较见表 3.5.1。可以发现，波谱仪的分辨率和定量分析的准确度都较高，因此使用电子探针分析成分时一般选用波谱仪。

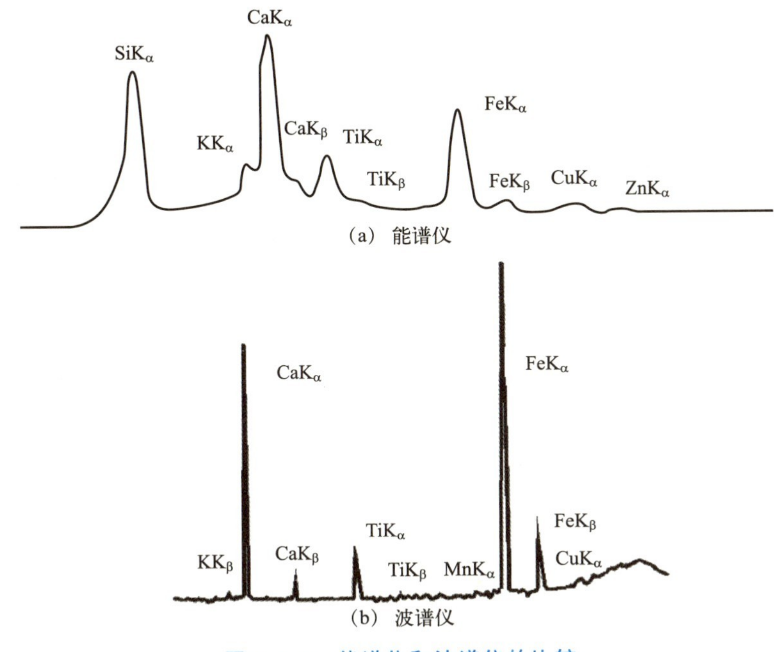

图 3.5.2 能谱仪和波谱仪的比较

表 3.5.1 波谱仪和能谱仪的主要性能比较

比较内容	波谱仪	能谱仪
元素分析范围	4Be～92U	4Be～92U
定量分析速度	高	低
分辨率/eV	高（≈5）	低（130）
检测极限/(%)	10^{-2}	10^{-2}
定量分析的准确度	高	低
X 射线收集效率	低	高
峰背比	10	1

2. 电子探针的结构

电子探针的结构如图 3.5.3 所示，主要包括如下部分。

(1) 电子光学系统。电子光学系统包括电子枪、电磁透镜、消像散器和扫描线圈等。电子光学系统的功能是产生一定能量的电子束、足够大的电子束流、尽可能小的电子束直径，从而产生稳定的 X 射线激发源。

① 电子枪。电子枪由阴极（灯丝）、栅极和阳极组成，其主要作用是产生具有一定能量的细聚焦电子束（探针）。加热的钨丝发射电子，经栅极聚焦和阳极加速后，形成一个直径为 10～100μm 的交叉点。

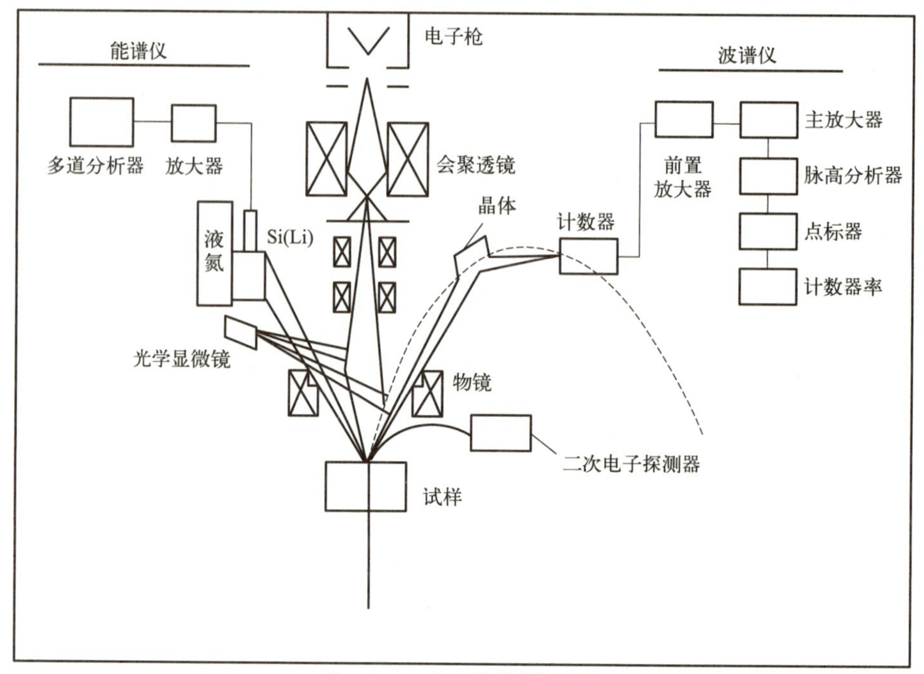

图 3.5.3 电子探针的结构

② 电磁透镜。电磁透镜分为会聚透镜和物镜。靠近电子枪的透镜称为会聚透镜，会聚透镜一般分两级，其把电子枪形成的 10～100μm 的交叉点缩小为 0.1～10μm 后进入试样上方的物镜，物镜可再缩小电子束（1μm）并聚焦到试样上。为了挡掉大散射角的杂散电子，使入射到试样的电子束直径尽可能小，会聚透镜和物镜下方都有光阑。

（2）X 射线谱仪系统。

（3）试样室。试样室用于安装、交换和移动试样。试样可以沿 X 轴、Y 轴、Z 轴方向移动。有的试样台可以倾斜、旋转。现在试样台用光编码定位，准确度高于 1μm。对表面不平的大试样进行元素面分析时，在 Z 轴方向可以自动聚焦。试样室可以安装各种探测器，如二次电子探测器、背散射电子探测器、波谱仪、能谱仪及光学显微镜等。光学显微镜用于观察试样（包括荧光观察），以确定分析部位，利用电子束照射后能发出荧光的试样（如 ZrO_2）观察入射到试样上的电子束直径。

（4）电子计算机。

（5）扫描显示系统。扫描显示系统用于对电子束在试样表面和观察图像的荧光屏进行同步光栅扫描，经电子束与试样的相互作用产生二次电子、背散射电子及 X 射线等信号，该信号经过探测器及信号处理系统后，送到 CRT 显示图像或照相记录图像。以前采集图像一般为模拟图像，现在都是数字图像，可以进行图像处理和图像分析。

（6）真空系统。真空系统用于保证电子枪和试样室有较高的真空度，高真空度能减少电子的能量损失和电子光路的污染，提高钨丝寿命。真空系统的真空度为 0.001～0.01Pa，通常用机械泵——油扩散泵抽真空。油扩散泵的残余油蒸气在电子束的轰击下分解成碳的沉积物，影响超轻元素的定量分析结果，特别是对碳的分析影响严重。用液氮冷阱冷却试样或采用无油的涡轮分子泵抽真空，可以减少试样碳污染。

3. 电子探针在材料成分分析中的应用

(1) 定性分析。用 X 射线波谱仪测量电子激发试样产生的特征 X 射线波长的种类，即可确定试样中元素的种类，这就是定性分析的基本原理。

(2) 定量分析。把试样的 X 射线强度与标准试样的对比，并作一些校正即可计算出分析点处的成分含量。试样中 A 元素的相对含量 C_A 与该元素产生的特征 X 射线的强度 I_A (X 射线计数) 成正比 ($C_A \propto I_A$)，如果在相同的电子探针分析条件下，同时测量试样和已知成分的标准试样中 A 元素的同名 X 射线（如 K_α 线）强度，并经过修正计算，就可以得出试样中 A 元素的相对百分含量 C_A[$C_A = KI_A/I(A)$，式中 C_A 为某 A 元素的百分含量；K 为常数，根据不同的修正方法，K 可用不同的表达式表示；I_A 和 $I(A)$ 分别为试样和标准试样中 A 元素的特征 X 射线强度]。同理，可求出试样中其他元素的百分含量。

电子探针分析方法如下。

(1) 点分析。

点分析的原理是将电子探针固定在试样待测点上进行定性分析或定量分析，用于显微结构的成分分析，如研究材料晶界、夹杂、析出相、沉淀物、奇异相及非化学计量材料的组成等。

(2) 线分析。

电子束沿一条分析线扫描（或扫描试样）时能获得元素含量变化的线分布曲线。与试样形貌像（二次电子像或背散射电子像）对照分析，能直观地获得元素在不同相或不同区域的分布。

(3) 面分析。

面分析的原理是用电子束在试样表面扫描，元素在试样表面的分布能在 CRT 显示器上以亮度分布显示（定性分析）。

4. 电子探针对被测试样的要求及制备

(1) 试样要求。

① 试样尺寸。

试样应呈块状或颗粒状，其最大尺寸要根据不同仪器的试样架尺寸而定。定量分析的试样要均匀，厚度通常应大于 5μm。如果试样均匀，在可能的条件下，试样应尽量小，特别是分析不导电试样时，小试样能提高导电性能和导热性能。

② 具有较好的导电性能和导热性能。

金属材料一般都具有较好的导电性能和导热性能，而硅酸盐材料和其他非金属材料的导电性能及导热性能较差。后者在入射电子的轰击下将产生电荷积累，造成电子束不稳定、图像模糊并经常放电，使分析和观察图像无法进行。试样的导热性能差还会造成电子束轰击点的温度显著升高，往往使试样中某些低熔点组分挥发而影响定量分析的准确度。

③ 试样表面光滑平整。

试样表面必须抛光，在 100 倍光学显微镜下观察时，能比较容易地找到 50μm×50μm 无凹坑或划痕的分析区域。因为 X 射线以一定的角度从试样表面射出，所以，如果试样表面凹凸不平，就可能使射出的 X 射线被不规则地吸收，降低 X 射线测量强度。

（2）试样制备方法。

① 粉体试样。

可以直接将粉体撒在试样座的双面碳导电胶上，用表面平的物体（如玻璃板）压紧，然后用洗耳球吹走黏结不牢固的颗粒。当颗粒比较大时，可以用表面尽量平的大颗粒分析，也可以用环氧树脂等镶嵌材料混合粗颗粒粉体并进行粗磨、细磨及抛光。

对少量粉体只能用电子探针分析，此时选择粉料堆积较厚的区域，以免激发出试样座成分。为了获得较大区域的平均结果，往往用扫描方法对一个较大区域进行分析。要得到较好的定量分析结果，最好用压片机将粉体压制成块状，此时也应用粉体压制标准试样。分析细颗粒的粉体特别是观察团聚体粉体形貌时，需用酒精或水在超声波机内将粉体分散，再用滴管把均匀混合的粉体滴在试样座上，液体烘干或自然干燥后，粉体靠表面吸附力即可黏附在试样座上。

② 块状试样。

对于块状试样特别是测定薄膜厚度、离子迁移深度、背散射电子观察相分布等试样，可以用环氧树脂等镶嵌后进行研磨和抛光；也可以直接研磨和抛光较大的块状试样，但容易产生倒角，影响薄膜厚度及离子迁移深度的测定。对于尺寸小的试样，只能镶嵌后加工。对于多孔或较疏松的试样（如有些烧结材料、腐蚀产物等），需采用真空镶嵌方法。

③ 蒸镀导电膜。

对于不导电的试样（如陶瓷、玻璃、有机物等），使用电子探针进行图像观察、成分分析时会产生放电、电子束漂移、表面热损伤等现象，使分析点无法定位、图像无法聚焦。采用大电子束流（如 6～10A）时，在有些试样电子束轰击点会产生起泡、熔融。为了使试样表面具有导电性能，必须在试样表面蒸镀一层金或碳等导电膜，镀膜后应立即分析，避免表面污染和导电膜脱落。

5. 电子探针的实验方法

（1）电子探针的操作特点。

总的来说，除与检测 X 射线信号有关的部件外，电子探针的总体结构与扫描电镜相似，但两者的侧重点不同，因此这两种仪器对电子束的入射角和电流强度的要求不同。

对于电子探针，电子束相对试样表面的入射角固定，入射电子束流的强度要高（一般为 10^{-8}～10^{-6}A）；扫描电镜则完全相反，入射电子束流一般为 10^{-12}～10^{-9}A，以使入射电子束斑直径小于 100nm，保证形貌图像的分辨率较高。组合仪电子束流通常为 10^{-13}～10^{-5}A。

（2）加速电压和入射电子束流的选择。

① 加速电压的选择。

入射电子的能量 E_0 取决于电子枪加速电压，一般为 3～50keV。因为由试样内激发产生的某特定谱线强度随过电压比 $U=E_0/E_c$（E_c 为临界电离激发能）的增大而增大，所以，在分析过程中加速电压的选择因待分析元素及其谱线的类别（K 系、L 系、M 系）而异。一般情况下，当同时分析多个元素时，E_0 必须大于所有元素的 E_c。

② 入射电子束流的选择。

为了提高 X 射线信号强度，电子探针必须采用较大的入射电子束流。受电子流高度密集条件的空间电荷效应的影响，束流 I 的增大势必造成最终束斑直径 d_p 的增大，从而影响分析的空间分辨率 d_x($d_x=d_p+D_s$，其中 D_s 为电子在样品内的侧向扩展，它因加速电压和试样被测区域的平均原子序数而异）。

一般采用尽可能低的电压操作（至少满足 $E_0>E_c$）是减小 d_x 的有效措施。因此，在有限的 d_p 条件下，尽可能提高束流 I。通常选用 $d_p=0.5\mu m$ 的束斑，束流 I 远比扫描电镜的电流高，为 $10^{-9}\sim10^{-7}A$。

（3）光学显微镜的作用。

为了便于选择和确定分析点，电子探针的镜筒内装有与电子束同轴的光学显微镜观察系统，以确保光学显微镜图像中由垂直交叉线标记的试样位置与电子束轰击点精确重合。

（4）样品室的特殊要求。

电子探针定量分析要求在完全相同的条件下，对未知试样和待分析元素的标准试样测定特定谱线的强度。试样台可同时容纳多个样品座，分别装置试样和标准试样。

一般情况下，电子探针分析要求试样平面与入射电子束垂直，即保持电子束垂直入射。所以，试样台除可做 X 轴、Y 轴方向的平移运动外，一般不做倾斜运动，对于定量分析更是如此。

（5）定量分析的数据处理。

利用电子探针对微区成分进行定量分析，即把某元素的特征 X 射线测量强度换算成百分浓度时，涉及 X 射线信号发生和发射过程中的许多物理现象，会受到试样本身化学成分的影响，需要复杂的校正计算。

对于原子序数高于 10 且浓度高于 10%的元素来说，定量分析的相对精度为±(1%～5%)；对于原子序数低于 10 的轻元素或超轻元素来说，无论是从定性分析还是从定量分析的角度来看，许多方面都有待提高。

【实验设备和实验材料】

电子探针显微分析仪、金属试样等。

【实验方法及步骤】

1. 金属试样的装备。按照金相试样制备的流程对金属试样进行预磨和抛光并清洗。
2. 对试样成分进行定量分析（采用点分析、线分析、面分析）。
3. 分析电子探针测量数据。

【注意事项】

1. 对金属试样抛光后，不能在腐蚀液中浸蚀。
2. 采用点分析时，至少选择三个位置测量，最后对多次测量结果取平均值。

【思考题】

1. 为什么采用电子探针对金属材料进行成分分析时，要求对试样进行研磨和抛光，但是不能腐蚀？
2. 采用电子探针进行分析时，要求试样表面光滑平整。试样表面不光滑平整会导致什么情况？
3. 对试样成分进行定量分析时有点分析、线分析和面分析三种，如何选择分析方法？
4. 为什么采用电子探针分析时，要求试样具有较好的导电性能和导热性能？

实验六　扫描电子显微镜成分分析

【实验目的】

1. 掌握扫描电子显微镜的原理和操作方法。
2. 学习能量色散 X 射线谱的原理。
3. 通过对试样的组织观察和能谱分析，获得试样表面形貌和元素组成信息。

【实验原理】

1. 扫描电子显微镜的原理

扫描电子显微镜（scanning electron microscope，SEM）利用细聚焦电子束扫描试样表面，通过试样与电子束相互作用产生的信号（如二次电子、背散射电子等）获取试样表面形貌和元素组成信息。

电子束与试样作用时产生各种信号，其中二次电子信号对试样表面形貌敏感，可用于观察表面微观结构。当试样被高能电子束激发时释放特征 X 射线，其能量与试样中元素的种类有关。测定特征 X 射线的能量，可以对元素进行定性分析和定量分析。

在扫描电子显微镜中，电子束以栅网模式扫描试样。首先，电子枪在镜筒顶部产生电子；当电子的热能超过材料的功函数时被释放，然后它们加速向带有正电荷的阳极移动。

扫描电子显微镜的基本构造如图 3.6.1 所示。

整个电子镜筒必须处于真空状态。像电子显微镜的所有组件一样，电子枪也被密封在特殊的真空室中，以使它不受污染、振动和噪声的影响。除了使电子枪不受污染，真空环境还有利于得到高分辨率的图像。若非真空环境，电子镜筒中可能存在其他原子和分子，它们与电子相互作用会使电子束偏转，从而降低图像的分辨率。高真空环境还可提高电子镜筒内检测器对电子的收集效率。

与光学显微镜类似，会聚透镜用来控制电子路径。因为电子无法穿过玻璃，所以必须使用电磁透镜，其由线圈和金属极片构成。当电流通过线圈时产生磁场。由于电子对磁场非常敏感，因此只需调节电流即可控制电子镜筒内的电子路径。

电磁透镜有会聚透镜和物镜两种。会聚透镜是电子向试样移动时遇到的第一个透镜，其在电子束锥再次打开前使电子束会聚，并在撞击扫描试样之前由物镜再次会聚，会聚透镜决定了电子束的尺寸，从而决定了分辨率。物镜的主要作用是将电子束聚焦到试样上。

扫描电子显微镜的透镜系统还包含扫描线圈，用来对试样表面进行栅网式扫描。有时将光阑与透镜结合，以控制电子束的尺寸。

试样中电子的相互作用可以产生不同的电子、光子或辐射。就扫描电子显微镜而言，用于成像的两种电子是背散射电子（back scattered electron）和二次电子（secondary electron）。

扫描电子显微镜的不同信号及其形成区域如图 3.6.2 所示。

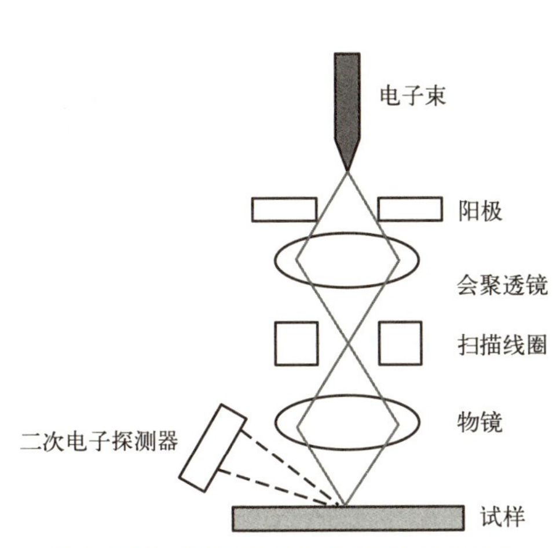

图 3.6.1　扫描电子显微镜的基本构造

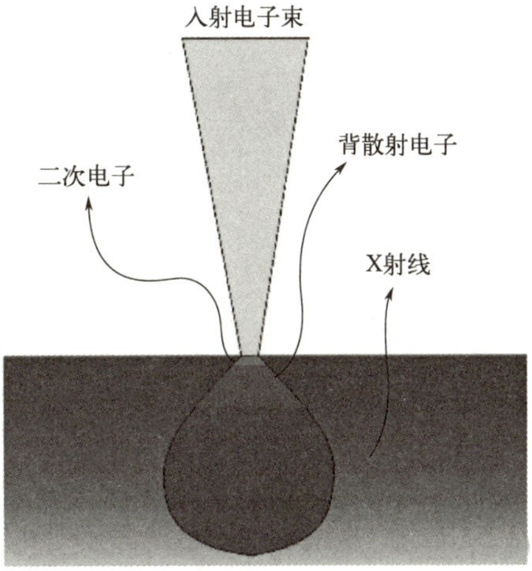

入射电子束
背散射电子
二次电子
X射线

图 3.6.2　扫描电子显微镜的不同信号及其形成区域

背散射电子属于初次电子束，在电子束与试样发生弹性相互作用后反弹。相比之下，二次电子来自试样的原子，是电子束和试样发生非弹性相互作用的结果。

2. 能量色散 X 射线谱的原理

由于每个原子都拥有特定数量的电子且电子处于特定的能级，因此，在正常情况下，电子在特定轨道上运行且具有不同的分立的能量。电子束轰击原子内层，激发出基态原子的内壳电子，在内层留下带正电的电子空穴。内层电子离开原子后，处于较高能级的外层电子填充这些低能级的空穴，多余能量可能会以 X 射线形式放射，而这种 X 射线的能量分布可以反映特定元素和跃迁特征。电子束轰击原子内层如图 3.6.3 所示。

X 射线的产生过程如下：①能量传递给原子中的电子，使其离开原子而留下空穴；②较高能级的外层电子填充空穴并放射出特征 X 射线。

这种 X 射线可以用硅漂移探测器收集，并结合软件对其进行测量和解释。化学信息可以通过元素面分布和线扫描等方式实现可视化，从而可以利用 X 射线识别试样中的各种元素。

能量色散 X 射线谱（X－ray energy dispersive spectrum，EDS）还可用于定性分析和定量分析，即识别试样的元素类型和每种元素的浓度。与传统扫描电子显微镜相同，EDS 几乎不需要制备样品且不会损坏试样。扫描电子显微镜＋能谱仪如图 3.6.4 所示。

图 3.6.5 所示为采用 EDS 技术经过腐蚀的铝硅合金。先在扫描电子显微镜下观察腐蚀后的铝硅合金的组织形貌，再选择三个位置点扫能谱，对三个位置进行定量分析。此外，选中一个合适的范围对能谱进行面扫，对该范围内的五种元素进行定性分析。

【实验设备和实验材料】

扫描电子显微镜设备、X 射线能谱分析系统、试样台和试样夹具、导电胶带和金喷层（用于试样表面导电处理）、待分析的固体材料等。

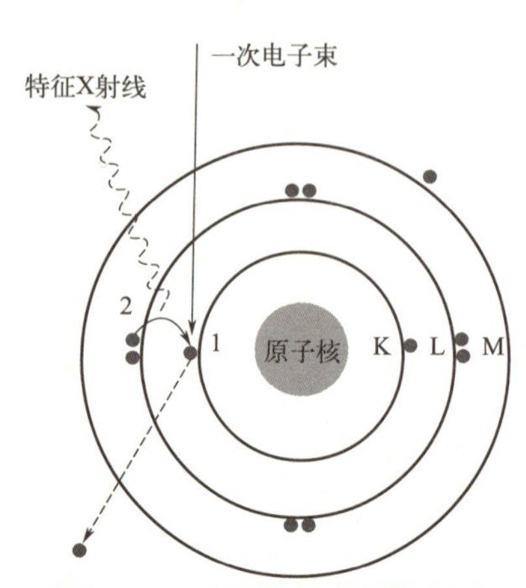

图 3.6.3 电子束轰击原子内层

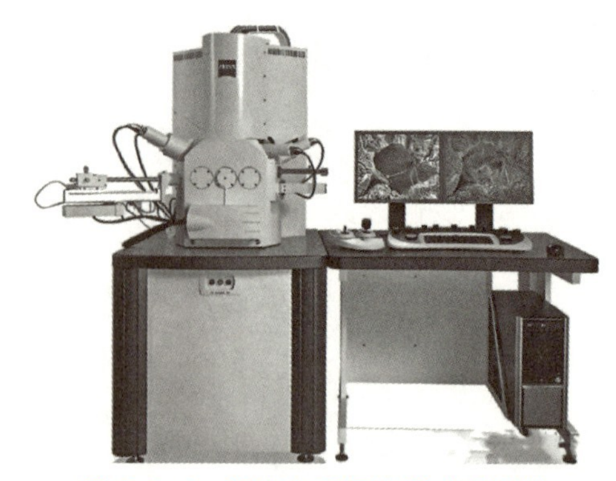

图 3.6.4 扫描电子显微镜+能谱仪

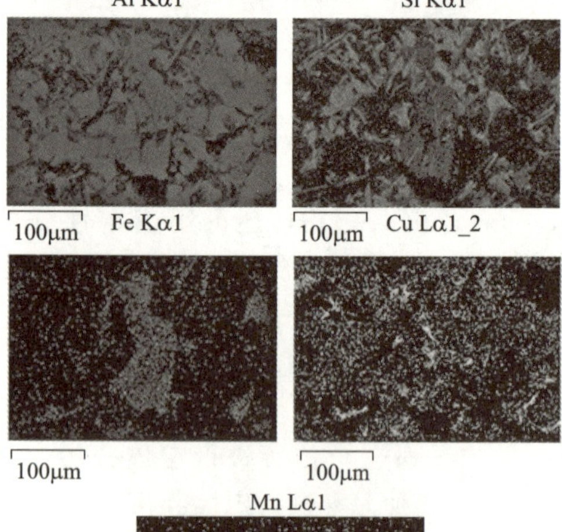

Element	Weight%	Atomic%
Al K	56.54	68.34
Si K	10.72	12.45
Fe K	22.70	13.25
Mn K	10.04	5.95

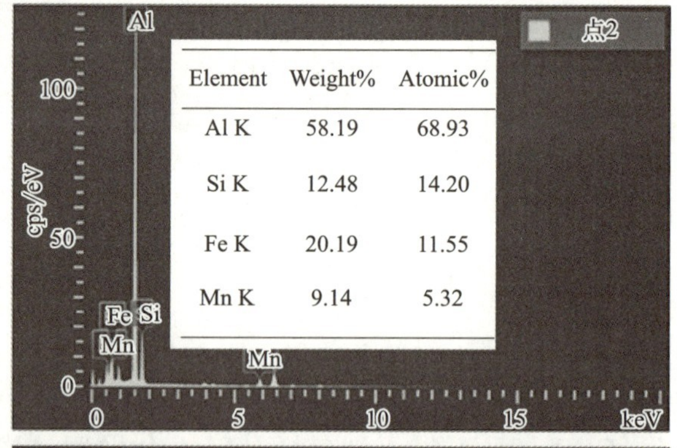

Element	Weight%	Atomic%
Al K	58.19	68.93
Si K	12.48	14.20
Fe K	20.19	11.55
Mn K	9.14	5.32

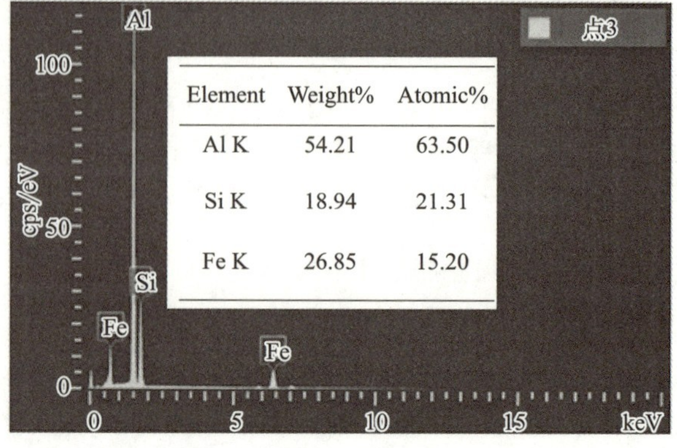

Element	Weight%	Atomic%
Al K	54.21	63.50
Si K	18.94	21.31
Fe K	26.85	15.20

图 3.6.5 采用 EDS 技术经过腐蚀的铝硅合金

【实验方法及步骤】

1. 试样准备

将被测试样固定在试样台上，确保试样稳定。对试样表面进行导电处理（如喷金），以防止电荷积累。

2. 扫描电子显微镜观察

调整扫描电子显微镜的参数，如加速电压、工作距离等。利用扫描电子显微镜观察试样表面形貌，记录不同放大倍数下的图像。

3. 能量色散 X 射线谱分析

在扫描电子显微镜上集成能量色散 X 射线谱系统，对选定区域进行 X 射线能谱分析。收集 X 射线信号，采用能谱分析软件进行数据处理，得到元素的种类和含量。

4. 记录扫描电子显微镜图像和能量色散 X 射线谱图

分析扫描电子显微镜图像，描述试样的表面形貌特征。根据能量色散 X 射线谱图，确定试样中的元素及其含量。

【注意事项】

（1）操作扫描电子显微镜和能量色散 X 射线谱设备时，必须遵守实验室安全规程。
（2）在处理试样的过程中，应避免污染和损伤试样。
（3）数据分析时，应注意仪器的校准和标准试样的对比。

【思考题】

（1）为什么能在扫描电子显微镜下看到试样表面不同的组织？
（2）在扫描电子显微镜下，利用能量色散 X 射线谱系统分析试样成分的精确度是多少？
（3）能否对液态、漂浮粉末、微绒类试样进行能量色散 X 射线谱测试？

第四章

计算机在智能材料中的应用

实验一 JADE 软件在金属晶体 X 射线衍射谱标定中的应用

【实验目的】

1. 了解 X 射线的衍射原理。
2. 掌握 JADE 软件的主要功能和使用方法。

【JADE 软件介绍】

JADE 软件是一种 X 射线衍射数据处理软件，除具有基本的显示图谱、打印图谱、图谱拟合、数据平滑等功能外，还具有物相定性检索、物相定量分析、晶粒尺寸与微观应变计算、结晶度计算、结构精修等功能。当 X 射线照射到晶体时，部分光子与原子内的电子碰撞，该部分光子仅改变运动方向，而不损失能量。这种散射线的波长与入射线的波长相等，并具有一定的相位关系。它们可以相互干涉而形成衍射图样，称为相干散射。X 射线衍射分析就是利用了相干散射的原理。晶体中的原子对入射 X 射线产生的相干散射线可以在某些特定的方向干涉加强，形成强度较大的 X 射线，这种现象称为 X 射线在晶体中的衍射。由相干散射线叠加形成的强度较大的 X 射线称为 X 射线的衍射线。

X 射线在晶体中的衍射服从劳厄方程和布拉格方程。也就是说，X 射线在晶体中产生衍射必须满足劳厄方程和布拉格方程，衍射方向服从光学镜面反射定律。

光学镜面反射定律是指入射线、反射线与反射面的法线共面且在法线两侧，反射线与反射面的夹角 θ_2 等于入射线与反射面的夹角 θ_1，如图 4.1.1 所示。

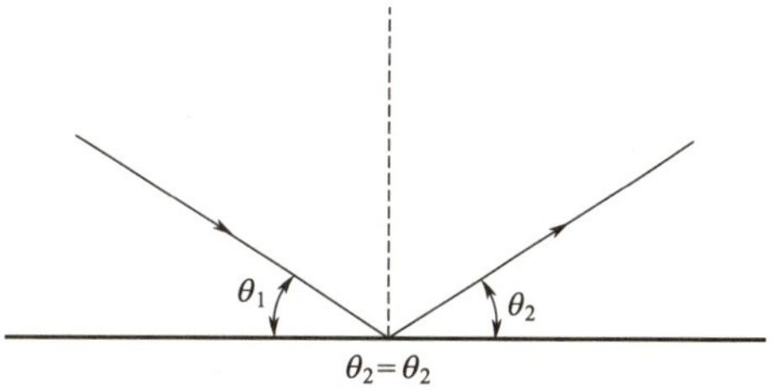

θ_1—入射线与反射面的夹角；
θ_2—反射线与反射面的夹角。

图 4.1.1 光学镜面反射定律

X 射线要产生衍射就必须满足布拉格方程 $2d\sin\theta=\lambda$，其中 d 为衍射面的面间距，θ 为入射线与衍射面的夹角，λ 为入射线的波长。布拉格方程反映了 X 射线的衍射条件。

1. JADE 软件的主要功能

（1）物相定性检索。

一种结晶物质称为一个相，一种均匀的非晶态物质（如水、空气等）也是一个相。对于特定的相（结晶物质），具有特定的晶体结构（如晶格类型，晶胞尺寸，晶胞中原子、离子或分子的数目和位置等与其他晶体不同）。特定的晶体结构具有特定的衍射花样，每个衍射花样都是位置、强度和数量固定的衍射线组合。

物相定性检索一般不是直接利用衍射线的绝对强度（I）和衍射角（2θ）进行物相分析的。因为衍射角不仅与面间距有关，而且与 X 射线的波长有关。为了消除波长的影响，必须利用布拉格方程计算出衍射面的面间距。此外，衍射线的绝对强度与实验条件有关，为了消除实验条件的影响，必须将衍射线的绝对强度转化为相对强度（I/I_1）。

物相定性检索的原理是用被测物质的衍射数据（衍射线的相对强度和衍射面的面间

距）与已知物质的标准衍射数据进行对比。如果被测物质的衍射数据（I/I_1-d）与某已知物质的标准衍射数据相同，则被测物质就是该已知物质。

物相定性检索的工具是标准衍射数据、粉末衍射卡片（powder diffraction file，PDF）及卡片索引。标准衍射数据是对已知结晶物质进行X射线衍射分析测定的衍射线的相对强度和衍射面的面间距数据。用这些数据制成的卡片称为粉末衍射卡片。要从几万张卡片中找到与实验数据相符的卡片是很困难的。为了便于检索，人们编制了多种卡片索引。卡片索引与卡片一样，分为有机物卡片索引与无机物卡片索引两类，每类又分为字母索引和数字索引。

物相定性检索的步骤如下。

① 获取样品的粉末衍射图。

获得高质量的粉末衍射图是物相定性分析成功的首要条件。采用衍射仪法、德拜法、聚焦法等都可以获得粉末衍射图，一般采用衍射仪法。选择X射线源时，应尽量避免产生荧光X射线，并使吸收对强度的影响尽可能小。一般用Cu、Fe、Co、Ni等元素的K_α射线。试样的粒度要适当，一般为10～40μm，还要尽量避免试样中晶粒的择优取向。

② 测定衍射线的相对强度和面间距。

采用衍射仪法时，可用衍射线的峰高比（以最强线的峰高比为100）代表相对强度。可根据衍射线的峰顶位置确定衍射角，然后查表或按布拉格方程求出面间距。

③ 查索引、对卡片。

当已知试样的化学组成和加工工艺，需推测物相组成时，查字母索引；当不知道试样的化学组成时，查数字索引；当衍射图中的线条不多且相对强度较准确时，查哈那瓦特索引，用哈那瓦特索引检索时要特别注意正确选择三强线；当衍射图中的线条多且衍射强度数据不十分可靠时，查芬克索引。

④ 物相的最后确定。

如果索引中某物相的数据与实测数据基本相符，就可根据索引中列出的卡片号找到卡片，逐一比较实测数据与卡片上的标准衍射数据。如果完全相符或偏差在允许范围内，就可确定被测试样中含有该物相。

鉴定多相混合物的方法以及要注意的问题如下。

① 多相混合物衍射花样中的三强线可能不属于同一物相。物相分析时，要用尝试法多选几种面间距组合查索引。如果索引中的数据与实测数据中的部分数据基本符合，就可根据索引上提供的卡片号找到卡片进行核对。确定一种物相后，重新对剩余的衍射线进行强度归一化处理，即以剩下的最强线的相对强度为100，求出其他衍射线的相对强度，再查索引、对卡片、确定第二相、确定第三相等，直到查出所有物相。

② 不同物相的衍射线可能重叠，其强度为两者之和。若将这种叠加在一起的衍射线作为某物相的最强线，则可能查不到卡片或者查错卡片。

多相混合物鉴定相当困难和烦琐。近年来，越来越多的实验室采用计算机检索，将X射线衍射仪与计算机联用，使实验过程和检索过程全部实现自动化，缩短了分析时间，减小了测量误差。但是计算机检索不可能完全避免错误，且计算机不是总能给出一个确切的鉴定结果。

物相定性检索的常用方法有无限制检索和限定条件检索。其中，限定条件包括粉末衍射卡片库、设置检索焦点、试样成分、单峰检索。另外，还可以对物相进行反查。

① 无限制检索。

无限制检索是指对图谱不做任何处理、不规定检索卡片库、不做元素限定、检索对象为主相的检索方法，一般可检测出试样中的主要物相。在对试样无任何已知信息的情况下，可试着检索出试样中的主要物相，进而了解试样的元素组成。另外，在试样受到污染、反应不完全的情况下，可试探试样中是否存在未知元素。但是这种方法不可能检索出全部物相，并且检索结果可能与实际存在的物相相差较大，需要配合其他实验进一步证实。

② 限定条件检索。

a. PDF 卡片库的选择。

PDF 卡片库中有四个主要的数据库子库，即 Inorganic、ICSD Patterns、Minerals 和 ICSD Minerals。对于一般的试样，通常只要选择这四个数据库就可以检索出全部物相。特别是当试样为天然矿物时，应当只选择矿物库的 ICSD Patterns 和 Minerals 两个子库，否则多选的数据库会为矿物物相分析带来困难。选择不同的数据库可能会得出不同的结果，若选择的数据库不合适，则可能导致检索不出某些物相。

b. 限定检索的焦点。

在 JADE 软件的检索窗口中，可以选择 Search Focus on Major、Minor、Trace、Zoom Window、Painted 五种检索重点，分别表示检索时主要着眼于主要物相、次要物相、微量物相、按全谱检索、按选定的某个峰检索。在实际检索中，第一种和最后一种检索重点应用较多。即首先检索出试样中的主要物相，然后选择某个未归属的峰检索。

c. 试样成分。

试样元素限定是缩小检索范围的有效手段。因此，分析 X 射线衍射物相之前，应当分析试样的元素，以准确地检索出试样中的全部物相。成分限定的要点如下：只选试样中的主要元素，最多选择四种元素。当试样成分比较复杂、元素种类较多时，优先选择含量大的元素，并且每次最好只选择不多于四种元素，否则检索范围过大，会影响检索结果；尝试非金属元素 C、H、O。有时，试样会吸潮、氧化、腐蚀，当按已知元素检索不出物相时，要考虑试样是否发生这种反应；尝试不同的元素组合。由于衍射谱受固溶、择优取向等的影响，因此导致衍射峰位偏离正常位置或者峰强度不匹配，在很多情况下会有一些物相检索不出来，应当试探特定元素组合的存在。

当试样中的元素种类太多时，检索结果可能不准确。因此，应当反复检索几次，并对比几次的检索结果，然后作出最终结论。

d. 单峰检索。

单峰检索是 JADE 软件特有的一种检索方法。当检索出多数主要物相，但还存在几个衍射峰无归属时，单峰检索特别有效。其方法是单击“计算峰面积（Peak Paint）”按钮，选定一个角度范围检索。

单峰检索的特点如下：检索出的物相是在指定角度范围内有衍射峰的物相；可同时选择多个相似的衍射峰；加上其他限定条件，可以检索出试样中的全部物相。

（2）物相定量分析。

JADE 软件通常没有包含物相定量分析的模块。但是，可以通过 JADE 软件计算出物相的衍射强度，从而计算物相的质量分数。

① 衍射强度的表示。

物相的衍射强度既可以用衍射峰的高度表示，又可以用衍射峰的面积表示。采用JADE软件可以得到寻峰峰高、寻峰面积、拟合峰高、拟合面积四种物相衍射强度的数据。其中，寻峰峰高和寻峰面积的关系是寻峰面积＝寻峰峰高×衍射峰的半峰全宽（full width at half maximum，FWHM）。一般来说，在衍射强度表示中有三个主要问题：通过寻峰操作得到的寻峰峰高和寻峰面积数据有时很准确，但若衍射谱中存在重叠峰则会使计算值偏高；拟合面积较准确，可解决重叠峰的问题，但拟合峰高一般有偏差；当物相的晶粒度不同时，用寻峰峰高和寻峰面积表示强度不等价，它们受衍射峰宽度的影响。

在实际操作中，通常分别使用四种强度数据计算，再对其求平均值，得到较理想的结果。但是，当重叠峰特别多时可只选用拟合数据；而当试样中无重叠时，使用寻峰数据计算反而会更准确。

② RIR的取值。

RIR是物相含量与标准物相含量相等时两相的强度之比。由于粉末衍射卡片逐年增加，因此，多数物相都可以通过粉末衍射卡片查到RIR值。但是，在实际操作中存在如下问题。

a. 同一物相有多张粉末衍射卡片与之对应，而且RIR值不同。

例如，$MgZn_2$ 物相有多张粉末衍射卡片与之对应，它们的结构相同，但RIR值略有不同，选择合适的RIR值是定量计算的关键问题。一般来说，虽然有多张粉末衍射卡片与被测物相对应，但实际上衍射峰位置和衍射强度的匹配差别较小，应当选择与被测物相较吻合的粉末衍射卡片，特别是衍射强度匹配尽可能一致的粉末衍射卡片。

b. 不同晶粒度的同一物相，RIR值相差很大。

RIR值与物相的很多结构因素有关。晶粒尺寸是影响RIR值的关键因素。如果被测物相是纳米晶粒，按正常的RIR值计算质量分数，则计算结果可能与实际值相差很大。一般来说，晶粒尺寸越小，衍射峰高越低，实际RIR值越小，有时只是粉末衍射卡片上RIR值的1/10。粉末的研磨程度也影响RIR值，研磨越久，RIR值越小。

③ 择优取向对强度的影响。

若物相不存在择优取向，设某晶面（hkl）的衍射强度为 I，存在择优取向时的衍射强度为 I_t，则 $I=\frac{I_t}{P}$（其中 P 为该晶面的极点密度）。

（3）晶粒尺寸与微观应变的计算。

当晶粒尺寸小于100nm或者试样中存在微观应变时，引起衍射峰的宽化。试样衍射峰的宽化［FW(S)］、衍射峰的半峰全宽（FWHM）和衍射峰宽度［FW(I)］存在如下关系。

$$\mathrm{FW(S)}D=\mathrm{FWHM}D-\mathrm{FW(I)}D$$

式中，D 称为反卷积参数，可以定义为1～2的值，若峰形接近高斯函数，则取 $D=2$；若峰形接近柯西函数，则取 $D=1$。D 值会影响实验结果的单值，但不影响系列试样的规律性。

① 晶粒尺寸。

一般用谢乐公式评估晶粒尺寸。谢乐公式为

$$D=\frac{K\lambda}{\beta \cdot \cos\theta}$$

式中，D 为晶粒尺寸；K 为常数；$K=0.89$；λ 为 X 射线的波长；β 为衍射峰的半峰全宽；θ 为衍射角。计算晶粒尺寸时，一般采用衍射角小的衍射线。但是，如果晶粒尺寸较大就可用衍射角较大的衍射线。

使用谢乐公式计算晶粒尺寸时，若晶粒尺寸约为 30nm，则计算结果较准确。此公式的适用范围为 $D<100\text{nm}$。判断试样存在晶粒细化的依据是衍射峰宽化与衍射角的余弦成反比。

② 微观应变。

微观应变与衍射峰宽化的关系为

$$\text{Strain}=\frac{\text{FW(S)}}{4\tan\theta}$$

式中，Strain 为微观应变，一般用百分数表示。计算微观应变时，宜用衍射角大的衍射线。对于只存在微观应变的试样，衍射峰宽化与衍射角正弦成正比。

（4）结晶度的计算。

当不考虑不同物相对 X 射线的散射能力不同时，结晶度可以粗略地表示为

$$X_c=\frac{I_c}{I_o}$$

式中，X_c 为被测试样的结晶度；I_c 为被测试样的全部衍射峰的积分强度；I_o 为 100%晶态的积分强度。

但计算出的结晶度只是表征试样结晶程度的一个参数，不能表示结晶体与非晶体的质量分数。

JADE 软件将衍射峰宽度大于 3°的峰作为非晶峰。通过拟合衍射图谱，直接得到试样的结晶度。

计算结晶度时，对于同一系列的试样，应当选择相同的衍射角范围。

正确分离晶相峰和非晶峰往往比较困难，比较容易实现的方法是只使用 JADE 软件的“手动拟合”命令，而不使用“自动拟合”命令。在拟合过程中，拟合结果不能真实地从 R 值（用于评估模拟图谱与实验图谱差异的参数）上体现，而应当仔细观察误差放大线的水平程度和光滑程度，越平且越光滑表明拟合得越好。不断在不平直和不光滑的位置加入新的峰并进行拟合，最终将得到一条拟合最佳的曲线。

（5）结构精修。

结构精修通常分为两个步骤：先通过标准试样的测量，校正仪器精度；再通过被测试样的峰位修正晶胞参数。

① 仪器角度校正。

选用标准硅试样，用与被测试样相同的实验条件测量标准试样的全谱，校正仪器角度误差。具体步骤如下。

a. 对标准试样的衍射谱进行物相检索、扣除背底 $K_{\alpha2}$ 射线、平滑、全谱拟合，选择菜单栏 Analyze→Theta Calibration F5 命令，在弹出的对话框中单击 Calibrate 按钮，显示仪器的角度补正曲线（仪器角度误差随衍射角变化的曲线）。

b. 单击 Save Curve 命令，保存当前角度补正曲线。

c. 选中 Calibrate Patterns on Loading Automatically 复选框。当调入被测试样的衍射图谱时，自动作角度补正（仪器角度误差校正）。

② 试样的结构精修。

试样的结构精修是以某指定结构为初始值修正的，具体步骤如下：物相检索指定物相的初始结构；扣除背底 $K_{\alpha 2}$ 射线、对图谱进行平滑处理；拟合物相衍射峰。如果试样中存在多个物相，则全部衍射峰都参与拟合；选择菜单栏 Options→Cell Refinement 命令，开始精修。

③ 不能精修的原因与解决方法。

选择精修命令后，有时会出现 Unable to Graft hkl′s to peaks 提示，表明不能精修，其原因有两种：一是有些拟合的峰没有对应的（*hkl*）标记，如测量铁素体的五条线，但检索粉末衍射卡片只有前三条线，三条线不能精修；二是衍射峰位相对于选定结构（标准卡片）的峰位偏离太多。

解决方法通常有以下三种。

a. 换一张卡片。

结构精修是指以指定的某种物相结构为初始值进行反复迭代修正，逐步逼近测量峰的位置。当所选卡片的峰位与测量峰位偏离太大时，因为初始值离真实值太远，所以无法精修。如果换卡片（改变初始值），精修就会容易。因为换卡片只会改变初始值，所以不影响精修结果。

b. 选择 All Possible Reflections（全部衍射峰）。

如果试样为单相就可以不进行物相检索，在寻峰或拟合后直接选用全部衍射峰进行精修。

c. 指标化。

指标化的过程如下：对衍射谱寻峰或者拟合后，选择菜单栏 Options→Pattern Indexing 命令，弹出指标化对话框，单击 Go 按钮，弹出“待选结构”列表，从该列表中选择一种结构。

例如，对铝合金进行高温衍射，原子受热的影响，晶胞膨胀较大，实测峰与粉末衍射卡片的衍射线位置相差较大，无法直接精修，必须先做指数标定。指数标定后，显示一个可能的指标化结果列表。当选择某行时，在主窗口显示该组指标对应的峰，注意观察选定的结构与实测谱是否一致。选择正确的指标化结果后即可进行结构精修，并能得到满意的结果。

总之，JADE 软件功能强大、界面友好、容易上手。但在使用过程中要注意方法和技巧，以得到满意的结果。

2. JADE 软件的使用方法

JADE 软件的功能较多，下面重点介绍常用的物相定性检索。

(1) 建立卡片索引。

国际上有名的建立卡片索引的机构有国际晶体学联合会（International Union of Crystallography，IUCr)、国际衍射数据中心（The International Center for Different Data，ICDD)、国际 X 射线分析学会（Internation X - ray Analysis Society，IXAS)、剑桥晶体学数据中心（Cambrige Crystallographic Data Center，CCDC)、无机晶体结构数据库（The Inorganic Crystal Structure Database，ICSD)、蛋白质数据银行（Protein Data Bank，PDB）和晶体开放数据库（Crystallography Open Database，COD)。

通常使用国际衍射数据中心提供的粉末衍射卡片，包括 PDF - 1、PDF - 2、PDF - 3、PDF - 4，其中 PDF - 2 较常用。

JADE 软件安装成功之后，需要导入 PDF－2，否则无法正常使用。首先打开 JADE 软件，单击菜单栏 Setup 命令，弹出图 4.1.2 所示的对话框，导入 PDF－2。可以在该对话框下面选择不同类型的数据，也可全选，单击 Go 按钮即可将 PDF－2 的数据导入 JADE 软件。

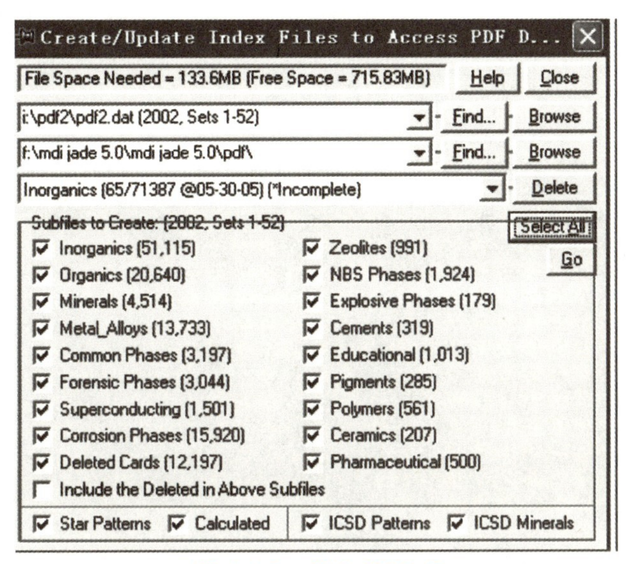

图 4.1.2　导入 PDF－2

（2）数据导入。

首先打开 JADE 软件，显示上一次操作分析的 X 射线衍射（X－ray diffraction，XRD）图谱，单击 Open 按钮，弹出图 4.1.3 所示的对话框。在对话框左侧找到文件存储位置，选中需要导入的数据，并选择文件类型。双击需要分析的文件，即可在 JADE 软件中打开所需数据。

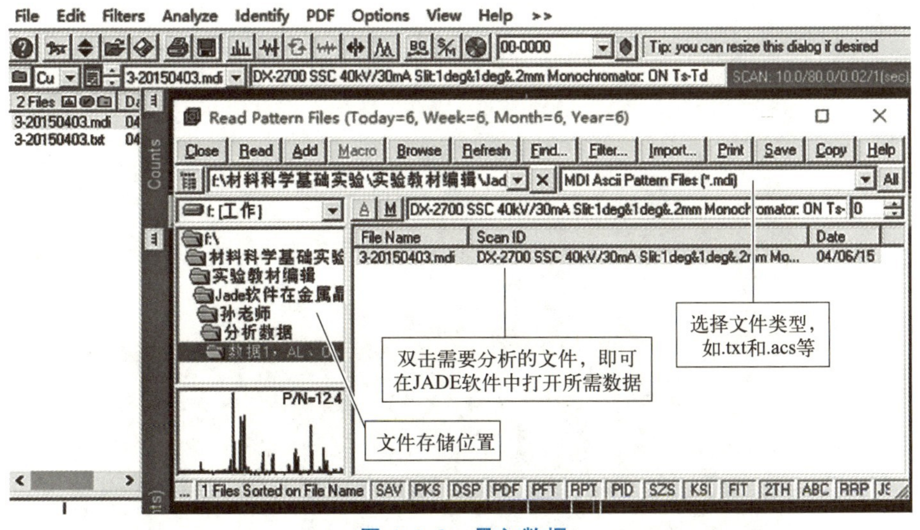

图 4.1.3　导入数据

此外，单击菜单栏 File→Read 命令，可以选择并打开需要导入的数据。

（3）图谱处理。

实验数据要求是数字化的、完整的、扣除背底的图谱，不需要通过平滑去除噪声。

① 扣除背底。

单击工具栏中的 BG 按钮，如图 4.1.4 所示，XRD 图谱下面自动生成一条黄色的背底线。单击工具栏中的“扣除背底”按钮，如图 4.1.5 所示，生成没有背底的一组数据。

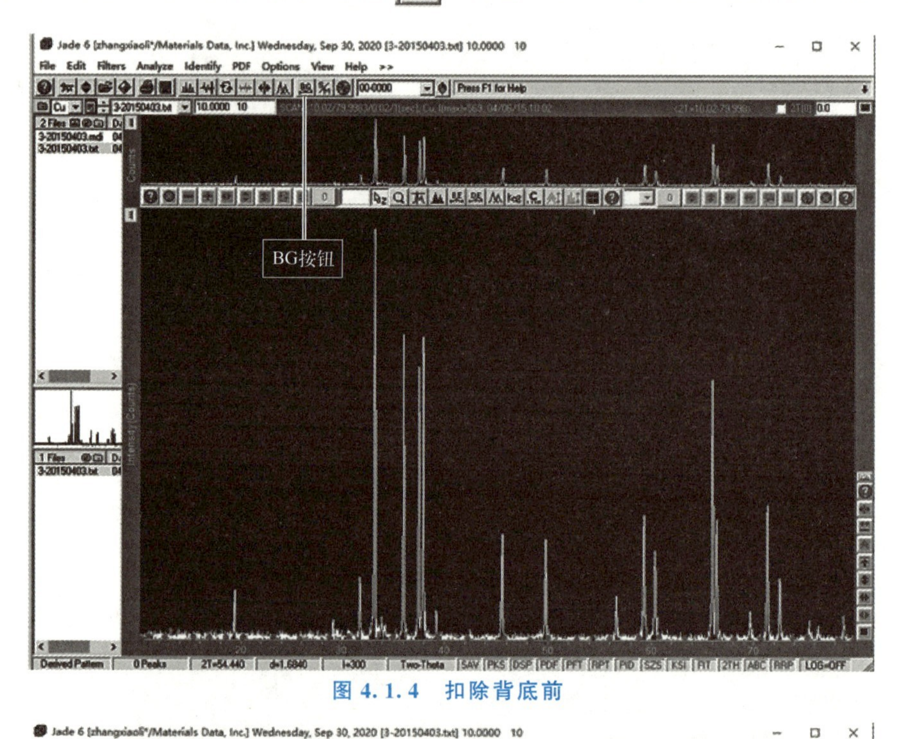

图 4.1.4　扣除背底前

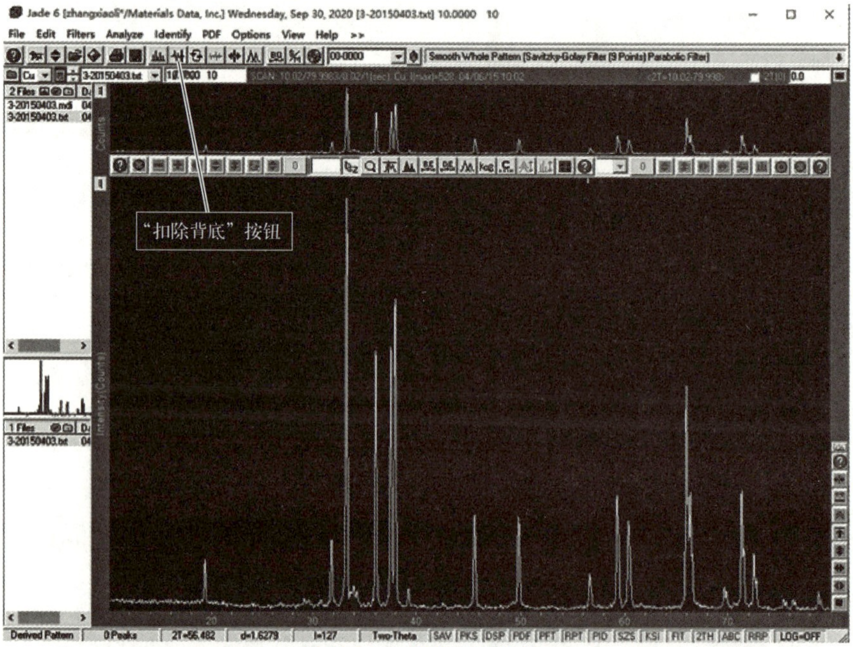

“扣除背底”按钮

图 4.1.5　扣除背底后

② 寻峰。

单击菜单栏 Analyze→Find Peaks 命令，弹出 Peak Search，Labelling & Scaling 对话框，如图 4.1.6 所示。单击右下角的 Apply 按钮，在 XRD 图谱的主要峰中间出现垂直虚线，再单击 Report 按钮，弹出 Peak Search Report 对话框，显示图谱中所有峰的信息。

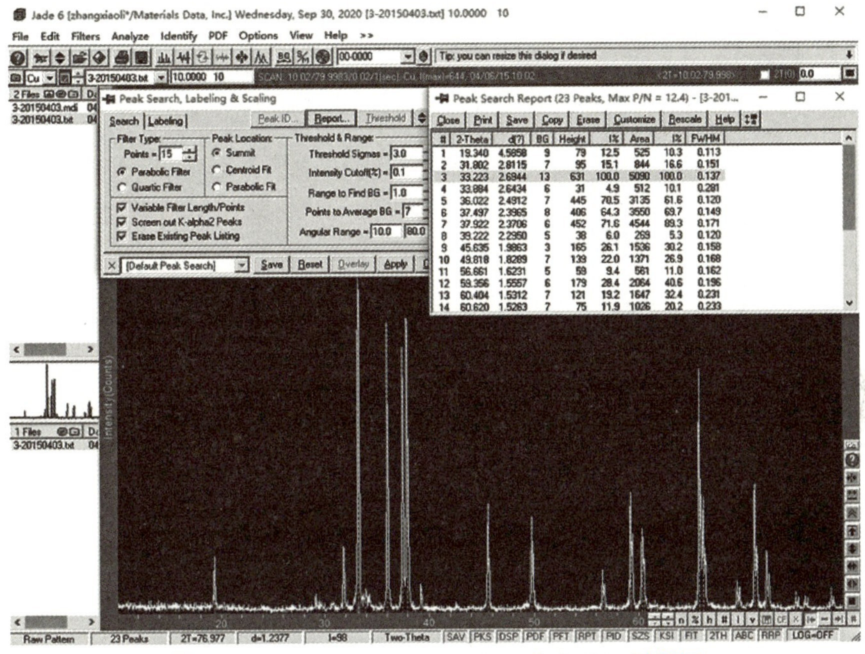

图 4.1.6 Peak Search，Labelling & Scaling 对话框

寻峰结果可以帮助后续物相鉴定。但是，很多时候不需要寻峰即可直接进行物相检索。

③ 物相检索。

单击菜单栏 Identify→Search/Match Setup 命令，弹出 Phase ID - Search/Match(S/M) 对话框，如图 4.1.7 所示。在 Subfiles to Search 列表框中选择需要的数据库，选择 S/M Focus on Major Phases 选项，在 Automatic Matching Lines 和 Promote Filtered Hits by% 复选框处设置缩小的搜索范围，在 Search/Match Filters 列表框中勾选 Use Chemistry

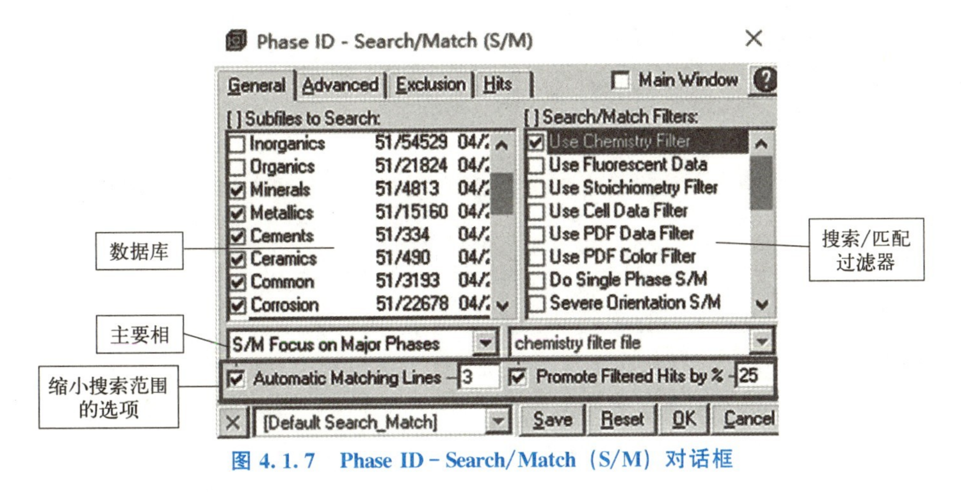

图 4.1.7 Phase ID - Search/Match (S/M) 对话框

Filter 复选框。弹出 Current Chemistry [Filter] 对话框，如图 4.1.8 所示。选择所有 XRD 图谱中可能存在的化学元素，被选的化学元素变成蓝色。单击 OK 按钮，成分选择完成。

〔拓展视频〕

〔拓展视频〕

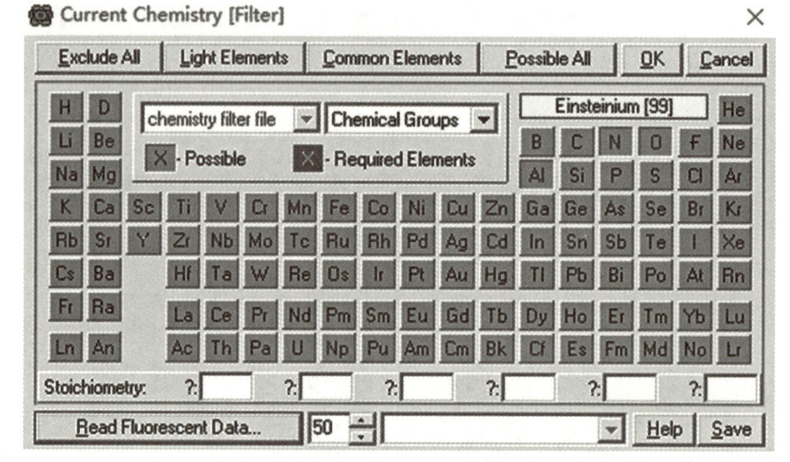

图 4.1.8 Current Chemistry [Filter] 对话框

〔拓展视频〕

单击图 4.1.7 所示对话框中的 OK 按钮，弹出 XRD 图谱，如图 4.1.9 所示。图谱下方显示的信息可能是检索出的物相，FOM 值越小，物相匹配度越高，试样中越可能存在该物相。选择某物相，根据三强线的对应程度和对试样的了解判断该试样是否含有该物相。通过分析，图 4.1.9 中的物相为 AlN 和 Al_5O_6N。

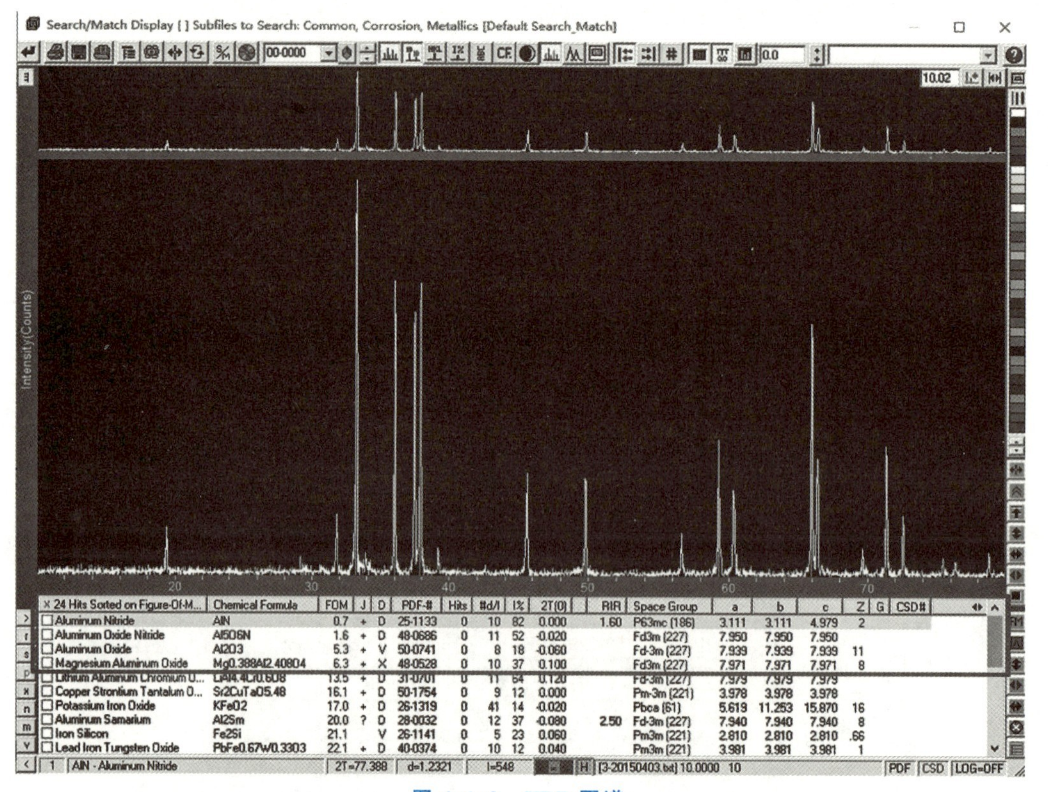

图 4.1.9 XRD 图谱

若有的峰未被检索出来，则可以进行单峰检索，方法如下：单击 Peak Paint 按钮，选定一个角度范围检索。这种方法的特点是检索出的物相是在指定角度范围内有衍射峰的物相；可同时选择多个相似的衍射峰；加上其他限定条件，可以检索出试样的全部物相。

④ 数据保存。

〔拓展视频〕

对扣除背底和平滑后的数据，依次单击菜单栏 File→Save→Primary Pattern as txt 命令。根据导出后的数据，重新用 Excel 或 Origin 软件画出 XRD 图谱。

【实验设备和实验材料】

〔拓展视频〕

计算机、JADE 软件、X 衍射数据实例等。

【实验方法及步骤】

（1）学会使用 JADE 软件标定 XRD 物相。

（2）对于给出的实际物质的 XRD 数据，利用 JADE 软件完成物相标定，并将分析过程（截图）和分析结果写入实验报告。

【注意事项】

JADE 软件的物相检索功能非常强大，改变检索条件和检索方法基本能检索出试样中的全部物相，但也有检索不出物相的情况，其原因主要如下。

（1）衍射角度偏移过大。如高温实验中的衍射峰往往会偏离标准位置很大，只根据高温衍射图谱很难检索出正确的物相。

（2）产生新相，确实不存在相应的卡片。采用 X 射线衍射物相分析只能检索出已知物相，一些新物相可能检索不出来。

（3）在化学反应中产生一些中间产物。有时因实验条件不合适而产生一些中间产物，它们是不稳定的化合物，在粉末衍射卡片库中没有相应的卡片与之对应。

（4）成分分析错误。所有元素分析方法都有一个准确度范围，成分分析可能存在错误。当按给定的元素范围无法检索出物相时，应当扩大成分的检索范围。

（5）有择优取向。择优取向严重时，物相的某些衍射峰强度不匹配甚至消失。应当有目的地试探一些物相，强度匹配只能作为参考依据。

（6）含量或衍射强度太小。采用 X 射线衍射物相分析可较准确地检索出试样中的主要物相，但因缺少必要的判断因素而使微量相的检索结果不具有唯一性。另外，在不同的检索条件下，可能得到不同的物相鉴定结果。应当在物相分析前进行元素分析。

【思考题】

（1）为什么有的物质无法用 JADE 软件标定？

（2）为什么有些文件无法在 JADE 软件中打开？如何操作能打开这些文件？

实验二　Origin 软件在实验数据处理中的应用

【实验目的】

1. 了解 Origin 软件的基本功能。
2. 掌握 Origin 软件在数据处理中的应用。

〔拓展视频〕

〔拓展视频〕

〔拓展视频〕

【Origin 软件】

1. Origin 软件简介

Origin 是一种数据分析绘图软件，其突出特点是简单易学。Origin 软件在材料科学研究和实验中应用广泛，可以用曲线拟合等方法处理数据。Origin 除用于绘图及非线性拟合等数值分析外，还提供了其他功能，如在工作表窗口中提供了数据的排序、调整、计算、统计、相关、卷积、解卷积、数字信号处理等功能，在绘图窗口中提供了数学运算、平滑滤波、图形变换、傅里叶变换、曲线拟合等功能。Origin 软件的图形输出格式多样，如 JPEG、GIF、EPS、TIFF 等。

与常用的电子制表软件 Excel 不同，Origin 软件的工作表是以列为对象的，每列都具有相应的属性，如名称、数量单位及其他用户自定义标识。Origin 软件以列计算式取代数据单元计算式进行计算。它可使用自身的脚本语言（LabTalk）控制软件，该语言可使用 Origin C 扩展。Origin C 是 Origin 软件内置的基于 C/C++的编译语言。

2. Origin 软件的界面

Origin 软件的界面如图 4.2.1 所示，主要包括标题栏、菜单栏、工具栏、Worksheet 窗口和 Geaph 窗口等，其中菜单栏和工具栏的使用频率较高。

（1）File：文件功能操作，如打开文件、输入/输出数据图形等。

（2）Edit：编辑功能操作，如复制、粘贴、删除等。

（3）View：视图功能操作，如控制屏幕显示等。

（4）Plot：绘图功能操作，如设置图形的线、符号和柱状等。

（5）Column：列功能操作，如设置列的属性、列的数据和移动列等。

（6）Worksheet：工作表功能操作，如整理、分类和排序等。

（7）Analysis：分析功能操作，如提取工作表数据、行/列统计、排序、数字信号处理、非线性曲线拟合、数学运算、平滑滤波、多项式、非线性曲线等。

（8）Statistic：数据统计操作，如对列数据、行数据进行统计分析。

（9）Image：图形功能操作，如增加误差栏、函数图、缩放坐标轴和交换 X 轴、Y 轴等。

（10）Tools：工具功能操作，如对工作表及绘图进行线性拟合、多项式拟合、S 曲线拟合以及拟合比较等。

（11）Format：格式功能操作，如菜单格式控制、工作表显示控制、坐标轴样式控制和调色板等。

（12）Window：窗口功能操作，如控制窗口显示。

（13）Help：帮助功能操作。

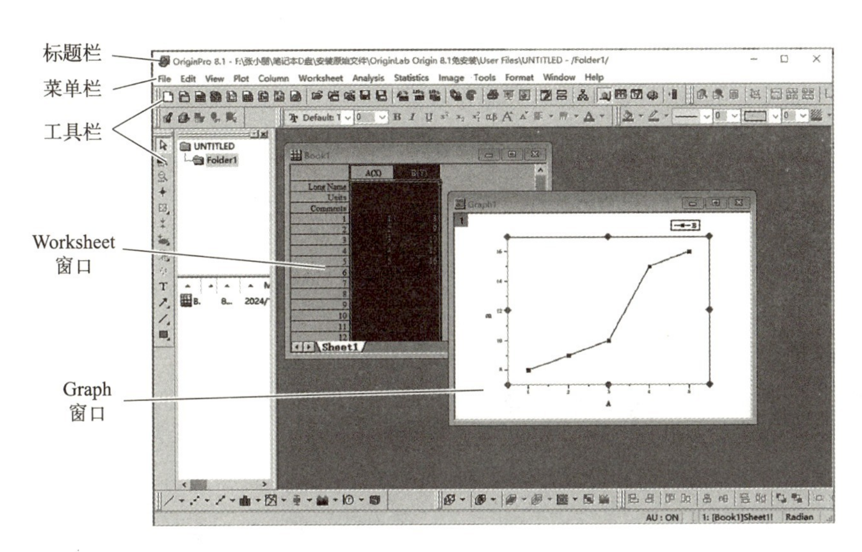

图 4.2.1 Origin 软件的界面

3. Origin 软件在数据处理中的应用

下面利用 Origin Pro 8.1 软件处理材料学科中的实验数据，并说明其在材料学科中的应用。

（1）Origin 软件在 X 射线衍射图谱中的应用。

① 在“开始”菜单或计算机桌面找到 Origin 软件图标并双击，进入 Origin 软件的主窗口。

② 导入 XRD 数据。选择菜单栏 File→Import→Single ASCⅡ（如果超过 3 列数据就选择 Multiple ASCⅡ）命令，选择 XRD 数据并右击，在弹出的快捷菜单中选择 Open 命令，数据导入界面如图 4.2.2 所示。

③ 绘图。选中 X 列和 Y 列数据，如图 4.2.3(a) 所示；选择菜单栏 Plot→Line→Line 命令，在弹出的窗口进行线性绘图，如图 4.2.3(b) 所示。

如果要设定横坐标和纵坐标的格式（如数据范围、字体、字号、坐标轴及刻度等），就双击坐标轴或刻度，在弹出的对话框中设定，如图 4.2.3(c) 所示。

如果要设定横坐标和纵坐标的标题，就双击图 4.2.3(b) 中的 B 和 A，直接设定标题内容，并且修改标题的字体和字号。设定后的图谱如图 4.2.3(d) 所示。

另外，还可以选择快捷方式绘图。选中两列数据，单击主窗口左下角的快捷工具栏，如图 4.2.4 所示。

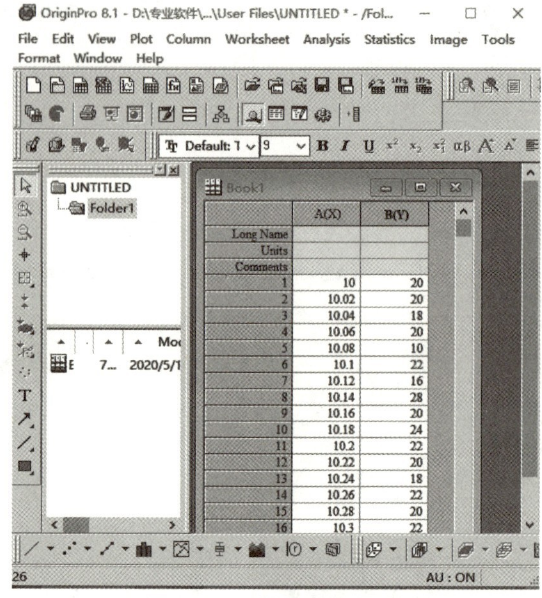

图 4.2.2 数据导入界面

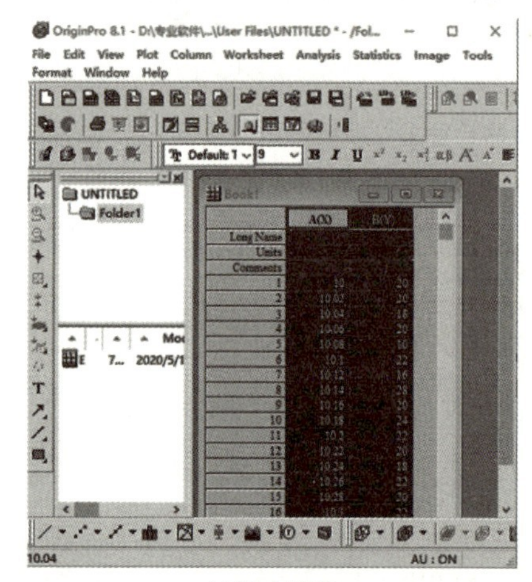

(a) 选中数据

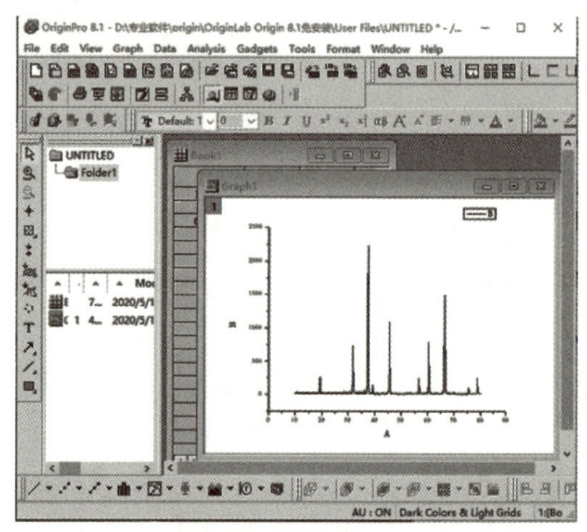

(b) 线性绘图

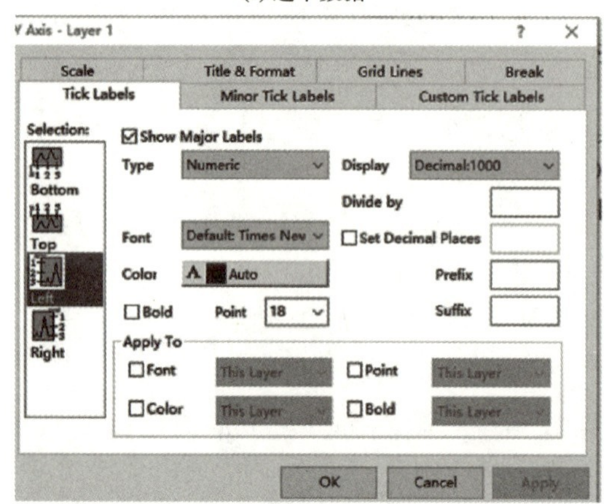

(c) 设定坐标轴格式

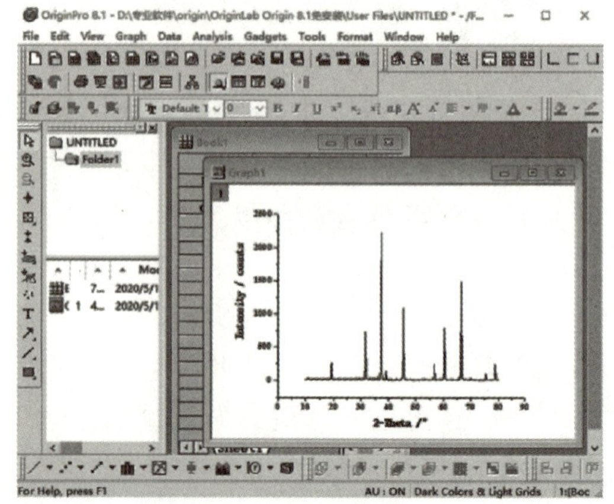

(d) 设定后的图谱

图 4.2.3 Origin 软件的绘图界面

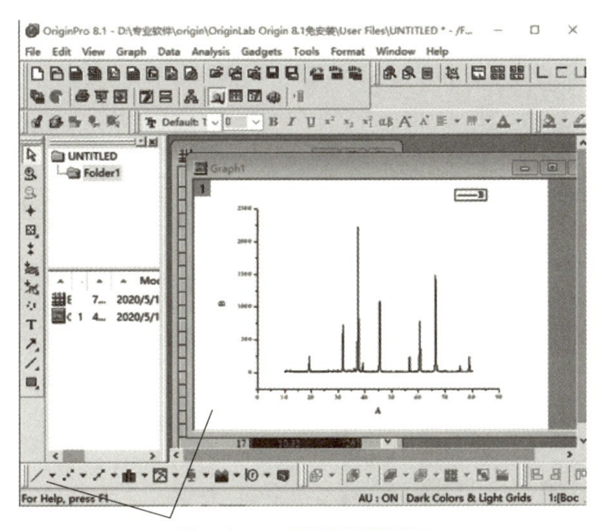

图 4.2.4 快速绘图界面

④ 图形保存。绘图后，单击菜单栏 File→Save Project/Save Project As 命令，将文件保存为 .opj 格式，这种格式的文件可以用 Origin 软件重新打开编辑，便于后续修改图形。如果只想将图形复制到 Word 或者 PPT 中，就选择菜单栏 Edit→Copy Page 命令，在 Word 或者 PPT 里粘贴即可，双击该图形，可以用 Origin 软件继续编辑。

⑤ 在 XRD 衍射峰上标定物相符号。铝合金的物相经标定后由 AlON 相和 AlN 相组成。在 XRD 图谱中，需要用不同的符号标出哪些衍射峰是 AlON 相、哪些衍射峰是 AlN 相。

标定符号的方法如下。

a. 在 XRD 图谱的空白位置右击，在弹出的快捷菜单中选择 Add Text 命令，如图 4.2.5(a) 所示，弹出可以编辑的文本框。

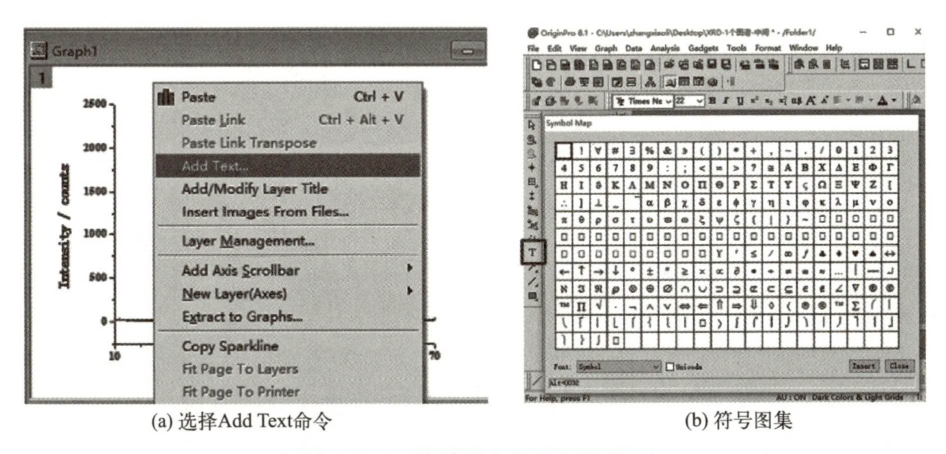

(a) 选择Add Text命令　　(b) 符号图集

图 4.2.5 衍射峰上符号标定界面

添加文本框还有一种快捷方式：单击主窗口最左侧工具栏中的T按钮，然后在 XRD 图谱中单击，弹出可以编辑的文本框。

b. 在可以编辑的文本框中右击，在弹出的快捷菜单中选择 Symbol Map 命令，出现符号图集，如图 4.2.5(b) 所示。在符号图集中选择合适的符号，以表示不同相的衍射峰。绘制完成的 XRD 图谱如图 4.2.6 所示。

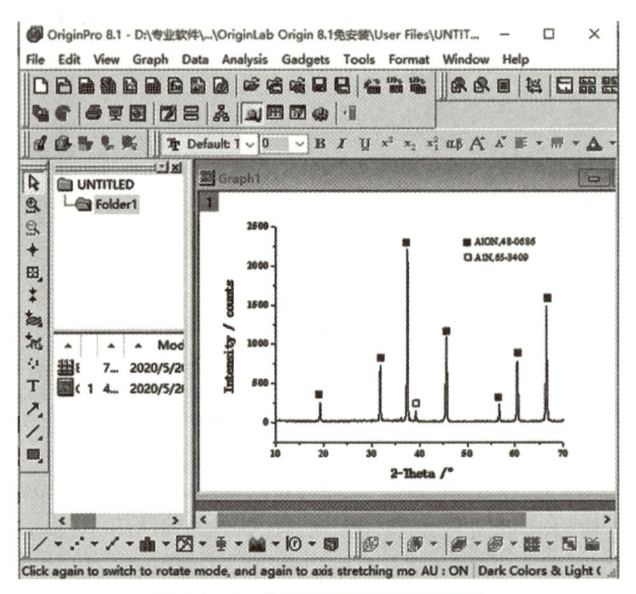

图 4.2.6　绘制完成的 XRD 图谱

对于不同实验条件下的 XRD 图谱，为了对比方便，可以一次绘制多组图谱，如图 4.2.7 所示。

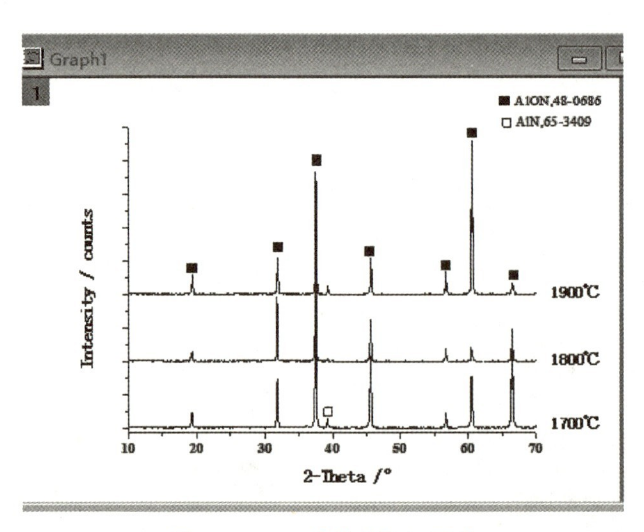

图 4.2.7　一次绘制多组图谱

（2）Origin 软件在实验数据拟合中的应用。

数据拟合又称曲线拟合，俗称拉曲线，是一种通过数学方法把现有数据代入公式的表示方式。科学问题和工程问题可以通过采样、实验等方法获得若干离散的数据，根据这些数据可以得到一个连续的函数（曲线）或者更加密集的离散方程与已知数据吻合，该过程称为拟合（fitting）。

在实验中得到表 4.2.1 所示的 A 组数据与 B 组数据，为了解 A 组数据与 B 组数据的关系，可以在 Origin 软件中将两组数据拟合。

表 4.2.1　A 组数据与 B 组数据

A 组	60	90	120	150	180	210	240	270	300	330	360	390	420	450	480
B 组	90	121	154	189	226	265	306	349	394	441	490	541	594	649	706

将表 4.2.1 中的数据输入 Origin 软件的 Book，选中两列数据并单击绘图，呈黑色正方形符号的数据点，如图 4.2.8(a) 所示。如果对其进行直线拟合（选择菜单栏 Analysis→Fitting→Linear Fit 命令），就得到图中的灰色直线，显然它与数据点的吻合效果不好。如果对其进行多项式拟合（选择菜单栏 Analysis→Fitting→Polynomial Fit 命令），在弹出的对话框中明确多项式的级数（Polynomial Order），就会在图中生成拟合曲线。为了区分，双击右上角黑色方框中 Polynomial Fit of Sheet1 B 前面的曲线，在弹出的对话框中将颜色改为黑色，单击 OK 按钮，关闭对话框，图中的多项式显示为黑色。从与数据点的吻合效果来看，多项式拟合比直线拟合更能反映 A 组数据与 B 组数据的关系。同样，在 Results Log 窗口中

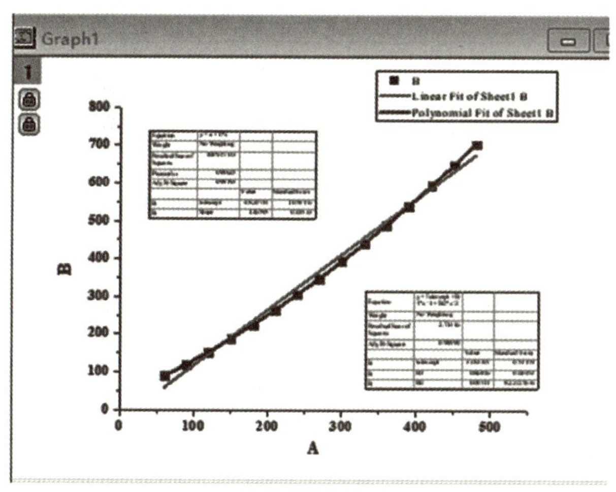

(a) 数据拟合界面

Table1

Update Table

	A	B	C	D
1	Equation	y = a + b*x		
2	Weight	No Weighting		
3	Residual Sum of Squares	4089.47143		
4	Pearson's r	0.99625		
5	Adj. R-Square	0.99193		
6			Value	Standard Error
7	B	Intercept	-28.20714	10.58176
8		Slope	1.46595	0.03533

Sheet1

(b) 直线拟合信息

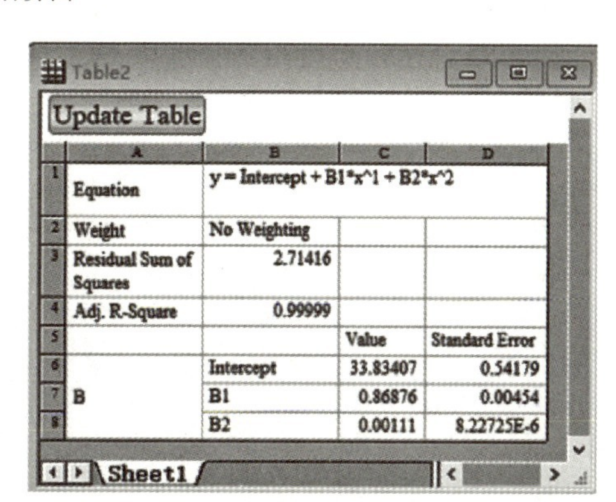

Table2

Update Table

	A	B	C	D
1	Equation	y = Intercept + B1*x^1 + B2*x^2		
2	Weight	No Weighting		
3	Residual Sum of Squares	2.71416		
4	Adj. R-Square	0.99999		
5			Value	Standard Error
6	B	Intercept	33.83407	0.54179
7		B1	0.86876	0.00454
8		B2	0.00111	8.22725E-6

Sheet1

(c) 多项式拟合信息

图 4.2.8　数据拟合

也会给出相应信息。直线拟合信息如图 4.2.8(b) 所示，拟合公式为 y=a+b * x。多项式拟合信息如图 4.2.8(c) 所示，拟合公式为 y=A+B1 * x^1+B2 * x^2，如果拟合时确定 Order 为 3，那么拟合公式为 y=A+B1 * x^1+B2 * x^2+B3x^3，依此类推，Order 最大为 9。

【实验设备和实验材料】

Origin 软件、计算机、实验数据等。

【实验方法及步骤】

(1) 首先在“开始”菜单或计算机桌面找到 Origin 软件图标并双击，进入 Origin 软件的主窗口；然后导入实验数据；接着选中数据绘图，并设定横坐标和纵坐标的格式（如数据范围、字体、字号、坐标轴及刻度等）；最后保存或导出图片。

(2) 根据要求拟合数据。

【注意事项】

(1) 如果要打开许多文件，在 Open 对话框中选中要打开的所有文件，在 Origin 软件中就会对应地出现相同数量的 Book，把所有数据按照顺序复制并粘贴到一个表格里，修改每列数据对应的 *X* 轴或 *Y* 轴，可以在一幅图中绘制多条曲线。

(2) 如果想用 Origin 软件平滑曲线，就选择菜单栏 Tool→Smooth 命令。

(3) 保存图片时，如果想设置图片尺寸就双击灰色部分，在弹出的对话框左侧展开 Graph，出现 Layer 1，在 Graph 右侧 Print/Dimension 和 Layer 右侧的 Size/Speed 中修改图片尺寸。

【思考题】

(1) 拟合数据时，如何使数据更准确？

(2) 绘图后，如何保存图片以使其在 Origin 软件中重新打开？

实验三 Image-Pro Plus软件在图像处理分析中的应用

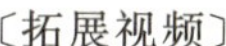
〔拓展视频〕

〔拓展视频〕

〔拓展视频〕

〔拓展视频〕

【实验目的】

1. 了解Image-Pro Plus软件的基本功能。
2. 掌握Image-Pro Plus软件的图像无缝拼接功能。
3. 掌握Image-Pro Plus软件的测量功能。

【Image-Pro Plus软件介绍】

Image-Pro Plus软件具有图像采集、图像处理、图像分析、图像存储、报告和输出等功能，致力于解决生物学、医学、材料科学及半导体检测等领域的图像处理问题。Image-Pro Plus软件的基本功能如下。

1. 图像采集

Image-Pro Plus软件直接从数码相机、扫描仪、磁盘等设备输入图像；采集、创建和播放序列图像；调整、保存采集卡和数码相机设置；用户自定义时间序列图像采集；自动设置色彩平衡和曝光时间；动态自动显示范围设置，优化动态预览图像；在预览、曝光或采集前后运行特制宏程序。

2. 图像处理

Image-Pro Plus软件具有图像无缝拼接功能；使用调整功能自动校正图像间的位置偏移，旋转和缩放；使用图像导航器方便地浏览复杂的多维图像；使用景深扩展功能将部分聚焦的序列图像合成全聚焦图像；局部放大（Local Zoom）工具便于同时观察整幅图像及局部细节；彩色合成（Color Composite）工具将多幅灰度图像合成彩色图像；集管理器可以方便地管理、提取和编辑图像特性。

3. 图像增强

在Image-Pro Plus软件中，图像增强功能具有使用染料管理器选择染料并为灰度图像染色；图像增强滤镜；边缘滤镜、大型频谱滤镜（用户可定义运算单元）；形态滤镜；快速傅里叶变换；限制性膨胀功能；图像匹配和调整功能及伪彩色工具；管理图像系统的色彩输入/输出功能，可以确保色彩的真实性。

4. 对象描述

Image-Pro Plus软件具有自动计算和测量工具；每帧可测量10万个对象（取决于内存）；可测量目标对象的长度、圆度、长短轴比、角度、面积、周长、孔洞数、光密度、光强度等参数；使用直方图和散点图表达测量结果；可自动设定阈值；可手动标记、计数和分类对象。

5. 测量

Image－Pro Plus 软件具有同位性分析功能，可测量两幅灰度图像或彩色图像中两种荧光探针的同位性；测量最佳适配线、最佳适配弧和最佳适配圆；使用自动跟踪功能自动定义目标物边界线；快速计算双线间的最大距离、最小距离和平均距离；使用卡尺工具探测和测量目标物边界间的距离。

6. 校准

Image－Pro Plus 软件具有新的校准向导，可引导用户校准一幅图像或创建系统校准；创建强度或光密度校准；创建和显示空间校准标尺；预设多种空间校准单位；存储物镜信息。

7. 对象跟踪

Image－Pro Plus 软件具有手动对象跟踪工具和自动对象跟踪工具；可测量被跟踪对象的运动参数和形态学参数；当难以或不能分割图像时，使用相关性跟踪功能可以方便地跟踪对象；使用强度跟踪功能分析感兴趣区域光强度随时间的变化。

8. 图像分析

在 Image－Pro Plus 软件中，可以测量线性光密度；分析彩色图像中 RGB、HSI、HSV、YIQ 通道的信息；具有公式编辑器；使用动态数据交换功能将测量结果输出至 Excel 或 Origin 软件；自动计数和测量对象；使用数据采集器采集多幅图像的数据；具有动态数据采集和图表描绘功能；用三维图形显示二维灰度图像及其灰度值；分析多阈值，测量面积百分比；显示数据列表和数据直方图。

9. 三维图像处理

在 Image－Pro Plus 软件中，可以对三维图像使用基于真三维像素的三维滤镜；用内置的三维浏览器交互式浏览三维图像。

10. 核查和授权特性

在 Image－Pro Plus 软件中，可以核查操作步骤；在图像和文件中使用“指纹”签名；管理系统内存；载入和分析大于系统内存的图像集。

11. 图像管理

Image－Pro Plus 软件具有 IQ base 图像数据库（可试用 6 个月），可方便地存储、管理、提取图像及相关数据。

12. 文档和报告

Image－Pro Plus 软件具有图像标注工具、图像覆盖层拍摄功能、打印和发布功能；可创建和保存报表模板，创建包含原始图像、测量结果和文本的用户报告。

13. 应用环境和程序定制

Image－Pro Plus 软件具有适用于弱光照实验室环境的暗模式显示方式；使用交互式菜单编辑器，可定制用户化程序菜单；可创建工作流程工具栏。

Image - Pro Plus 软件可处理彩色图像和黑白图像，兼容多种标准图像格式，支持多种常用的图像板卡和数字摄像机；包含 400 多条宏命令，具有宏调用功能和 C 语言风格的图像分析语言，方便用户开发出所需的专用图像处理与图像分析软件。

Image - Pro Plus 软件还可对图像进行深度分析，广泛用于二维图像和三维图像的处理、增强、分析等。

【Image - Pro Plus 6.0 软件安装】

打开 Image - Pro Plus 6.0 文件夹中的 INSTALL 文件，双击 setup.exe 文件安装，注意事项如下。

(1) 在 Setup Type 界面选择 Typical 选项，还有 Compact 和 Custom 两个选项，三者区别如下。

① Typical（典型）：安装程序时自动安装常用的选项，建议使用。

② Compact（完整）：安装程序包含的所有功能，占用的硬盘空间最大。选择这种安装方式的用户需要注意硬盘空间。

③ Custom（自定义）：用户自定义安装程序的功能，适用于专业人士。

(2) 程序安装完成后不能正常使用，需要完成破解，用原始的 ipwin32 替换安装后的 ipwin32 即可破解。也就是说，用安装文件中的 ipwin32.exe 替换安装后 C 盘中 IPWIN60 中的 ipwin32.exe。

【Image - Pro Plus 6.0 软件使用】

1. 打开图片

打开 Image - Pro Plus 6.0 软件，选择菜单栏 File→Open 命令，打开需要处理的图像，或者直接将需要处理的图像拖入界面。

2. 图像无缝拼接

在 Image - Pro Plus 6.0 软件中打开所有需要拼接的图像，如图 4.3.1 所示，打开六张图像。单击菜单栏 Process→Tile Images 命令，弹出 Tile Overlapping Images 对话框，如图 4.3.2 所示。选择 Inputs 选项卡，根据需要将左侧列表框的图像序号添加到右侧列表

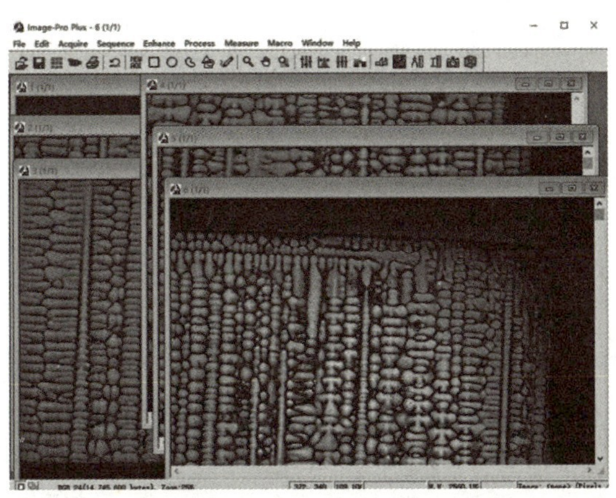

图 4.3.1 打开拼接图像

框，若选择左侧列表框的全部图像，则单击对话框中间的 All 按钮；若只选择其中几张图像，则单击左侧列表框的图片序号，再单击 Add 按钮，即可将选中的图像添加到右侧列表框。单击 Apply 按钮，拼接选中的图像。拼接后的图像如图 4.3.3 所示，拼接效果不好，需要手动调整。调整后的图像如图 4.3.4 所示。

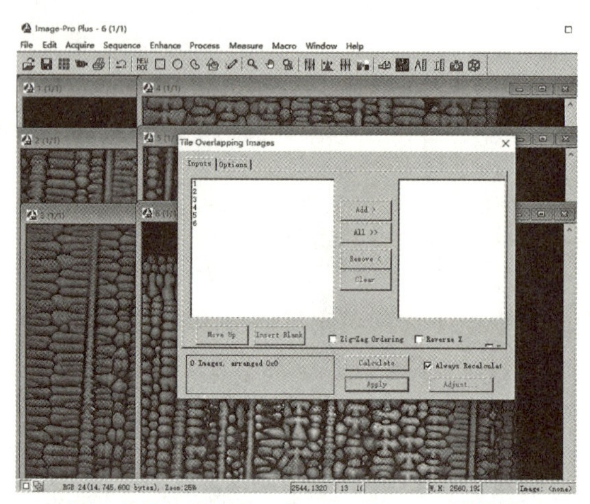

图 4.3.2 Tile Overlapping Images 对话框

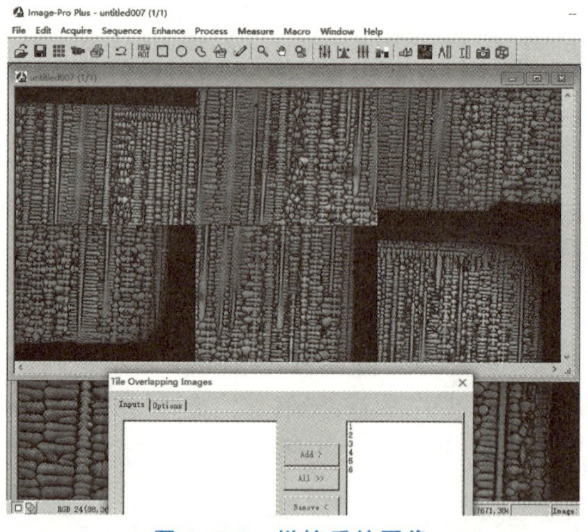

图 4.3.3 拼接后的图像

3. 测量

（1）测量面积百分比和数量。

测量组织（相）含量实际上是测量图片中相应的组织（相）面积百分比。在 Image-Pro Plus 6.0 软件中打开图像，按照如下步骤测量相应的组织（相）面积百分比和数量。单击菜单栏 Measure→Count/Size→Manual→Select Colors 命令，弹出“Segmentation-X5O-2 疏松（1/1）”对话框（图 4.3.5），选择 Color Cube Based 选项卡，在下拉列表框中选择 Class 1 选项，拖动对话框中间的数值线，选择合适的组织面积，根据数值线的数值修改下面的数值。修改对话框中间左边和右边的数值（若 Class1 右边的数值是 130，

图 4.3.4 调整后的图像

则 Class 2 左边的数值必须是 131，即 Class 1 右边的数值和 Class 2 左边的数值连续。同理，Class 2 右边的数值和 Class 3 左边的数值连续，依此类推。不同的 Class 代表不同的组织（相），整幅图像的数值总和为 255，如图 4.3.6 所示。然后按照绿色√→close→count→view→Ranges statistics 的顺序操作，得到图像中不同组（相）的面积百分比，如图 4.3.7 所示。

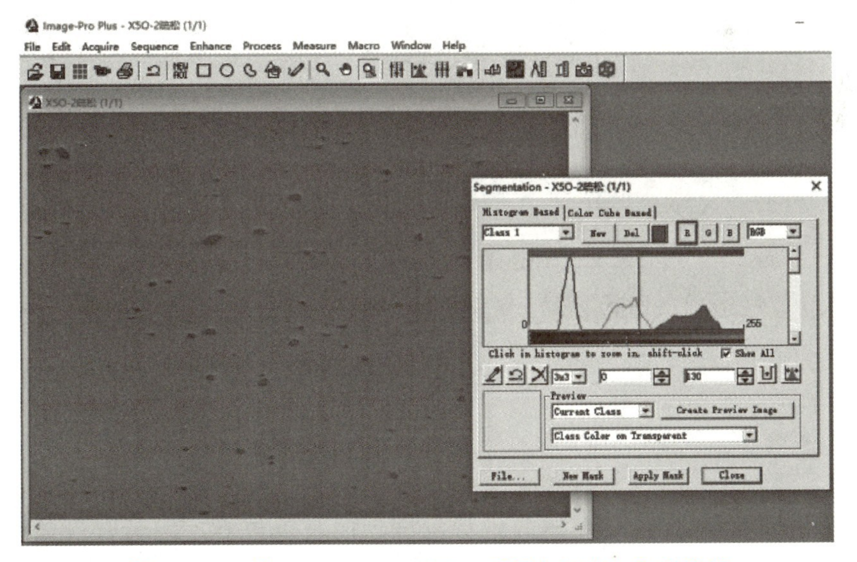

图 4.3.5 "Segmentation - X5O - 2 疏松（1/1）" 对话框

在图 4.3.7 中显示四列数据。第一列 Range 为被测物（疏松），第二列 Objects 为被测物（疏松）数量，第三列% Objects 为被测物（疏松）数量百分比，第四列%Area 为被测物（疏松）面积百分比。

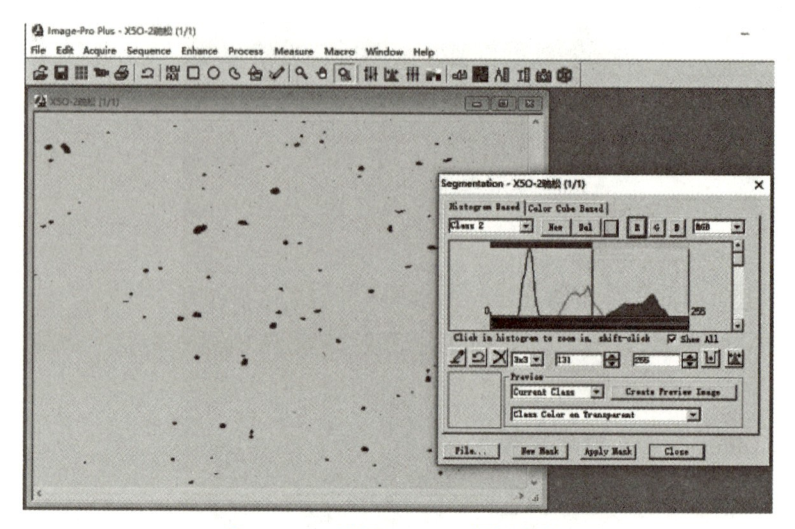

图 4.3.6　选择 Class 2 颜色数值

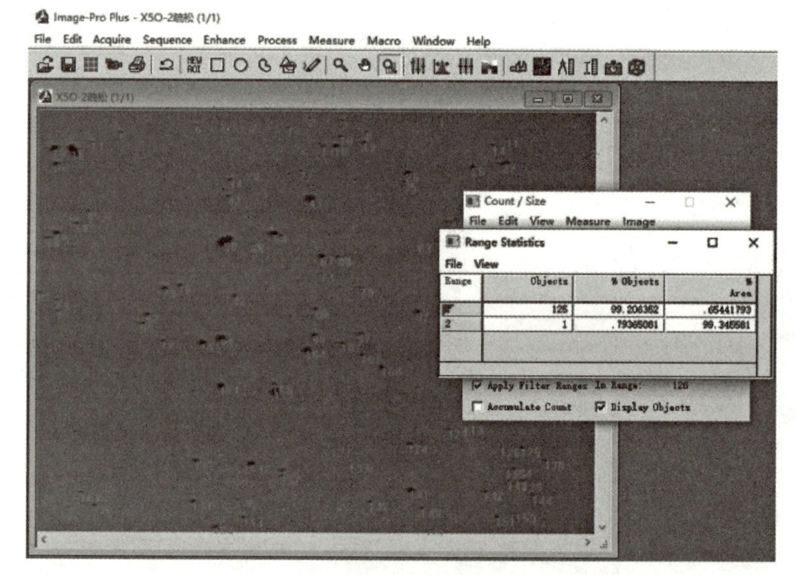

图 4.3.7　疏松数量及面积百分比的结果

（2）长度测量。

用 Image - Pro Plus 6.0 软件测量图像中被测物的尺寸时，需要先校准图像对应标尺的长度，再测量被测物的尺寸。该软件根据标尺的长度校准，测量时自动换算成真实尺寸。

① 标尺长度校准。

在 Image - Pro Plus 6.0 软件中打开带标尺的图像，然后按照如下步骤校准标尺长度。单击菜单栏 Measure→Calibration→Spatial Calibration Wizard 命令，如图 4.3.8 所示，弹出 Create Spatial calibration 对话框，如图 4.3.9 所示。在 The name for your calibration … 文本框内修改标尺名字，在 Select the spatial reference units 下拉列表框内修改标尺单位

（如 mm、μm、nm 等），勾选 Create a reference calibration 复选框，单击 Next 按钮，单击 Draw Reference Line，画出标尺长度，弹出 Scaling 对话框。在 Scaling 对话框中设置标尺真实长度，如图 4.3.10 所示。单击☑按钮，再单击 OK 按钮，完成标尺长度标准。

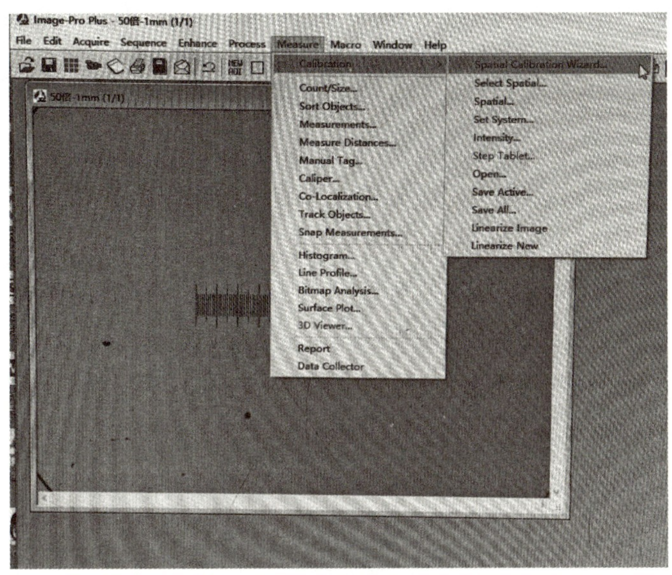

图 4.3.8　选择菜单栏命令

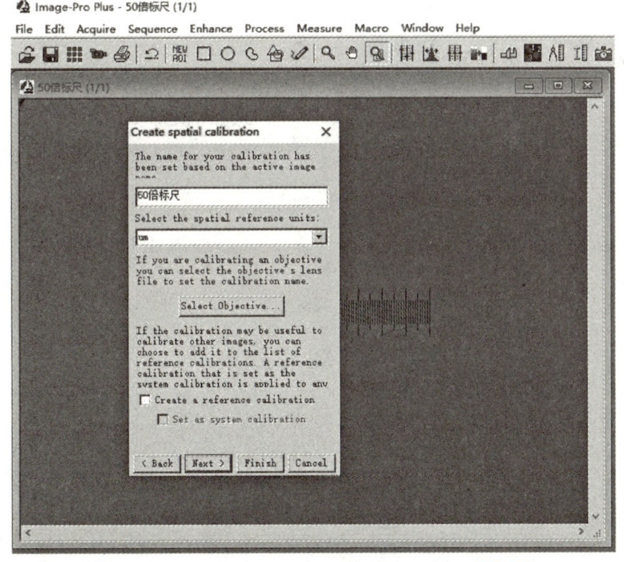

图 4.3.9　Create spatial calibration 对话框

② 测量被测物长度。

校准标尺长度后，按照如下步骤测量被测物长度。打开一张图片，单击菜单栏 Measure→Calibration→Select Spatial 命令，弹出 Active Spatial Calibration 对话框，选择已经命名倍数的标尺，如图 4.3.11 所示，单击 OK 按钮。单击菜单栏 Measure→Measurements 命令，弹出 Measurements 窗口，如图 4.3.12 所示，在 Features 选项卡下单击“直线”按钮，

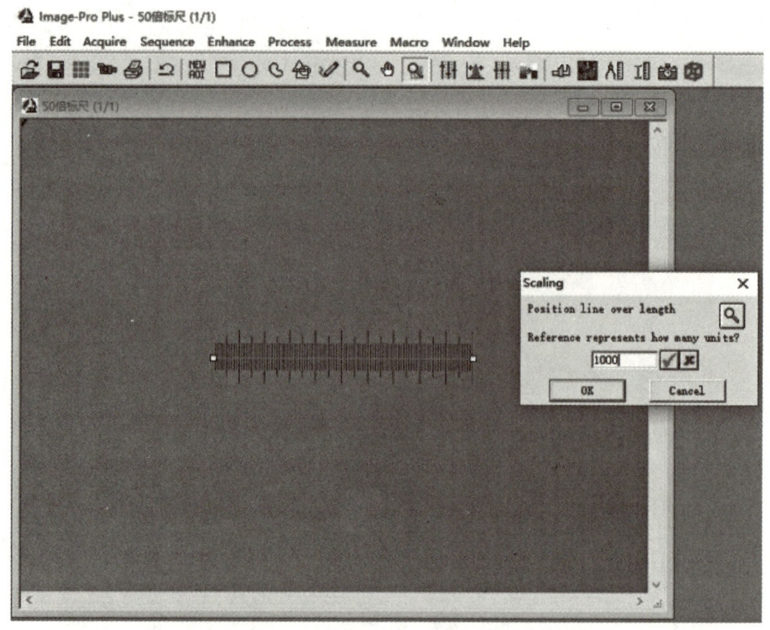

图 4.3.10　在 Scaling 对话框中设置标尺真实长度

测量长度（可测量多次）。选择 Input/Output 选项卡，按照 Features→Export Target→数据输出路径设置（按照“Options … Target Program：Excel；Path：C：\program files\Microsoft office\office 14\excel. exe;sheet：Active Sheet→”设置 OK→Export Now 的顺序操作，保存数据。最后，将多次测量的长度按顺序导入 Excel 软件。

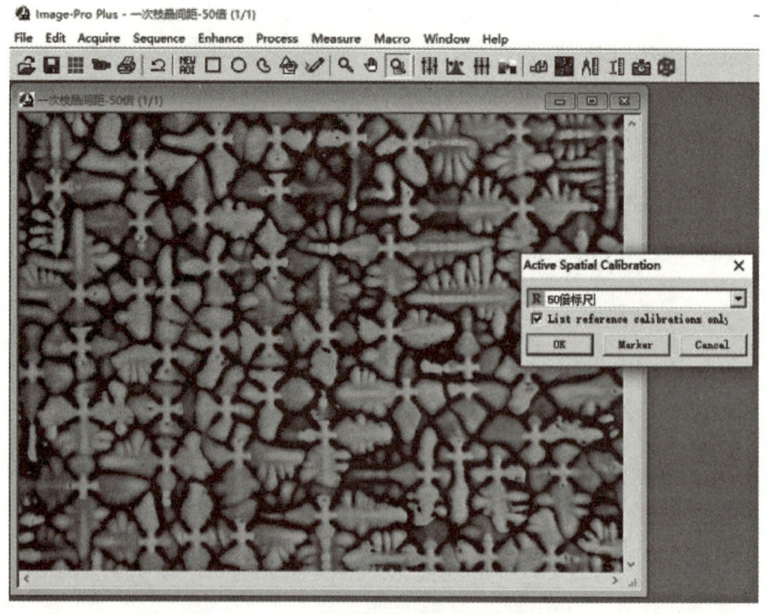

图 4.3.11　选择已经命名倍数的标尺

第一次装该软件时，需要设置 Excel 的路径，以后使用时按照 Feature→Export Target→Export Now 的路径即可。

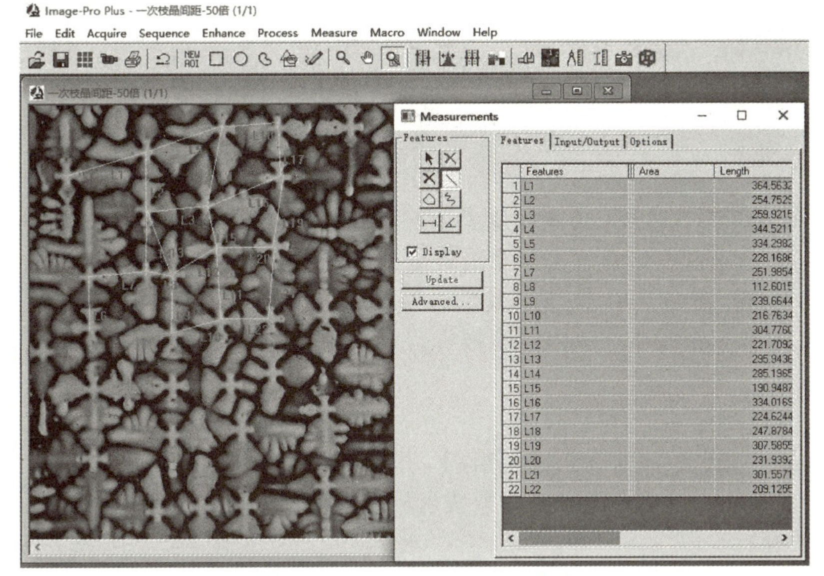

图 4.3.12 Measurements 窗口

（3）角度测量。

打开一张图片，单击菜单栏 Measure→Measurements 命令，弹出 Measurements 窗口，在 Features 选项卡下单击“角度”按钮，如图 4.3.13 所示，根据待测角度的位置，用鼠标画两条相交的直线，测量两条相交直线的角度（可测量多次）。选择 Input/Output 选项卡，导出数据。

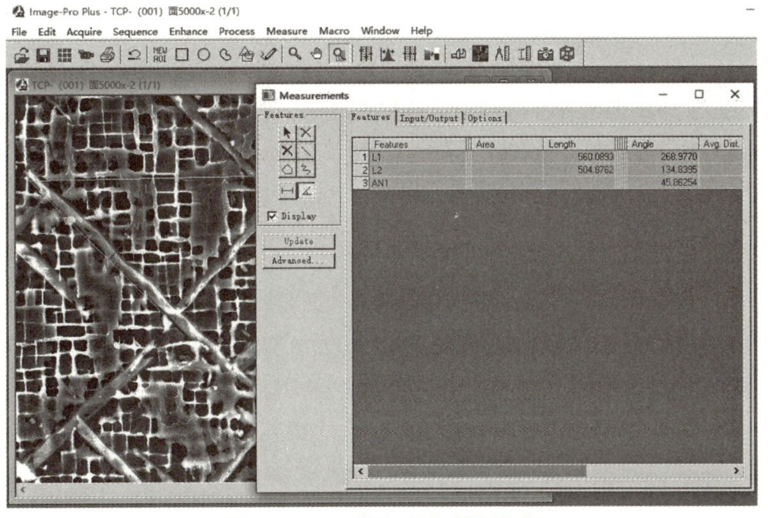

图 4.3.13 单击“角度”按钮

在图 4.3.13 所示的 Measurements 窗口中有三列数据。第一列 Features 为直线 L1、L2 和角度 AN1，第二列 Length 为直线长度，第三列 Angle 为角度。第三行 AN1 对应的 Angle 表示直线 L1 与直线 L2 的夹角。

【实验设备和实验材料】

计算机、Image - Pro Plus 6.0 软件、金属材料组织（相）图片等。

【实验方法及步骤】

1. 使用 Image - Pro Plus 软件测量金属材料组织（相）的含量，在测量过程（开始、中间和结束）中截三张图，并放入实验报告。

2. 使用 Image - Pro Plus 软件测量金属材料组织（相）的尺寸，在测量过程（开始、中间和结束）中截三张图，并放入实验报告。

【注意事项】

虽然 Image - Pro Plus 6.0 软件的组织（相）测量功能非常强大，基本能测量试样中全部组织/相的含量，但是不同的人测量或者同一人测量多次的结果不完全一致，存在一定的误差，原因如下。

（1）组织图片不够清晰，在软件中为不同 Class（组织/相）选取数值时误差大。

（2）不同的人测量或者同一人测量多次时，为相同的 Class（组织/相）选取不同的数值，导致测量结果不一致。

（3）图片中不同组织（相）的对比度不明显，为 Class（组织/相）选取数值时误差大，可以提前用 Photoshop CS 软件增大图片的对比度。

（4）图片中的组织（相）种类越多，测量误差越大。

【思考题】

（1）用 Image - Pro Plus 软件测量金属材料组织（相）的含量时，对图像有什么要求？

（2）用 Image - Pro Plus 软件测量金属材料组织（相）的尺寸时，如何提高测量结果的准确性？

实验四 EBSD软件在晶体材料中的应用

〔拓展视频〕

〔拓展视频〕

〔拓展视频〕

〔拓展视频〕

【实验目的】

1. 了解电子背散射衍射的原理。
2. 了解电子背散射衍射的应用。

【实验原理】

1. 电子背散射衍射的原理

电子背散射衍射（electron backscatter diffraction, EBSD）是一种基于扫描电子显微镜的材料表征技术，用于分析固体材料的晶体结构、晶粒取向、晶粒边界特性及相变信息。

EBSD的工作原理是基于电子束与晶体试样相互作用产生的背散射电子。具体而言，当高能电子束以一定角度照射到试样表面时，部分电子通过与试样的原子核相互作用而产生弹性散射，这些散射电子沿不同方向射出，并在晶体的布拉格衍射条件下形成电子衍射花样。背散射电子的衍射图案以条纹或斑点的形式显示在荧光屏上，图案形状与晶体的取向和结构密切相关。

将扫描电子显微镜与EBSD探头结合，能够精确地采集衍射图案，并利用专用算法对衍射花样进行解析，得出试样的晶粒取向、晶界信息及相结构。采用EBSD技术能识别不同的晶相，从而实现相分析。在该过程中，试样通常倾斜约70°，以确保最大化电子的背散射信号。将电子衍射图案与已知的晶体结构数据库进行匹配，采用EBSD技术可以提供精确的晶体取向图及晶粒边界特性分析，这对揭示材料的微观结构、相变行为及晶粒间的力学性能至关重要。

2. EBSD技术下常见的组织形貌

（1）等轴晶（equiaxed grains）。

等轴晶指的是具有接近等边形状的晶粒，其通常在材料的静态再结晶或均匀冷却过程中形成。在EBSD图中，等轴晶结构表现为尺寸相近、形状规则的晶粒，且晶粒取向随机。

（2）柱状晶（columnar grains）。

柱状晶是指晶粒呈柱形，其通常沿着一定的方向生长。柱状晶常见于铸造、焊接或定向凝固的材料中，晶粒生长方向与热流方向一致。在EBSD图中，柱状晶显示为拉长的晶粒，其取向沿着晶粒生长的方向排列较一致。

（3）晶界（grain boundaries）。

晶界是指相邻晶粒之间的界面。采用EBSD技术可以清晰地展示不同类型的晶界，如高角度晶界（>15°）和低角度晶界（≤15°）。高角度晶界通常伴随较大的晶粒取向差异，低角度晶界表示相邻晶粒的取向差异较小。晶界的分布特性对材料的机械性能（如强度和延展性）有重要影响。

（4）孪晶（twins）。

孪晶是指具有特定镜像对称关系的晶粒区域，常见于变形过程或热处理后的金属中，尤其是在面心立方结构材料（如铜和黄铜）中。孪晶结构在 EBSD 图中表现为平行于特定取向的狭窄条状区域，且与母相晶粒呈镜像对称关系。

（5）析出相（precipitates）。

析出相是指从基体中分离的第二相，常见于合金材料的热处理过程中。采用 EBSD 技术可以识别和区分不同的析出相，并展示其分布情况。由于析出相通常与基体有显著的晶体结构差异，因此其在 EBSD 图中表现为与基体晶粒的取向特征不同。

（6）变形带（deformation bands）。

变形带是在材料受到塑性变形后形成的细长区域，晶粒取向在这些区域发生明显变化。变形带在 EBSD 图中表现为与晶粒取向不同的条状或带状结构，常见于冷加工或拉伸变形材料中。

图 4.4.1 所示为铸态 AZ91D 镁合金经大塑性变形（基于 ECAP 的复合挤压）后的 IPF 分布图，图中不同颜色代表不同取向。由图可知，样品经 ECAP 的剧烈纯剪切作用后，其内部原始晶粒破碎为一系列尺寸不同的细小晶粒。其中，较大尺寸晶粒的取向集中于$\langle 111\bar{0} \rangle$方向；中等尺寸的晶粒分布较均匀；周围经过充分破碎的细小晶粒形成较明显的变形带。

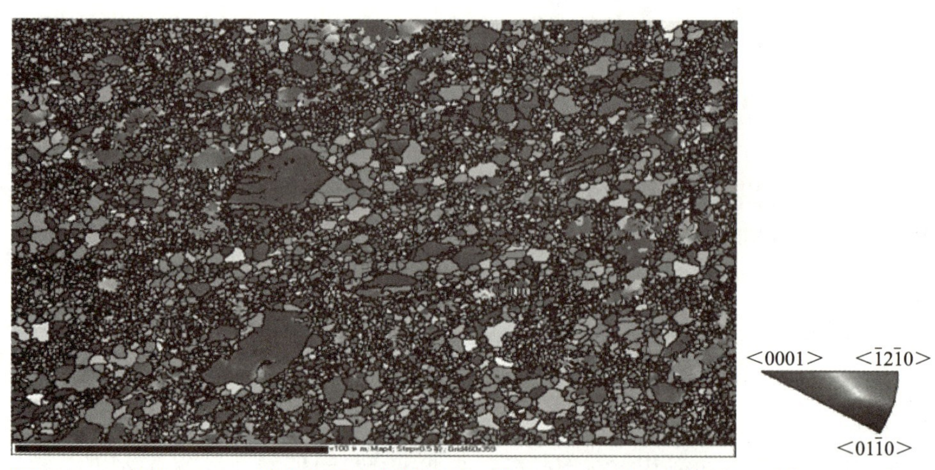

图 4.4.1 铸态 AZ91D 镁合金经大塑性变形（基于 ECAP 的复合挤压）后的 IPF 分布图

（7）动态再结晶结构（dynamic recrystallization structures）。

再结晶是材料在再结晶退火下形成的新晶粒，这些新晶粒通常较细小，形成于形变基体。在 EBSD 图中，再结晶表现为细小、等轴的新生晶粒，形成再结晶织构。

图 4.4.2 所示为铸态 AZ91D 镁合金经大塑性变形（基于 ECAP 的复合挤压）后的再结晶组织和形变组织分布。由图可知，再结晶分数为 56.1%，再结晶晶粒在形变组织上形核，吞并形变组织长大，反映再结晶中后期的组织特征。

（8）第二相分布（second phase distribution）。

在多相材料中，采用 EBSD 技术可以揭示不同相的分布情况。第二相通常具有不同的晶体结构或晶粒取向，在 EBSD 图中与基体对比明显。这些组织形貌反映了材料的加工历

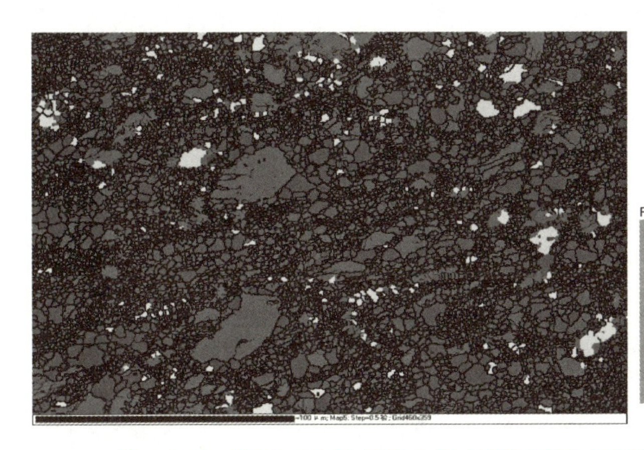

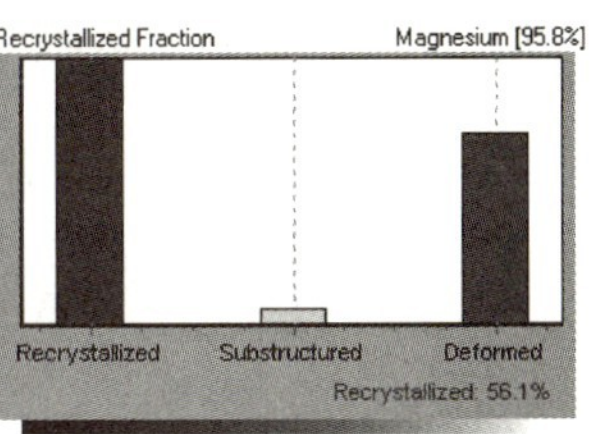

图 4.4.2 铸态 AZ91D 镁合金经大塑性变形（基于 ECAP 的复合挤压）后的再结晶组织和形变组织分布

史、热处理条件及微观结构的演变过程。采用 EBSD 技术能够深入分析这些微观结构特征，为材料的性能评估、设计优化和工艺控制提供有力依据。

（9）晶体学取向和织构。

根据被测材料的晶粒数量测量晶体学取向时，可以采用点扫（测单晶取向）、线扫（测双晶取向）和面扫（测多晶取向）方法。晶体织构是指晶粒在一定方向呈现择优取向的现象。其在 EBSD 图中表现为晶粒取向较集中，常见于经过轧制、拉拔等定向变形加工的材料中。常见的晶体织构有｛111｝面织构和｛100｝面织构，广泛应用于金属材料的性能研究。

镍基单晶高温合金的点扫如图 4.4.3 所示。根据单晶点扫后的数据，可以得到反极图、极图和＜001＞极图取向。根据＜001＞极图取向，可以确定单晶的取向为偏离＜001＞方向 4°。

镍基双晶高温合金的线扫如图 4.4.4 所示。根据双晶线扫后的数据，可以得到双晶取向差图，可知图 4.4.4(a) 中双晶的取向差是 15°，图 4.4.4(b) 中双晶的取向差是 33°。

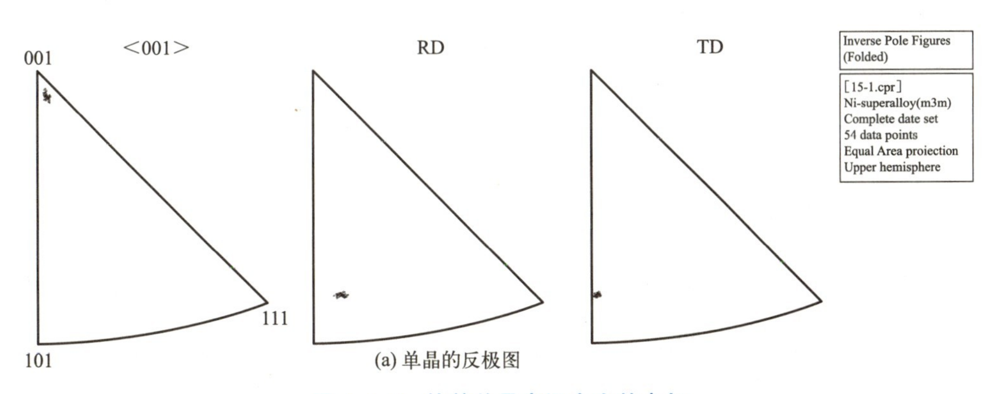

(a) 单晶的反极图

图 4.4.3 镍基单晶高温合金的点扫

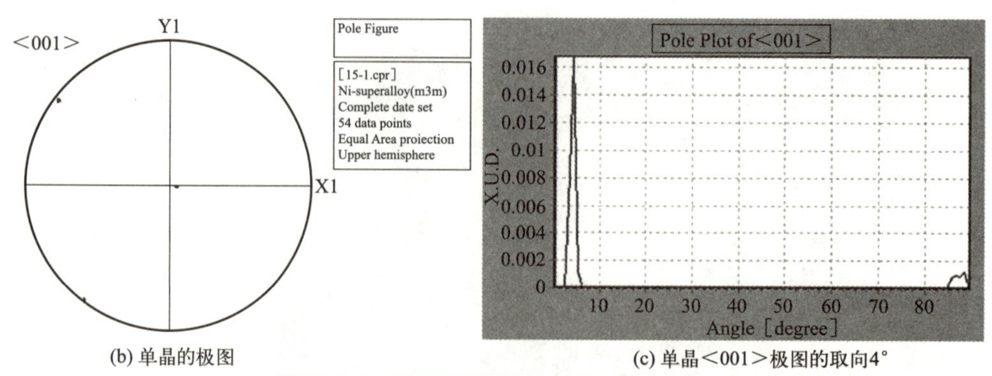

(b) 单晶的极图　　(c) 单晶<001>极图的取向4°

图 4.4.3　镍基单晶高温合金的点扫（续）

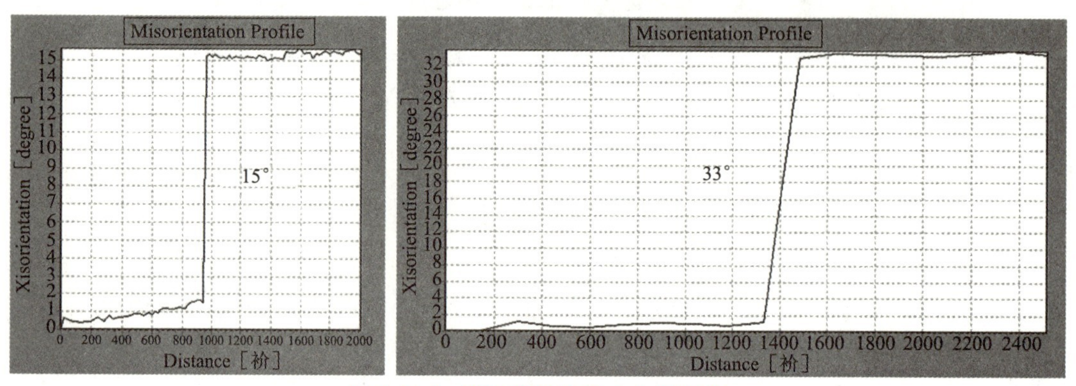

图 4.4.4　镍基双晶高温合金的线扫

镍基多晶高温合金的面扫如图 4.4.5 所示。在螺旋选晶器的不同高度（0.5mm、5.5mm、40mm、115mm）取样，然后对横截面进行 EBSD 面扫。根据晶粒取向分布图发现，随着螺旋选晶器高度的增大，晶粒越来越少，晶粒尺寸越来越大；根据晶粒取向统计图发现，随着螺旋选晶器高度的增大，晶粒取向从 0.5mm 处底端的 53°优化到 5.5mm 处底端的 33°，再优化到 40mm 处的 15°。

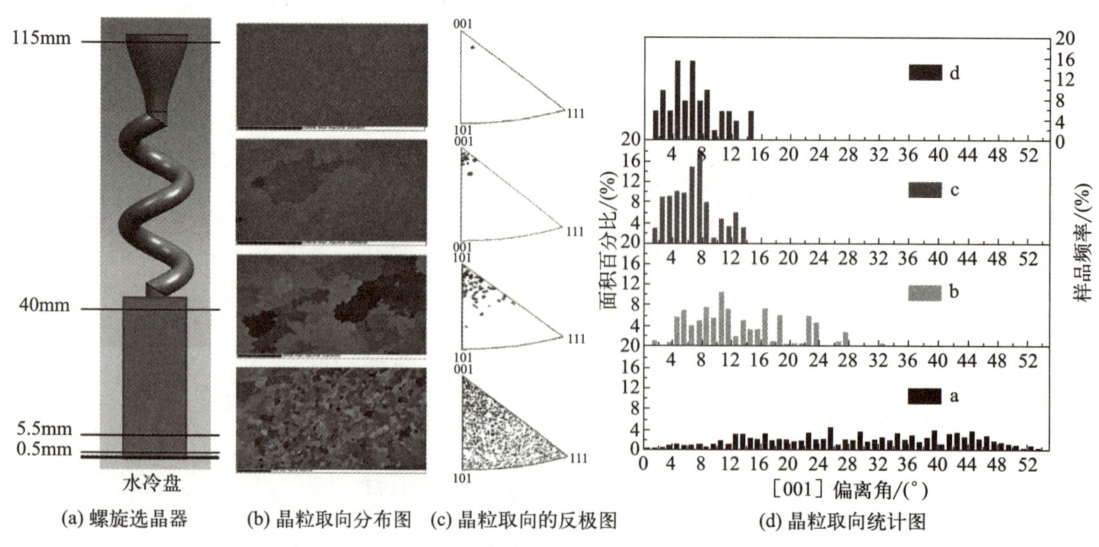

(a) 螺旋选晶器　(b) 晶粒取向分布图　(c) 晶粒取向的反极图　(d) 晶粒取向统计图

图 4.4.5　镍基多晶高温合金的面扫

3. EBSD 的应用

通过 EBSD 扫描实验，可以获得多种关于材料微观结构的重要信息。①采用 EBSD 技术能够测量晶粒取向，生成晶体取向图，并分析晶界的类型与分布，如高角度晶界和低角度晶界。②采用 EBSD 技术可以识别材料中的不同晶相，并展示其分布情况。③采用 EBSD 技术可提供晶体织构信息，揭示晶粒取向的总体分布特性，这对材料的力学性能和物理性能影响显著。④通过 EBSD 扫描实验能够分析材料的局部应变和位错分布，研究变形带和孪晶结构的形成，从而揭示材料的塑性变形机制和动态再结晶行为。通过分析晶粒的尺寸及分布，可以了解材料的细晶强化和晶粒长大现象。⑤采用 EBSD 技术可以推测材料在应力作用下的应力集中区域和疲劳损伤情况，帮助预测材料的使用寿命。⑥EBSD 技术在相变行为研究中有重要作用，特别是在不同相之间的相界面特性方面。⑦配合能谱分析，采用 EBSD 技术可提供局部化学成分信息，从而更全面地分析材料的微观结构和化学性质，这些信息有助于深入理解材料的性能与微观结构的关系，为材料设计、工艺优化和质量控制提供科学依据。

【实验设备和实验材料】

EBSD 扫描实验所需的实验设备和实验材料如下。

SEM、EBSD 探头、倾斜试样台、试样、试样制备工具、导电胶或样品夹具、真空系统、EBSD 数据采集和分析软件、电子束电压控制器等。

(1) SEM。EBSD 技术依赖 SEM 提供高能电子束。SEM 不仅用于电子成像，还用于产生足够的电子束来生成衍射图案。

(2) EBSD 探头。EBSD 探头是专门用于采集背散射电子衍射图案的探测器，通常安装在 SEM 侧面，捕捉样品反射的背散射电子。

(3) 倾斜试样台。为了优化背散射电子的收集效果，通常需要将试样倾斜约 70°。因此，需要配备可调角度的倾斜样品台，以确保样品处于最佳角度。

(4) 试样。试样需要经过精细的制备，表面应尽可能平滑、清洁，以保证衍射图案的清晰度。试样可以是金属、陶瓷、半导体等固体材料。

(5) 试样制备工具。为了获得清晰的 EBSD 图像，试样表面必须非常光滑，因此需要使用研磨、抛光设备对试样表面进行处理。同时，电解抛光或离子刻蚀工具有时用于去除试样表面的损伤层，进一步提高试样表面质量。

(6) 导电胶或样品夹具。为了将试样固定在 SEM 的样品台上，通常需要使用导电胶或专用的试样夹具，以确保试样在高真空环境下不移动，同时能帮助试样的电荷释放。

(7) 真空系统。由于 SEM 和 EBSD 实验都需要处于高真空环境，因此真空泵和真空室是必不可少的设备，用于排除空气，防止电子束与空气分子发生不必要的碰撞。

(8) EBSD 数据采集和分析软件。在扫描过程中，EBSD 探头采集的衍射图案需要通过专门的软件处理和分析。这类软件通常具备数据采集、衍射图案解析、晶体结构匹配及生成晶粒取向图等功能。

(9) 电子束电压控制器。为了生成足够清晰的衍射图案，需要精确控制电子束能量，通常为 15～30keV。因此，电子束电压控制器也是关键的实验设备。

【实验方法及步骤】

EBSD 扫描实验的步骤主要包括试样制备、设备设置、扫描、数据处理与分析。

1. 样品制备

（1）选择合适的试样。选择晶体材料或多晶材料（如金属、陶瓷、半导体等），且能够产生清晰的背散射电子衍射图案。

（2）机械研磨和抛光。对试样表面进行机械研磨和抛光，使用从粗到细的研磨纸或抛光液，使试样表面平滑，以确保电子束有效穿透表面层，形成清晰的衍射图案。

（3）电解抛光或离子刻蚀（可选）。对于一些精度要求高的试样，可能需要对其进行电解抛光或离子刻蚀，以去除可能影响衍射信号的表面损伤层。

（4）清洗样品。使用无水乙醇或去离子水清洗试样，以确保表面无任何污染物或残留物，这对保证衍射图案的清晰度十分重要。

2. 设备设置

（1）安装试样。将试样固定在 SEM 的试样台上，以确保试样稳固不动。使用导电胶或试样夹具固定试样并确保导电良好，以避免在扫描过程中出现电荷堆积现象。

（2）调整试样台角度。将试样台调整到约 70°，以便优化背散射电子的收集，确保衍射图案的清晰度。

（3）设定 SEM 的如下参数。

电子束能量：通常为 15～30keV，以确保电子束具有足够的能量穿透试样表面并产生背散射电子。

工作距离（试样表面与电子枪的距离）：通常为 10～20mm，具体需根据设备配置调整。

真空环境：启动 SEM 的真空系统，将腔体中的气体抽空，确保电子束不与空气分子产生相互作用。

3. 扫描

（1）初始化 EBSD 探头。确保 EBSD 探头安装在 SEM 侧面，并正确连接到数据采集系统。

（2）衍射图案采集。在 SEM 中激活 EBSD 功能，使用电子束照射试样表面，捕捉从试样中散射的背散射电子衍射图案。EBSD 探头捕捉这些图案并传输到计算机上。

（3）自动或手动扫描。选择扫描模式，如大面积自动扫描和选择特定区域手动扫描。扫描分辨率和步距可以根据实验要求调整。当晶粒尺寸较大时，选择较大步距；当晶粒尺寸较小或需要高分辨率数据时，选择较小步距。

（4）实时图像监控。在扫描过程中实时查看 EBSD 图像，检查衍射图案的清晰度，以确保在扫描过程中没有电荷堆积或其他信号干扰。

4. 数据处理与分析

（1）衍射图案解码。使用 EBSD 采集软件解析衍射花样，通过算法将其转化为晶粒取向数据。这通常基于匹配晶体结构数据库中的已知模型。

（2）生成晶取向图。通过解析出的晶粒取向数据绘制晶粒取向图，以显示试样晶粒取向和晶界分布，使用不同颜色代表不同的晶粒取向。

（3）相分析。利用 EBSD 软件中的数据库进行匹配，分析试样中是否存在不同晶相并生成相图，显示各相在试样中的分布。

（4）应变与位错分析。进一步处理数据，分析试样中的局部应变和位错密度，了解材料在加工或受力过程中微观结构的变化。

（5）数据导出与报告。将数据结果以图像或表格的形式导出，用于后续的科研报告或工程应用。

5. 结果验证与优化

（1）检查数据质量。确保扫描获得的数据清晰、完整。若出现图案模糊或信号不佳等情况，则可能需要重新调整试样角度、抛光质量或电子束能量。

（2）优化扫描参数。初次扫描后，可以根据数据质量调整步距、扫描速度等参数，以提高扫描分辨率和扫描效率。

通过以上步骤，EBSD 扫描实验能够获取试样的晶粒取向、相分布、应变状态等微观结构信息，为材料的研究和应用提供科学依据。

【注意事项】

（1）试样尺寸不宜过大，且厚度一般不超过 2mm。

（2）试样表面抛光要均匀，否则影响测量结果。

（3）电解抛光时，试样表面应与阴极平行，并且与阴极之间的距离应保持恒定。

（4）选择合适的扫描步长，在实验条件允许的情况下，尽量选择小步长，可以反映组织细节。

（5）选择合适放大倍数的扫描区域，在单幅区域图不能反映所有信息的情况下，可连续扫描多幅区域图，然后经拼接获得大尺寸图。

【思考题】

（1）EBSD 扫描对试样的要求是什么？制样方法有哪些？

（2）如何处理不导电样品？

（3）EBSD 扫描结果可以反映材料的哪些组织信息？

（4）EBSD 扫描获得的取向信息可通过哪几种方式体现？

参考文献

杨大智，2000. 智能材料与智能系统［M］. 天津：天津大学出版社.

张光磊，杜彦良，2010. 智能材料与结构系统［M］. 北京：北京大学出版社.

杜彦良，孙宝臣，张光磊，2011. 智能材料与结构健康监测［M］. 武汉：华中科技大学出版社.

陈英杰，姚素玲，2013. 智能材料［M］. 北京：机械工业出版社.

由伟，2020. 智能材料：科技改变未来［M］. 北京：化学工业出版社.

刘海鹏，金磊，高世桥，等，2021. 智能材料概论［M］. 北京：北京理工大学出版社.

中国工程院化工、冶金与材料工程学部，中国材料研究学会，2022. 走近前沿新材料：3［M］. 北京：化学工业出版社.

褚良银，谢锐，巨晓洁，等，2022. 智能膜［M］. 北京：化学工业出版社.

张明，王成毓，2022. 仿生智能生物质复合材料制备关键技术［M］. 北京：化学工业出版社.

封伟，2023. 智能导热材料的设计及应用［M］. 北京：清华大学出版社.

李明，赵润，李维军，等，2024. 仿生智能水凝胶［M］. 北京：化学工业出版社.

张顺琦，于瀛洁，徐展，2024. 智能结构：设计、分析与控制［M］. 上海：上海大学出版社.

姜沐池，宫继双，杨兴远，等，2023. $Ti_{30}Ni_{50}Hf_{20}$ 高温形状记忆合金的热变形行为［J］. 金属学报，1-17.

叶俊杰，贺志荣，张坤刚，等，2021. 时效对 Ti-50.8Ni-0.1Zr 形状记忆合金显微组织、拉伸性能和记忆行为的影响［J］. 金属学报，57（6）：717-724.

姜沐池，任德春，赵晓彧，等，2023. 激光扫描速度对 Ti-Ni 形状记忆合金影响规律研究［J］. 稀有金属材料与工程，52（4）：1455-1463.

陈斐，邱鹏程，刘洋，等，2023. 原位激光定向能量沉积 NiTi 形状记忆合金的微观结构和力学性能［J］. 金属学报，59（1）：180-190.

陈翔，陈伟，赵洋，等，2020. 考虑塑性变形和相变耦合效应的 NiTiNb 记忆合金管接头装配性能模拟［J］. 金属学报，56（3）：361-373.

刘明，李军，张延晓，等，2021. 生物医用 NiTi 形状记忆合金腐蚀研究进展［J］. 稀有金属材料与工程，50（11）：4165-4173.

附　　录

附录一　常用金相化学浸蚀剂

附表 1.1　铸铁常用的浸蚀剂组成、用途及使用说明

序号	浸蚀剂组成	用途及使用说明
1	硝酸 0.5～6.0mL＋乙醇 96～99.5mL	显示铸铁基体组织，浸蚀时间为秒数至 1min。对于高弥散度组织，可用低浓度溶液浸蚀，降低浸蚀速度，从而提高组织清晰度
2	2,4,6 -三硝基苯酚（苦味酸）3～5g＋乙醇 100mL	显示铸铁基体组织。浸蚀速度较低，浸蚀时间为数秒至数分钟
3	2,4,6 -三硝基苯酚 2～5g＋氢氧化钠 20～25g＋蒸馏水 100mL	将试样在溶液中煮沸，对灰铸铁浸蚀 2～5min，球墨铸铁的浸蚀时间可适当延长。磷化铁由浅蓝色变为蓝绿色，渗碳体呈棕黄色或棕色，碳化物呈黑色（含铬量高的碳化物除外）
4	高锰酸钾 0.1～1.0g＋蒸馏水 100mL	显示可锻铸铁的原枝晶组织。将磷化铁煮沸 20～25min 后呈黑色
5	高锰酸钾 1～4g＋氢氧化钠 1～4g＋蒸馏水 100mL	浸蚀 3～5min 后，磷化铁呈棕色，碳化物的颜色随浸蚀时间的增加呈黄色、棕黄、蓝绿和棕色
6	铁氰化钾（赤血盐）10g＋苛性钠 10g＋蒸馏水 100mL	需要用新配制的溶液，冷蚀法的作用缓慢；采用热蚀法煮沸 15min 后，碳化物呈棕色，磷化铁呈黄绿色
7	加热染色（热氧腐蚀）	染色时，珠光体先变色，铁素体次之，渗碳体不易变色，磷化铁更不易变色
8	氯化亚铁 200mL＋硝酸 300mL＋蒸馏水 100mL	用于浸蚀耐蚀、不锈的高合金铸铁试样，组织清晰度较好

续表

序号	浸蚀剂组成	用途及使用说明
9	氯化铜 1g+氯化镁 4g+盐酸 2mL+无水乙醇 100mL	显示铸铁共晶团界面，用脱脂棉蘸溶液均匀涂抹在试样的抛光表面，浸蚀速度较低，效果好
10	氯化铜 1g+氯化亚铁 1.5g+硝酸 2mL+无水乙醇 100mL	显示铸铁共晶团界面，浸蚀速度较高
11	硫酸铜 4g+盐酸 20mL+蒸馏水 20mL	显示铸铁共晶团界面，浸蚀速度较高

附表 1.2　结构钢常用浸蚀剂的名称、组成和用途

序号	浸蚀剂名称	组成	用途
1	4%硝酸酒精溶液	硝酸 4mL+酒精 96mL	显示优质碳素结构钢组织
2	饱和 2,4,6 -三硝基苯酚水溶液	2,4,6 -三硝基苯酚 1.5g+水 100mL	显示优质碳素结构钢组织
3	3%硝酸酒精溶液	硝酸 3mL+酒精 97mL	显示低碳钢锅炉钢组织和优质碳素结构钢组织
4	2,4,6 -三硝基苯酚+4%硝酸酒精溶液	在体积分数为 4%的硝酸酒精溶液中加入 1g 2,4,6 -三硝基苯酚	显示优质低碳钢组织
5	1∶1 盐酸水溶液	盐酸 1 份+水 1 份	显示优质碳素结构钢组织
6	碱性 2,4,6 -三硝基苯酚钠溶液	2,4,6 -三硝基苯酚 1g+水 100mL	显示 25MnCr5 钢组织
7	5%硝酸酒精溶液	硝酸 5mL+酒精 95mL	显示 15MnCrNiMo 钢组织
8	2%硝酸酒精溶液	硝酸 2mL+酒精 98mL	显示 40Cr 钢组织
9	在 2,4,6 -三硝基苯酚饱和水溶液中加少许洗涤剂饱和水溶液	在 10mL 2,4,6 -三硝基苯酚饱和水溶液中加入 5mL 洗涤剂饱和水溶液	显示 40Cr 钢奥氏体晶粒度
10	三氯化铁盐酸水溶液	三氯化铁 5g+盐酸 20mL+水 80mL	显示 ZG1Cr13 钢组织
11	王水	浓硝酸 1 份+浓盐酸 3 份	显示 GH2132 镍基高温合金组织

附表 1.3　工模具钢常用浸蚀剂的名称、组成和用途

序号	浸蚀剂名称	组成	用途
1	2%～5%硝酸酒精溶液	硝酸 2～5mL+酒精 95～98mL	显示工具钢、模具钢的显微组织

续表

序号	浸蚀剂名称	组成	用途
2	10%硝酸酒精溶液	硝酸 10mL+酒精 90mL	显示高速钢淬火组织及晶界
3	饱和 2,4,6 -三硝基苯酚水（酒精溶液）	饱和 2,4,6 -三硝基苯酚水溶液（或酒精溶液）	显示钢的显微组织，特别显示碳化物组织
4	碱性高锰酸钾溶液	高锰酸钾 1～4g+氢氧化钠 1～4g+蒸馏水 100mL	碳化物染成棕黑色，基体组织不显示
5	饱和 2,4,6 -三硝基苯酚-海鸥洗涤剂溶液	饱和 2,4,6 -三硝基苯酚溶液+少量海鸥洗涤剂	显示淬火组织的晶界
6	三酸乙醇溶液	饱和 2,4,6 -三硝基苯酚 20mL+硝酸 10mL+盐酸 20mL+酒精 50mL	显示合金模具钢及刀具材料的淬火组织与回火组织
7	1∶1 盐酸水溶液	盐酸 50%+水 50%	显示 GCr15 钢组织
8	2,4,6 -三硝基苯酚盐酸水溶液	2,4,6 -三硝基苯酚 1g+盐酸 5mL+水 100mL	显示 Cr12MoV 钢组织
9	2,4,6 -三硝基苯酚盐酸酒精溶液	2,4,6 -三硝基苯酚 1g+盐酸 5mL+酒精 100mL	显示 6Cr4Mo3Ni2WV 钢组织

附表 1.4 特殊性能钢常用浸蚀剂的名称、组成和用途

序号	浸蚀剂名称	组成	用法	用途
1	王水甘油溶液	硝酸 10mL+盐酸 20mL+甘油 30mL	先将盐酸和甘油倒入烧杯内搅匀，再加入硝酸。浸蚀前，在热水中适当加热，反复抛光、反复浸蚀，一般擦拭数秒至十几秒，溶液配制 24h 后可使用	奥氏体不锈钢及含铬量、含镍量高的奥氏体耐热钢
		硝酸 10mL+盐酸 30mL+甘油 20mL		
		硝酸 10mL+盐酸 30mL+甘油 10mL		
2	三氯化铁盐酸水溶液	三氯化铁 5g+盐酸 50mL+水 100mL	浸蚀或擦拭，在室温下浸蚀 15～60s	奥氏体-铁素体不锈钢、18-8 不锈钢
3	王水酒精溶液	盐酸 10mL+硝酸 3mL+酒精 100mL	浸蚀（室温）	不锈钢中的 δ 相呈白色，有明显的晶界
4	苛性铁氰化钾水溶液	铁氰化钾 10g+氢氧化钾 10g+水 100mL	在通风橱中煮沸 2～4min，不可混入酸类，以免 HCN（剧毒物）逸出	铬不锈钢、铬镍不锈钢的铁素体呈玫瑰色或浅褐色，奥氏体不锈钢呈光亮色，σ 相呈褐色，碳化物被溶解

续表

序号	浸蚀剂名称	组成	用法	用途
5	2,4,6-三硝基苯酚盐酸酒精（水）溶液	2,4,6-三硝基苯酚4g+盐酸5mL+酒精（水）100mL	浸蚀30～90s	不锈钢
6	硫酸铜盐酸水溶液	硫酸铜4g+盐酸20mL+水20mL	浸蚀15～45s	奥氏体不锈钢
7	高锰酸钾水溶液	高锰酸钾4g+氢氧化钠4g+水100mL	煮沸浸蚀1～3min	奥氏体不锈钢σ相呈彩虹色，铁素体呈褐色
8	10%乙二酸（草酸）水溶液	乙二酸10g+水90mL	电压为4V，时间为10～20s	显示不锈钢中的铁素体、碳化物、奥氏体。α相呈白色，碳化物为黑色，在奥氏体晶界析出
9	盐酸硝酸三氯化铁水溶液	盐酸20mL+硝酸5mL+三氯化铁5g+水100mL	浸蚀法	显示铬锰氮耐热钢的显微组织

附表1.5　表面渗镀涂层浸蚀剂的名称、组成、用法和用途

序号	浸蚀剂名称	组成	用法	用途
1	2%硝酸酒精溶液	硝酸2mL+酒精98mL	浸蚀法	显示渗透层、碳氮共渗层、氮碳共渗层组织
2	3%硝酸酒精溶液	硝酸3mL+酒精97mL	浸蚀法	显示渗透层、碳氮共渗层、氮碳共渗层组织
3	4%硝酸酒精溶液	硝酸4mL+酒精96mL	浸蚀法	显示渗透层、碳氮共渗层、氮碳共渗层组织
4	三氯化铁+盐酸水溶液	三氯化铁5g+盐酸10mL+水100mL	浸蚀法	显示渗氮扩散层组织
5	硒酸盐酸酒精溶液	硒酸3mL+盐酸20mL+酒精100mL	浸蚀法	显示渗氮层、软氮化层组织
6	盐酸硫酸铜水溶液	盐酸20mL+硫酸铜4g+水20mL	浸蚀法	显示渗氮层、扩散层组织
7	三钾试剂	亚铁氰化钾1g+铁氰化钾10g+氢氧化钾10g+水100mL	浸蚀法	显示渗硼层组织，FeB呈黑色，Fe_2B呈浅灰色

续表

序号	浸蚀剂名称	组成	用法	用途
8	10%乙二酸溶液	乙二酸 10mL+水 90mL	电侵法	显示镀铁层组织
9	氟化氢铵水溶液	氟化氢铵 5g+蒸馏水 100mL	浸蚀法	测渗氮工件的 TiN 化合物层、含氮钛晶粒（黑色、白色）
10	硫代硫酸钠氢化镉柠檬酸水溶液	硫代硫酸钠 240g+氯化镉 24g+柠檬酸 30g+蒸馏水 100mL	先经 4%硝酸酒精预浸蚀，再化染，目测至蓝紫色	显示渗硼层、碳氮共渗层、氮碳共渗层、渗硫层、硫氮共渗层中的显微组织染色，渗硼、渗铝中的显微组织染色，渗铌，渗氮化钛
11	三钾试剂	铁氰化钾 10g+亚铁氰化钾 1g+氢氧化钾 30g+蒸馏水 100mL	浸蚀法	显示渗硼层组织，FeB 呈黑色，Fe_2B 呈浅灰色

附表 1.6 钢中夹杂物浸蚀剂的名称、组成、用法和用途

序号	浸蚀剂名称	组成	用法	用途
1	2%硝酸酒精溶液	硝酸 2mL+酒精 98mL	浸蚀法	低碳钢、结构钢
2	3%硝酸酒精溶液	硝酸 3mL+酒精 97mL	浸蚀法	低碳钢、结构钢
3	4%硝酸酒精溶液	硝酸 4mL+酒精 96mL	浸蚀法	低碳钢、结构钢
4	1∶1 盐酸水溶液	盐酸 1 份+水 1 份	65～75℃下热酸浸蚀法	显示碳素钢及结构钢的低倍组织
5	5%硫酸水溶液	硫酸 5mL+水 95mL	浸蚀法	稀土氧化物受浸蚀
6	10%铬酸水溶液	铬酸 10mL+水 90mL	浸蚀法	MnS 及稀土硫化物受浸蚀
7	碱性 2,4,6-三硝基苯酚钠水溶液	氢氧化钠 10g+2,4,6-三硝基苯酚 2g+水 100mL	浸蚀法	MnS 及稀土硫化物受浸蚀

附录二 金相砂纸型号

金相砂纸通常用目数表示型号，目数的含义是在每平方英寸的面积上筛网的孔数。目数越高，筛孔越多，磨料越细。常用砂纸的型号与目数一致，也就是砂纸的型号越大，目数越多，砂纸越细；砂纸的型号越小，目数越少，砂纸越粗。砂纸粗细与砂纸型号的关系附表 2.1。

附表 2.1　砂纸粗细与砂纸型号的关系

砂纸粗细	砂纸型号
粗砂纸	16，24，36，40，50，60
细砂纸	80，100，120，150，180，220，280，320，400，500，600
精细砂纸	800，1000，1200，1500，2000，2500

金相砂纸是金相分析时研磨所用的专用砂纸，它适用于金相研磨机，属于耐水砂纸，通常将其切割成圆形。研磨介质颗粒分布均匀、致密，纸基韧性强、耐水性好；采用特殊的植砂工艺，确保砂纸表面磨粒锋利，去除率高，减少后续处理量，缩短试样制备时间；采用混合磨料涂覆工艺，大幅度提升了砂纸表面的精细度，使试样表面的划痕和损伤更小，以快速进入抛光阶段。由于金相砂纸有诸多优点，其在模具加工和其他高光洁度的加工中也经常被用到。不同研磨工序采用的砂纸型号见附表 2.2。

附表 2.2　不同研磨工序采用的砂纸型号

研磨工序	砂纸型号
预磨	80，120，180，240，320
精磨	600，800，1000，1200，1500，2000
超精磨	2500，4000，5000
金相砂纸直径有 200mm、230mm、250mm、300mm 四种	

金相砂纸按用途可分为干磨砂纸和水磨砂纸，其型号对比见附表 2.3；按黏结剂可分为黏结剂砂纸和树脂黏结剂砂纸；按磨料可分为棕刚玉砂纸、白刚玉砂纸、碳化硅砂纸、锆刚玉砂纸等。

附表 2.3　干磨砂纸和水磨砂纸的型号对比

干磨砂纸	P60	P80	P120	P150	P180	P240	P280	P320	P360	P400
水磨砂纸	P150	P180	P240	P280	P320	P400	P500	P600	P800	P1000
	P180	P220	P280	P320	P360	P500	P600	P800	P1000	P1200

附录三　压痕直径与布氏硬度对照表

附表 3.1　压痕直径与布氏硬度对照表

压痕平均直径 d_{10}/mm	试验力-球直径平方的比率 $0.102\times F/D^2$/(N/mm²)			压痕平均直径 d_{10}/mm	试验力-球直径平方的比率 $0.102\times F/D^2$/(N/mm²)		
	30	10	2.5		30	10	2.5
	布氏硬度 HBW				布氏硬度 HBW		
2.89	448	149	37.3	2.91	441	147	36.8
2.90	444	148	37.0	2.92	438	146	36.5

续表

压痕平均直径 d_{10}/mm	试验力-球直径平方的比率 $0.102\times F/D^2/(\mathrm{N/mm^2})$			压痕平均直径 d_{10}/mm	试验力-球直径平方的比率 $0.102\times F/D^2/(\mathrm{N/mm^2})$		
	30	10	2.5		30	10	2.5
	布氏硬度 HBW				布氏硬度 HBW		
2.93	435	145	36.3	3.22	359	120	29.9
2.94	432	144	36.0	3.23	356	119	29.7
2.95	429	143	35.8	3.24	354	118	29.5
2.96	426	142	35.5	3.25	352	117	29.3
2.97	423	141	35.3	3.26	350	117	29.1
2.98	420	140	35.0	3.27	347	116	29.0
2.99	417	139	34.8	3.28	345	115	28.8
3.00	415	138	34.6	3.29	343	114	28.6
3.01	412	137	34.3	3.30	341	114	28.4
3.02	409	136	34.1	3.31	339	113	28.2
3.03	406	135	33.9	3.32	337	112	28.1
3.04	404	135	33.6	3.33	335	112	27.9
3.05	401	134	33.4	3.34	333	111	27.7
3.06	398	133	33.2	3.35	331	110	27.5
3.07	395	132	33.0	3.36	329	110	27.4
3.08	393	131	32.7	3.37	326	109	27.2
3.09	390	130	32.5	3.38	325	108	27.0
3.10	388	129	32.3	3.39	323	108	26.9
3.11	385	128	32.1	3.40	321	107	26.7
3.12	383	128	31.9	3.41	319	106	26.6
3.13	380	127	31.7	3.42	317	106	26.4
3.14	378	126	31.5	3.43	315	105	26.2
3.15	375	125	31.3	3.44	313	104	26.1
3.16	373	124	31.1	3.45	311	104	25.9
3.17	370	123	30.9	3.46	309	103	25.8
3.18	368	123	30.7	3.47	307	102	25.6
3.19	366	122	30.5	3.48	306	102	25.5
3.20	363	121	30.3	3.49	304	101	25.3
3.21	361	120	30.1	3.50	302	101	25.2

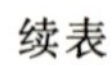

续表

压痕平均直径 d_{10}/mm	试验力-球直径平方的比率 $0.102\times F/D^2/(N/mm^2)$			压痕平均直径 d_{10}/mm	试验力-球直径平方的比率 $0.102\times F/D^2/(N/mm^2)$		
	30	10	2.5		30	10	2.5
	布氏硬度 HBW				布氏硬度 HBW		
3.51	300	100	25.0	3.80	255	84.9	21.2
3.52	298	99.5	24.9	3.81	253	84.4	21.1
3.53	297	98.9	24.7	3.82	252	83.9	21.0
3.54	295	98.3	24.6	3.83	250	83.5	20.9
3.55	293	97.7	24.4	3.84	249	83.0	20.8
3.56	292	97.2	24.3	3.85	248	82.6	20.6
3.57	290	96.6	24.2	3.86	246	82.1	20.5
3.58	288	96.1	24.0	3.87	245	81.7	20.4
3.59	286	95.5	23.9	3.88	244	81.3	20.3
3.60	285	95.0	23.7	3.89	242	80.8	20.2
3.61	283	94.4	23.6	3.90	241	80.4	20.1
3.62	282	93.9	23.5	3.91	240	80.0	20.0
3.63	280	93.3	23.3	3.92	239	79.5	19.9
3.64	278	92.8	23.2	3.93	237	79.1	19.8
3.65	277	92.3	23.1	3.94	236	78.7	19.7
3.66	275	91.8	22.9	3.95	235	78.3	19.6
3.67	274	91.2	22.8	3.96	234	77.9	19.5
3.68	272	90.7	22.7	3.97	232	77.5	19.4
3.69	271	90.2	22.6	3.98	231	77.1	19.3
3.70	269	89.7	22.4	3.99	230	76.7	19.2
3.71	268	89.2	22.3	4.00	229	76.3	19.1
3.72	266	88.7	22.2	4.01	228	75.9	19.0
3.73	265	88.2	22.1	4.02	226	75.5	18.9
3.74	263	87.7	21.9	4.03	225	75.1	18.8
3.75	262	87.2	21.8	4.04	224	74.7	18.7
3.76	260	86.8	21.7	4.05	223	74.3	18.6
3.77	259	86.3	21.6	4.06	222	73.9	18.5
3.78	257	85.8	21.5	4.07	221	73.5	18.4
3.79	256	85.3	21.3	4.08	219	73.2	18.3

续表

压痕平均直径 d_{10}/mm	试验力-球直径平方的比率 $0.102\times F/D^2$/(N/mm²)			压痕平均直径 d_{10}/mm	试验力-球直径平方的比率 $0.102\times F/D^2$/(N/mm²)		
	30	10	2.5		30	10	2.5
	布氏硬度 HBW				布氏硬度 HBW		
4.09	218	72.8	18.2	4.38	189	63.0	15.8
4.10	217	72.4	18.1	4.39	188	62.7	15.7
4.11	216	72.0	18.0	4.40	187	62.4	15.6
4.12	215	71.7	17.9	4.41	186	62.1	15.5
4.13	214	71.3	17.8	4.42	185	61.8	15.5
4.14	213	71.0	17.7	4.43	185	61.5	15.4
4.15	212	70.6	17.6	4.44	184	61.2	15.3
4.16	211	70.2	17.6	4.45	183	60.9	15.2
4.17	210	69.9	17.5	4.46	182	60.6	15.2
4.18	209	69.5	17.4	4.47	181	60.4	15.1
4.19	208	69.2	17.3	4.48	180	60.1	15.0
4.20	207	68.8	17.2	4.49	179	59.8	14.9
4.21	205	68.5	17.1	4.50	179	59.5	14.9
4.22	204	68.2	17.0	4.51	178	59.2	14.8
4.23	203	67.8	17.0	4.52	177	59.0	14.7
4.24	202	67.5	16.9	4.53	176	58.7	14.7
4.25	201	67.1	16.8	4.54	175	58.4	14.6
4.26	200	66.8	16.7	4.55	174	58.1	14.5
4.27	199	66.5	16.6	4.56	174	57.9	14.5
4.28	198	66.2	16.5	4.57	173	57.6	14.4
4.29	198	65.8	16.5	4.58	172	57.3	14.3
4.30	197	65.5	16.4	4.59	171	57.1	14.3
4.31	196	65.2	16.3	4.60	170	56.8	14.2
4.32	195	64.9	16.2	4.61	170	56.5	14.1
4.33	194	64.6	16.1	4.62	169	56.3	14.1
4.34	193	64.2	16.1	4.63	168	56.0	14.0
4.35	192	63.9	16.0	4.64	167	55.8	13.9
4.36	191	63.6	15.9	4.65	167	55.5	13.9
4.37	190	63.3	15.8	4.66	166	55.3	13.8

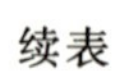
续表

压痕平均直径 d_{10}/mm	试验力-球直径平方的比率 $0.102\times F/D^2$/(N/mm²)			压痕平均直径 d_{10}/mm	试验力-球直径平方的比率 $0.102\times F/D^2$/(N/mm²)		
	30	10	2.5		30	10	2.5
	布氏硬度 HBW				布氏硬度 HBW		
4.67	165	55.0	13.8	4.96	145	48.3	12.1
4.68	164	54.8	13.7	4.97	144	48.1	12.0
4.69	164	54.5	13.6	4.98	144	47.9	12.0
4.70	163	54.3	13.6	4.99	143	47.7	11.9
4.71	162	54.0	13.5	5.00	143	47.5	11.9
4.72	161	53.8	13.4	5.01	142	47.3	11.8
4.73	161	53.5	13.4	5.02	141	47.1	11.8
4.74	160	53.3	13.3	5.03	141	46.9	11.7
4.75	159	53.0	13.3	5.04	140	46.7	11.7
4.76	158	52.8	13.2	5.05	140	46.5	11.6
4.77	158	52.6	13.1	5.06	139	46.3	11.6
4.78	157	52.3	13.1	5.07	138	46.1	11.5
4.79	156	52.1	13.0	5.08	138	45.9	11.5
4.80	156	51.9	13.0	5.09	137	45.7	11.4
4.81	155	51.6	12.9	5.10	137	45.5	11.4
4.82	154	51.4	12.9	5.11	136	45.3	11.3
4.83	154	51.2	12.8	5.12	135	45.1	11.3
4.84	153	51.0	12.7	5.13	135	45.0	11.2
4.85	152	50.7	12.7	5.14	134	44.8	11.2
4.86	152	50.5	12.6	5.15	134	44.6	11.1
4.87	151	50.3	12.6	5.16	133	44.4	11.1
4.88	150	50.1	12.5	5.17	133	44.2	11.1
4.89	150	49.8	12.5	5.18	132	44.0	11.0
4.90	149	49.6	12.4	5.19	132	43.8	11.0
4.91	148	49.4	12.4	5.20	131	43.7	10.9
4.92	148	49.2	12.3	5.21	130	43.5	10.9
4.93	147	49.0	12.2	5.22	130	43.3	10.8
4.94	146	48.8	12.2	5.23	129	43.1	10.8
4.95	146	48.6	12.1	5.24	129	42.9	10.7

续表

压痕平均直径 d_{10}/mm	试验力-球直径平方的比率 $0.102\times F/D^2$/(N/mm²)			压痕平均直径 d_{10}/mm	试验力-球直径平方的比率 $0.102\times F/D^2$/(N/mm²)		
	30	10	2.5		30	10	2.5
	布氏硬度 HBW				布氏硬度 HBW		
5.25	128	42.8	10.7	5.54	114	38.0	9.50
5.26	128	42.6	10.6	5.55	114	37.9	9.47
5.27	127	42.4	10.6	5.56	113	37.7	9.43
5.28	127	42.2	10.6	5.57	113	37.6	9.39
5.29	126	42.1	10.5	5.58	112	37.4	9.35
5.30	126	41.9	10.5	5.59	112	37.3	9.32
5.31	125	41.7	10.4	5.60	111	37.1	9.28
5.32	125	41.5	10.4	5.61	111	37.0	9.24
5.33	124	41.4	10.3	5.62	110	36.8	9.21
5.34	124	41.2	10.3	5.63	110	36.7	9.17
5.35	123	41.0	10.3	5.64	110	36.5	9.14
5.36	123	40.9	10.2	5.65	109	36.4	9.10
5.37	122	40.7	10.2	5.66	109	36.3	9.06
5.38	122	40.5	10.1	5.67	108	36.1	9.03
5.39	121	40.4	10.1	5.68	108	36.0	8.99
5.40	121	40.2	10.1	5.69	107	35.8	8.96
5.41	120	40.0	10.0	5.70	107	35.7	8.92
5.42	120	39.9	9.97	5.71	107	35.6	8.89
5.43	119	39.7	9.93	5.72	106	35.4	8.85
5.44	118	39.6	9.89	5.73	106	35.3	8.82
5.45	118	39.4	9.85	5.74	105	35.1	8.79
5.46	118	39.2	9.81	5.75	105	35.0	8.75
5.47	117	39.1	9.77	5.76	105	34.9	8.72
5.48	117	38.9	9.73	5.77	104	34.7	8.68
5.49	116	38.8	9.69	5.78	104	34.6	8.65
5.50	116	38.6	9.66	5.79	103	34.5	8.62
5.51	115	38.5	9.62	5.80	103	34.3	8.59
5.52	115	38.3	9.58	5.81	103	34.2	8.55
5.53	114	38.2	9.54	5.82	102	34.1	8.52

续表

压痕平均直径 d_{10}/mm	试验力-球直径平方的比率 $0.102\times F/D^2$/(N/mm²)			压痕平均直径 d_{10}/mm	试验力-球直径平方的比率 $0.102\times F/D^2$/(N/mm²)		
	30	10	2.5		30	10	2.5
	布氏硬度 HBW				布氏硬度 HBW		
5.83	102	33.9	8.49	5.92	98.4	32.8	8.20
5.84	101	33.8	8.45	5.93	98.0	32.7	8.17
5.85	101	33.7	8.42	5.94	97.7	32.6	8.14
5.86	101	33.6	8.39	5.95	97.3	32.4	8.11
5.87	100	33.4	8.36	5.96	96.9	32.3	8.08
5.88	99.9	33.3	8.33	5.97	96.6	32.2	8.05
5.89	99.5	33.2	8.30	5.98	96.2	32.1	8.02
5.90	99.2	33.1	8.26	5.99	95.9	32.0	7.99
5.91	98.8	32.9	8.23	6.00	95.5	31.8	7.96

附录四　热处理工艺及相关性能

附表 4.1　碳钢在退火及正火状态下的力学性能

性能	热处理态	含碳量/(%)		
		≤0.1	0.2～0.3	0.4～0.6
硬度 HB	退火	～120	150～160	180～230
	正火	130～140	160～180	220～250
抗拉强度 R_m/MPa	退火	300～330	420～500	560～670
	正火	340～360	480～550	660～760

附表 4.2　几种碳钢的临近温度（近似值）

碳钢	临近温度/℃			
	A_{c1}	A_{c3} 或 A_{ccm}	A_{r1}	A_{r3}
20	735	855	680	835
45	730	780	682	760
50	725	760	690	750
60	727	766	695	721
T8	730	—	700	—

续表

碳钢	临近温度/℃			
	A_{c1}	A_{c3} 或 A_{ccm}	A_{r1}	A_{r3}
T10	730	800	700	—
T12	730	820	700	—

附表 4.3 碳钢在电炉中的保温时间

加热温度/℃	工件形状		
	圆柱形	方形	板形
	保温时间/(min/mm)		
700	1.5	2.2	3.0
800	1.0	1.5	2.0
900	0.8	1.2	1.6
1000	0.4	0.6	0.8

附表 4.4 常用淬火介质的冷却速度

冷却介质	冷却速度/(℃/s)	
	650～550	300～200
水（18℃）	600	270
水（25℃）	500	270
水（50℃）	100	270
10%NaOH 溶液（18℃）	30	200
10%NaCl 溶液（18℃）	1100	300
10%Na_2CO_3 溶液（18℃）	800	270
矿物油	150	30
植物油	200	35

附表 4.5 几种钢的回火温度与硬度的关系

回火温度/℃	硬度			
	45 钢	T8	T10	T12
150～200	60～54	64～60	64～62	65～62
200～300	54～50	60～55	62～56	62～57
300～400	50～40	55～45	56～47	57～49
400～500	40～33	45～35	47～38	49～38
500～600	33～24	35～27	38～27	38～28

附表 4.6 共析钢过冷奥氏体在不同温度等温转变的组织及性能

转变类型	组织名称	形成温度范围/℃	显微组织特征	硬度
珠光体型相变	珠光体（P）	＞650	在400～500倍金相显微镜下可以观察到铁素体和渗碳体组成的片层状珠光体组织	180～200HB
	索氏体（S）	600～650	在800～1000倍以上的显微镜下可以分清片层状特征，在低倍显微镜下片层模糊不清	25～35HRC
	屈氏体（T）	550～600	用光学显微镜观察时呈黑色团状组织，只有在电子显微镜（5000～15000倍）下才能看到片层状	35～40HRC
贝氏体型相变	上贝氏体（$B_{上}$）	350～550	在金相显微镜下呈暗灰色羽毛状特征	40～48HRC
	下贝氏体（$B_{下}$）	230～350	在金相显微镜下呈黑色针叶状特征	48～58HRC
马氏体型相变	马氏体（M）	＜230	在正常淬火温度下呈细针状马氏体（稳晶马氏体），过热淬火时呈粗大片状马氏体	60～65HRC

附录五 AI伴学内容及提示词

序号	AI伴学内容	AI提示词
1	AI伴学工具	生成式人工智能工具，如DeepSeek、Kimi、豆包、通义千问、文心一言、ChatGPT等
2	第一章 智能基础实验	理解形状记忆聚合物（定义、形状记忆机理、发展历程、形状记忆衰退机理、分类、特性）
3		形状记忆效应的测量及影响因素
4		4D打印的含义及应用
5		形状记忆合金的形状记忆原理、种类、特性
6		电控调光玻璃的电致变色原理、制备、性能、应用领域
		光致变色玻璃的光致变色原理、制备、应用领域

续表

序号	AI 伴学内容	AI 提示词
8	第一章　智能基础实验	磁流变体的磁流变机理、特征、组成、性能
9		压敏纸的显色作用原理、应用
10		压力图像分析系统
11	第二章　材料基础实验	铸造缺陷的分类、形成原因、形貌特征、分析方法
12		位错浸蚀坑的形成原理
13		根据位错浸蚀坑的形状确定晶体的晶向和晶面
14		根据位错浸蚀坑判断是刃型位错还是螺型位错
15		根据位错浸蚀坑的形貌特征鉴别小角度晶界和位错塞积
16		定向凝固的理论基础
17		定向凝固的柱状晶组织
18		选晶法制备单晶合金的原理
19		籽晶法制备单晶合金的原理
20		单晶高温合金的制备及应用
21		润湿角与表面张力的关系
22		润湿角的测定方法
23		三种常见晶体结构（体心立方、面心立方、密排六方）的晶面指数和晶向指数
24		面心立方晶体结构和密排六方晶体结构的最密排面的原子堆垛方式
25		氯化铵晶体的结晶条件、影响因素、结晶组织
26	第三章　成分分析检测实验	滴定分析法（酸碱滴定法、氧化还原滴定法、络合滴定法、沉淀滴定法）的基本原理及成分分析过程
27		色谱法（吸附色谱法、分配色谱法、离子交换色谱法、凝胶色谱法）的基本原理及成分分析过程
28		光化学分析法（原子吸收光谱法、原子发射光谱法、原子荧光分析法、红外光谱法、分光光度法、旋光法）的基本原理及成分分析过程
29		电化学分析法（电位分析法、电解分析法、电导分析法、库仑分析法、极谱分析法）的基本原理及成分分析过程
30		电子探针 X 射线成分分析的工作原理、对被测试样的要求及三种分析方法（点分析、线分析和面分析）
31		扫描电子显微镜的原理和操作方法
32		能量色散 X 射线谱的原理

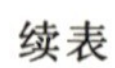
续表

序号	AI 伴学内容	AI 提示词
33	第四章　计算机在智能材料中的应用	X 射线的衍射原理
34		JADE 软件的主要功能及使用方法
35		Origin 软件的基本功能及在数据处理中的应用
36		Image - Pro Plus 软件的基本功能
37		Image - Pro Plus 软件的图像无缝拼接功能及测量功能
38		电子背散射衍射的原理
39		电子背散射衍射的应用